环境分析化学

的方法及应用研究

唐杰 曾亮 陈秋颖 编著

中国水利水电出版社
www.waterpub.com.cn

内 容 提 要

本书包括绪论、滴定分析法之酸碱滴定法、滴定分析法之配位滴定法、滴定分析法之氧化还原滴定法、滴定分析法之沉淀滴定法、原子光谱分析法之原子吸收光谱法、分子光谱分析法之紫外—可见吸收光谱法、分子光谱分析法之红外吸收光谱法、色谱分析法之气相色谱法、色谱分析法之高效液相色谱法、其他分析方法、环境样品有机污染物分析的预处理新技术等内容。有重点地讨论了环境分析化学的方法以及在环境方面的具体应用。结构上章节安排错落有致,逻辑清晰;内容上深入浅出,图文并茂,容易理解。

图书在版编目（ＣＩＰ）数据

环境分析化学的方法及应用研究 / 唐杰，曾亮，陈
秋颖编著. -- 北京 : 中国水利水电出版社，2014.12（2022.10重印）
ISBN 978-7-5170-2734-8

Ⅰ. ①环… Ⅱ. ①唐… ②曾… ③陈… Ⅲ. ①环境分
析化学—研究 Ⅳ. ①X132

中国版本图书馆CIP数据核字(2014)第293118号

策划编辑:杨庆川　责任编辑:陈洁　封面设计:马静静

书　　名	环境分析化学的方法及应用研究
作　　者	唐　杰曾　亮　陈秋颖　编著
出版发行	中国水利水电出版社
	（北京市海淀区玉渊潭南路１号Ｄ座 100038）
	网址:www.waterpub.com.cn
	E-mail:mchannel@263.net（万水）
	sales@mwr.gov.cn
	电话:(010)68545888（营销中心）、82562819（万水）
经　　售	北京科水图书销售有限公司
	电话:(010)63202643、68545874
	全国各地新华书店和相关出版物销售网点
排　　版	北京鑫海胜蓝数码科技有限公司
印　　刷	三河市人民印务有限公司
规　　格	184mm×260mm　16 开本　16.5 印张　401 千字
版　　次	2015年5月第1版　2022年10月第2次印刷
印　　数	3001-4001册
定　　价	58.00 元

前　言

环境分析化学是将分析化学和基本的环境分析检测融为一体的科学。近些年全球的大气、河流、海洋以及土壤等环境污染正在日益严重地破坏生态平衡并危及人类的生存与发展。在研究、调查污染源,弄清污染物种类、数量及其化学形态,探讨其毒性、降解、迁移和转化规律,预测预报其毒性危害程度,以及资源环境的破坏、管理和修复等诸多方面,现代环境分析化学正发挥着日益重要并且无可替代的作用。

由于全世界的环境问题,人们不断纵深发展环境化学,使得环境科技一体化思想不断加强,各个学科之间不断交织,环境化学要求日趋综合:一方面和相关学科密切配合,如和生物学、生态学、毒理学以及理工相结合;另一方面,化学污染物在不同层次的生态系统水平上对多介质环境化学行为的研究,以及对化学污染物复合体系、非均相体系的研究在不断扩大和深化。

本书在介绍环境分析化学的基础理论、基本知识和相关技术的基础上,重点介绍了主要化学分析和相应的常用仪器,较为系统、详细地介绍了现代样品处理技术。本书既包括传统分析化学的基本理论,也涵盖应用于环境检测的现代仪器和样品处理技术,并有机地结合分析化学的方法、技术和理论与环境应用。

全书共分为12章。第1章是绪论,介绍了环境分析化学的任务、作用、分类及发展趋势。第2~5章分别介绍了滴定分析法中的酸碱滴定、配位滴定、氧化还原滴定以及沉淀滴定四大分析法的相关理论原理及对应分析法在环境分析中的应用。第6章是原子光谱分析法之原子吸收光谱法,主要讲解了原子吸收光谱法的原理和该分析法的相关仪器,并简要介绍了该法在环境分析中的应用。第7~8章分别介绍了分子光谱分析法的紫外-可见吸收光谱法和红外吸收光谱法,同样是从原理、仪器和环境分析应用三个方面来探讨的。第9~10章对应色谱分析法的气相色谱法和高效液相色谱法,仍是基础知识原理、相关仪器和应用等内容。第11章简要介绍了质谱分析法、核磁共振波谱法以及联用技术三种新分析方法。第12章为环境样品有机污染物分析的预处理新技术,包括固相萃取、固相微萃取、液相微萃取和超临界流体萃取等技术。

全书由唐杰、曾亮、陈秋颖撰写,具体分工如下:

第1章、第3章第4节~第7节、第5章、第8章、第9章、第11章:唐杰(抚顺师范高等专科学校);

第6章、第7章、第10章:曾亮(西北民族大学);

第2章、第3章第1节~第3节、第4章、第12章:陈秋颖(沈阳师范大学)。

环境分析化学作为具有前沿性与超前性的学科,它是重点研究与环境污染相关问题的方法学,它可以为复杂环境污染问题的研究提供解决问题的新的科学思路和实验方法。同样它也有很多问题、理论需要进一步探索研究,限于本书作者水平,可能在内容选取、表述方面或理论研究方面存在疏漏之处,敬请广大读者批评指正。

作　者
2014 年 8 月

目　录

前言 ……………………………………………………………………………………………… 1

第1章　绪论 ……………………………………………………………………………… 1
1.1　环境分析化学的任务与作用 ………………………………………………………… 1
1.2　环境分析方法的分类 ………………………………………………………………… 3
1.3　环境分析化学的发展趋势 …………………………………………………………… 7

第2章　滴定分析法之酸碱滴定法 …………………………………………………… 12
2.1　酸碱平衡的理论基础 ………………………………………………………………… 12
2.2　酸碱指示剂 …………………………………………………………………………… 20
2.3　酸碱滴定法的基本原理 ……………………………………………………………… 24
2.4　酸碱标准溶液的配置与标定 ………………………………………………………… 28
2.5　酸碱滴定法在环境分析中的应用 …………………………………………………… 29

第3章　滴定分析法之配位滴定法 …………………………………………………… 33
3.1　概述 …………………………………………………………………………………… 33
3.2　EDTA 的性质及其配合物 …………………………………………………………… 33
3.3　配合物在水溶液中的配位平衡 ……………………………………………………… 34
3.4　配位滴定法的基本原理 ……………………………………………………………… 39
3.5　金属指示剂 …………………………………………………………………………… 44
3.6　EDTA 标准溶液的配制与标定 ……………………………………………………… 48
3.7　配位滴定方式及其在环境分析中的应用 …………………………………………… 49

第4章　滴定分析法之氧化还原滴定法 …………………………………………… 52
4.1　氧化还原反应平衡 …………………………………………………………………… 52
4.2　氧化还原滴定终点的确定 …………………………………………………………… 59
4.3　氧化还原滴定指示剂 ………………………………………………………………… 63
4.4　常用氧化还原滴定法及其在环境分析中的应用 …………………………………… 65

第5章　滴定分析法之沉淀滴定法 …………………………………………………… 72
5.1　概述 …………………………………………………………………………………… 72
5.2　银量法确定终点的方法 ……………………………………………………………… 74
5.3　沉淀滴定法在环境分析中的应用 …………………………………………………… 82

第6章　原子光谱分析法之原子吸收光谱法 ……………………………………… 90
6.1　概述 …………………………………………………………………………………… 90
6.2　原子吸收光谱法的基本原理 ………………………………………………………… 91
6.3　原子吸收分光光度计 ………………………………………………………………… 93
6.4　干扰及其消除方法 …………………………………………………………………… 104

6.5 灵敏度和检出限 ······ 108

6.6 原子吸收光谱定量分析 ······ 109

6.7 原子吸收光谱法在环境分析中的应用 ······ 112

第 7 章 分子光谱分析法之紫外一可见吸收光谱法 ······ 117

7.1 概述 ······ 117

7.2 光吸收定律 ······ 124

7.3 紫外一可见分光光度计 ······ 131

7.4 紫外一可见吸收光谱法在环境分析中的应用 ······ 140

第 8 章 分子光谱分析法之红外吸收光谱法 ······ 153

8.1 概述 ······ 153

8.2 红外吸收光谱法的基本原理 ······ 154

8.3 红外吸收光谱仪 ······ 160

8.4 红外光谱定性与定量分析 ······ 163

8.5 红外吸收光谱法在环境分析中的应用 ······ 166

第 9 章 色谱分析法之气相色谱法 ······ 170

9.1 概述 ······ 170

9.2 气相色谱仪 ······ 171

9.3 气相色谱检测器 ······ 174

9.4 气相色谱固定相 ······ 181

9.5 气相色谱法在环境分析中的应用 ······ 183

第 10 章 色谱分析法之高效液相色谱法 ······ 193

10.1 概述 ······ 193

10.2 高效液相色谱分离原理与分类 ······ 194

10.3 高效液相色谱仪 ······ 201

10.4 高效液相色谱法的固定相与流动相 ······ 207

10.5 高效液相色谱法在环境分析中的应用 ······ 209

第 11 章 其他分析方法 ······ 212

11.1 质谱分析法 ······ 212

11.2 核磁共振波谱法 ······ 222

11.3 联用技术 ······ 228

第 12 章 环境样品有机污染物分析的预处理新技术 ······ 234

12.1 固相萃取 ······ 234

12.2 固相微萃取 ······ 245

12.3 液相微萃取 ······ 250

12.4 超临界流体萃取 ······ 253

参考文献 ······ 258

第1章 绪论

1.1 环境分析化学的任务与作用

从广义上说,我们所生存的环境是一个大环境,既包括自然环境,也包含社会(或人文)环境。本书所涉及的环境主要是针对前一种环境,即自然环境。我国自20世纪70年代末改革开放以来至今已有30多年,经济、科技、文化等各方面有了很大的发展,但环境污染的程度也随之严重了。如2008年,全国地表水污染依然严重,七大水系水质总体为中度污染,湖泊富营养化问题突出,近岸海域水质总体为轻度污染。如28个国控重点湖(库)中,满足Ⅱ类水质的4个,占14.3%;Ⅲ类的2个,占7.1%;Ⅳ类的6个,占21.4%;Ⅴ类的5个,占17.9%;劣Ⅴ类的11个,占39.3%。太湖和滇池水质总体为劣Ⅴ类、巢湖水质总体为Ⅴ类。我们要清醒地认识到,环境保护形势依然十分严峻,面临许多困难和挑战。一是环境污染仍然较重。虽然局部环境质量有所改善,但环境污染的趋势总体上尚未得到根本扭转。二是污染减排压力有增无减。随着经济回升势头更加强劲,产能释放更加明显,污染物产生量会有增加,甚至一些已淘汰落后产能、设备和企业可能死灰复燃。三是潜在的环境问题不断显现。重金属、持久性有机污染物等长期积累的环境问题开始暴露,大城市和城市群灰霾天气等新污染问题日益凸显。突发环境事件处于高发期,一些重特大环境事件出现的频率越来越高。由此可见,保护我们当前环境的重要性和迫切性。

目前,环境科学研究是全世界瞩目的研究领域。美国出版的《化学中的机会》(Opportunities in Chemistry)一书中指出:分析化学在"推动我们弄清环境中的化学问题中起着关键作用"。由此可见环境科学离不开分析化学。

环境分析化学是一门把分析化学的理论、方法和技术与环境中化学污染物的分析、监测相结合,也是分析化学与环境化学相互渗透形成的一门交叉新学科,也可以说它是研究环境污染物质的组成、结构、状态以及含量的环境化学与分析化学的一个新分支,简称环境分析。它是运用分析化学,包括传统的分析化学,即酸碱滴定、氧化还原滴定、配位滴定、沉淀滴定、重量分析和分子分光光度法,以及现代仪器分析的现代分析化学,对环境化学污染物的种类、成分、数量和形态等进行定性、定量测定。

1.1.1 环境分析化学的任务

环境分析化学的任务是运用分析化学和环境科学的理论、方法和技术对环境中化学污染物进行分析、监测,研究环境中化学污染物在水、大气、土壤和生物体内的分布、浓度、形态、循环、反应和归宿,控制与治理环境化学污染、评价环境质量,探索环境中化学因素与人体健康与疾病等关系;并在运用过程中发展分析化学和环境科学的理论、方法和技术。具体主要表现在以下方面。

①对水、大气、土壤、固废、生物等环境介质以及人体中的化学污染物进行定性、定量分析测定,研究它们在空间的分布状况或模型;提出控制和防治污染的对策,评价防治污染措施的效果。

②对环境中未知结构的化学污染物进行其结构、形式、性质和演化机理的研究。

③分析、确定化学污染源对环境造成的污染程度、污染趋势、污染途径和扩散路线,为环境化学污染的预测和预报提供理论依据。

④探索污染物的迁移转化,相互反应、转化机制,状态结构的变化和污染效应,以及最终归宿等规律。

⑤研究和发展对样品中微量、超微量的污染物进行快速、灵敏、经济、简易和绿色环保的样品前处理技术。

⑥研究和发展高灵敏、快速、适用性好的分析环境中化学污染物的新方法、新技术和新仪器。

⑦结合地方病、职业病、心血管病、癌症和其他污染病的调查,研究污染物作用物理系统和生物系统的规律,毒性效应,揭示污染物同基质之间相互作用的本性。

⑧修改与制订环境质量标准,检查环境质量,为加强环境管理提供测试手段和科学数据。

1.1.2 环境分析化学的作用

环境分析化学是环境科学和环境保护的重要基础。人们为了认识、评价、改造和控制环境,必须了解引起环境质量变化的原因,这就要对环境(包括原生环境和次生环境)的各组成部分,特别是对某些危害大的污染物的性质、来源、含量及其分布状态,进行细致的监测和分析。环境分析化学研究的领域非常宽广,对象相当复杂,包括大气、水体、土壤、底泥、矿物、废渣以及植物、动物、食品、人体组织等。环境分析化学所测定的污染元素或化合物的含量很低,特别是在环境、野生动植物和人体组织中的含量极微,其绝对含量往往在 $10^{-6} \sim 10^{-12}$ g 水平。

环境分析化学已渗透到整个环境科学的各个领域,起着侦察兵的作用。例如 20 世纪 50 年代日本发生的公害病——痛痛病和水俣病,曾惊动了全世界。为了寻找痛痛病的病因,经历了 11 年之久。后来环境分析化学工作者用光谱检查出病区的河水中含有铅、镉、砷等有害元素,继而用元素追踪的手段,分析病区的土壤和粮食,发现铅、镉等含量偏高,以后又进一步对痛痛病患者的尸骨进行光谱定量分析,发现骨灰中的锌、铅、镉含量高得惊人。为了确定致病因子,又以锌、铅、镉分别掺入饲料喂养动物,在动物身上进行元素追踪分析,配合病理解剖,证实了镉对骨质的严重危害性,揭开了痛痛病的病因之谜。与此类似,日本渔民的水俣病是汞污染引起的这一事实,也是通过对元素的追踪分析确定的。如今,已知癌症发病率同环境污染有关,但其病因有待环境分析工作者与其他科学工作者密切协作,共同解决。

此外,污染物的生物效应是当前环境化学研究领域里十分活跃的研究课题,它综合运用化学、生物、医学三方面的理论和方法,研究化学污染物造成的生物效应,如致畸、致突变、致癌的生物化学机理,化学物质的结构与毒性的相关性,多种污染物毒性的协同和拮抗作用的化学机理,污染物食物链作用的生物化学过程等。随着分析技术和分子生物学的发展,环境污染的生物化学研究取得很大进展,环境分析化学与环境生物学、环境医学相互交叉渗透,成为当前生命科学的一个重要组成部分。

1.2　环境分析方法的分类

早期对环境中的化学污染物的分析测定方法与技术主要是依据传统的化学分析。随着现代分析化学各个领域的理论和技术的发展,各种分析仪器的产生和迅速发展,计算机技术的日新月异发展以及分子生物学技术的发展,现在的环境分析方法主要包括化学分析法、仪器分析法、生物指示分析法和分子生物学技术法等。

1.2.1　化学分析法

化学分析法常用于环境中已知结构化学成分的定性和定量分析,它是以特定的化学反应及计量关系为基础的分析方法,主要有重量分析和容量(滴定)分析法。此类方法准确度较高,所需设备简单,适用于环境中常量化学污染组分的分析测定;其缺点是灵敏度较低、选择性较差。

1. 重量法

重量法常用于水中硫酸盐、二氧化硅、残渣、矿化度、悬浮物、油脂,土壤与底质样品的含水量和空气中硫酸盐化速率、总悬浮颗粒物、飘尘和沥青烟等,烟气中含湿量、颗粒物的分析测定。随着称量工具的改进,重量分析法得到进一步发展。例如,近几年用压电晶体的微量测重法测定大气飘尘和空气中的汞蒸气等。

2. 容量(滴定)法

容量(滴定)法的特点是操作简便、迅速、结果准确、费用低,在环境监测中得到较多的应用。例如测定水中的酸碱度、化学需氧量、生化需氧量、凯氏氮、高锰酸盐指数、溶解氧、挥发性酚、总氮、硫化物、氰化物、氯化物、二氧化碳、钡、总铬、总硬度等。

1.2.2　仪器分析法

仪器分析法是以物质的物理或物理化学性质为基础,采用各种不同仪器进行分析测定的方法。这类方法是利用能直接或间接地表征物质的各种特性(如物理的、化学的、生理性质等),通过探头或传感器、放大器、分析转化器等转变成人可直接感受的已认识的关于物质成分、含量、分布或结构等信息的分析方法。也就是说,仪器分析法是利用各种学科的基本原埋,采用电学、光学、精密仪器制造、真空、计算机等先进技术探知物质化学特性的分析方法。仪器分析法除了可用于定性和定量分析外,还可用于结构、价态、状态分析,微区和薄层分析,微量及超痕量分析等。

仪器分析法与化学分析法比较,它具有以下主要特点。

①灵敏度高,检出限低,如样品用量由化学分析法的毫升、毫克级降低到仪器分析的微升、微克级,甚至更低,适合于微量、痕量和超痕量成分的测定。

②选择性好,很多的仪器分析方法可以通过选择或调整测定的条件,使共存的组分测定时相互间不产生干扰。

③操作简便,分析速度快,容易实现自动化。所以它是环境分析化学发展的方向。根据分

析原理和仪器的不同,它包括光谱分析法、色谱分析法、质谱分析法、电化学分析法、放射分析法、流动注射分析法、联用分析法以及其他仪器分析法等几大类。

1. 光谱分析法

利用光谱学的原理和实验方法以确定物质的结构和化学成分的分析方法称为光谱分析法。光谱分析法主要是用于环境样品中重金属的分析测定。根据电磁辐射的本质,光谱分析法可分为分子光谱法和原子光谱法。

(1)分子光谱法

分子光谱法主要包括可见紫外和红外吸收光谱分析以及分子荧光,分子磷光,化学发光等发射光谱分析方法。

(2)原子光谱法

原子光谱法主要包括原子吸收光谱,等离子体原子发射光谱,原子荧光,X 荧光射线等方法。

2. 色谱分析法

色谱分析法是基于混合物各组分在体系中两相的物理化学性能差异(如吸附、分配差异等)而进行分离和分析的方法,国际公认俄国人 M.C. 茨维特为色谱法的创始人。色谱法的特点是:分离效率高,可分离性质十分相近的物质,可将含有上百种组分的复杂混合物进行分离;分离速度快,几分钟到几十分钟就能完成一次复杂物质的分离操作;灵敏度高,能检测含量在 10^{-12} g 以下的物质;可进行大规模的纯物质制备。在环境分析化学中色谱分析法主要用于分析测定有机污染物,主要有以下几种。

(1)气相色谱(Gas Chromatography,GC)法

气相色谱法是在以适当的固定相做成的柱管内,利用气体(载气)作为流动相,使试样(气体、液体或固体)在气体状态下展开,在色谱柱内分离后,各种成分先后进入检测器,用记录仪记录色谱谱图。

(2)高效液相色谱(High Performance Liquid Chromatography,HPLC)法

高效液相色谱也叫高压(high pressure)液相色谱、高速(high speed)液相色谱、高分离度(high resolution)液相色谱等,它的流动相是液体,是在经典液相色谱法的基础上,于 20 世纪 60 年代后期引入了气相色谱理论而迅速发展起来的。它与经典液相色谱法的区别是填料颗粒小而均匀,小颗粒具有高柱效,但会引起高阻力,需用高压输送流动相,故又称高压液相色谱。又因分析速度快而称为高速液相色谱。

(3)薄层色谱(Thin Layer Chromatography,TLC)法

薄层色谱法系将适宜的固定相涂布于玻璃板、塑料或铝基片上,成一均匀薄层。待点样、展开后,根据比移值(R_f)与适宜的对照物按同法所得的色谱图的比移值做对比,用以进行污染物质的鉴别。

(4)离子色谱(Ion Chromatography,IC)法

狭义地讲,离子色谱法是基于离子性化合物与固定相表面离子性功能基团之间的电荷相互作用实现离子性物质分离和分析的色谱方法;广义地讲,是基于被测物的可离解性(离子性)进行分离的液相色谱方法。在环境分析中,它的最多应用是可不经分离测定水样中多种阴离子。

（5）毛细管电泳（Capillary Electrophoresis，CE）色谱法

该法是以高压电场为驱动力，以电解质为电泳介质，以毛细管为分离通道，样品组分依据淌度和分配行为的差异而实现分离的色谱方法。

（6）毛细管电色谱（Capillary Electrochromatography，CEC）法

该法结合了毛细管电泳的高柱效和高效液相色谱的高选择性，是以电渗流（或电渗流结合高压输液泵）为流动相驱动力的微柱色谱法。

3. 质谱分析法

质谱分析法是用电场和磁场将运动的离子（带电荷的原子、分子或分子碎片）按它们的质荷比分离后进行检测的方法。测出了离子的准确质量，就可以确定离子的化合物组成。由于有机样品、无机样品和同位素样品等具有不同形态、性质和不同的分析要求，所以，所用的电离装置、质量分析装置和检测装置有所不同。但是不管是哪种类型的质谱仪，其基本组成是相同的，都包括离子源、质量分析器、检测器和真空系统。

4. 电化学分析法

电化学分析法是建立在物质在溶液中的电化学性质基础上的一类仪器分析方法，是由德国化学家 C. 温克勒尔在 19 世纪首先引入分析领域的，仪器分析法始于 1922 年捷克化学家 J. 海洛夫斯基建立极谱法。通常将试液作为化学电池的一个组成部分，根据该电池的某种电参数（如电阻、电导、电位、电流、电量或电流－电压曲线等）与被测物质的浓度之间存在一定的关系而进行测定。电化学分析法概括起来一般可以分为三大类。

①第一类是通过试液的浓度在特定实验条件下与化学电池某一电参数之间的关系求得分析结果的方法，这是电化学分析法的主要类型，主要包括电导分析法、库仑分析法、电位法、溶出伏安法、离子选择电极法和极谱法等。

②第二类是利用电参数的变化来指示容量分析终点的方法。这类方法仍然以容量分析为基础，根据所用标准溶液的浓度和消耗的体积求出分析结果。这类方法根据所测定的电参数不同而分为电导滴定法、电位滴定法和电流滴定法。

③第三类是电重量法，或称电解分析法。这类方法将直流电流通过试液，使被测组分在电极上还原沉积析出与共存组分分离，然后对电极上的析出物进行重量分析以求出被测组分的含量。

5. 放射分析法

早在 1913 年，德国的 G. 赫维西和 E. A. 潘内特（Paneth）就将镭 D（210pb）作为分析手段用于测定铅盐的溶解度。目前已有许多同位素可供应用。放射分析法分为三类：同位素稀释分析法、中子活化分析法和同位素衍生物分析法。

6. 流动注射分析法

流动注射分析是由丹麦技术大学的 J. Ruzicka 和 E. H. Hansen 于 1975 年提出的新概念，即在热力学非平衡条件下，在液流中重现地处理试样或试剂区带的定量流动分析技术。流动注射分析法在常规体积样品预处理的自动化、微型化和在线化方面引起了革命性的变化，不仅极大地提高了整个分析过程的效率、可靠性和分析速度，减少了样品的污染，也降低了样品及试剂的消耗和废液产量。更重要的是使某些难以或无法实现的手工操作成为可能且十分有

效。它具有灵敏度高,选择性强,操作简便快速,可以进行多组分分析,容易实现连续自动分析等优点。化学分析与仪器分析的作用是相辅相成的,在常量范围内,化学分析应用较普遍,在痕量分析中则使用仪器分析。

7. 联用分析法

近年来在环境污染分析中,由于样品的复杂性测量难度大,已由分析痕量的污染成分向价态分析、形态分析和向微区表面分析方向发展,在宏观方面向连续自动分析和遥感方向发展,应用单一仪器或方法已很难解决这些复杂的分析问题。在环境污染分析中应用最多的联用分析法是气相色谱-质谱(GC-MS)和液相色谱-质谱(LC-MS)联用,还常采用火花源质谱-电子计算机联用、气相色谱-微波等离子体发射光谱联用、色谱-红外光谱联用,色谱-原子吸收光谱联用,以及质谱-离子显微镜组合而成的直接成像的分析仪。

8. 其他仪器分析法

其他仪器分析法主要有激光拉曼光谱、质谱、核磁共振、顺磁共振、X射线衍射法、旋光光谱与圆二色谱、电子能谱、莫斯包尔谱等,它们主要是应用于化学污染物的物理化学状态或结构,称为状态或结构分析。

1.2.3 生物指示分析法

生物指示分析法是根据生物(植物、动物、微生物或细菌)对环境中化学污染物所产生的各种不同程度的反应或症状来反映或判断环境质量或污染情况的最直接的一种方法。如对二氧化碳敏感的花卉有紫菀、秋海棠、美人蕉、矢车菊、彩叶草、非洲菊、三色堇、万寿菊、牵牛花、百日草等,在二氧化碳超标环境下,这些植物会发生急性症状,即叶片呈暗绿色水渍状斑点,干后呈现灰白色,叶脉间有不定形斑点,褪绿、黄化。生物指示分析法的特点如下。

①能反映长期的污染效果。理化分析只能代表取样期间的污染情况,而生活于一定区域内的生物,却可以将长期的污染状况反映出来。

②能得到常规的理化分析所难以检测的外源性化学物质对生物物种的影响或生物调控过程的细微变化。

③对那些剂量小、长期作用产生的慢性毒性效应,用理化方法很难进行测定,而它却可以做到。

④在环境中,生物接触的污染物不止一种,而几种污染物混合起来,有可能发生协同作用,使危害程度加剧,生物指示分析能较好地反映出环境污染对生物产生的综合效应。

⑤某种情况下灵敏度较高。一些低浓度甚至是痕量的污染物进入环境后,在能直接检测或人类直接感受到以前,生物即可迅速做出反应,显示出可见症状,因此,可以在早期发现污染,及时预报。

⑥易于富集污染物。生物处于生态系统中,通过食物链可以把环境中的微量有毒物质予以富集,当到达该食物链末梢时,可将污染物浓度提高达数万倍。

⑦分析功能更加多样化。与理化监测相比,它更具多功能性,因为一种生物可以对多种污染物产生反应而表现出不同症状。

⑧便于综合评价。理化监测只能检测特定条件下水环境中污染的类别和含量,而生物指

示分析可以反映出多种污染物在自然条件下对生物的综合影响,从而可以更加客观、全面地评价环境。

⑨它克服了理化监测的局限性和连续取样的烦琐性。

⑩不需要烦琐的仪器保养和维修工作,因此费用较理化监测大大减少。但目前许多污染物的环境标准不统一,新的污染物不断出现,而生物指示分析的对象大多是高度复杂的生态系统,缺乏重要而又敏感的功能指标等原因,使它在实际应用中存在着许多问题。因此,不能像理化监测那样大范围地推广应用。

1.2.4　分子生物学技术法

目前应用于环境分析化学的分子生物学技术法主要有酶分析法、免疫分析法、生物传感器和生物芯片等。

酶分析法是利用酶催化反应来测定污染物含量,酶之所以被青睐,归功于酶分子高度特异性和高催化效率,使微观生物学反应过程得以放大。酶分析法包括酶试剂盒、酶联免疫、酶标基因探针、酶传感器等,在环境分析方面的应用越来越广泛,如在农药污染的监测、重金属污染的监测等方面已取得重要成果。

免疫分析的原理是基于分子识别,故具有特异性强、灵敏度高、简单、快速及价廉的特点。免疫分析法主要包括放射免疫分析、酶联免疫吸附分析、化学发光免疫分析、标记免疫分析、荧光免疫分析、电化学发光免疫分析和毛细管电泳免疫分析等方法。

生物传感器是利用生物分子探测生物反应信息的器件,换句话说,它是利用生物的或有生命物质分子的识别功能与信号转换器相结合,将生物反应所引起的化学、物理变化变换成电信号、光信号等。生物传感器是一类特殊的化学传感器,是利用生物感应元件的专一性与一个能够产生和待测物浓度成比例的信号传导器结合起来的分析装置。与其他传感器不同的是生物传感器是以生物学组件作为主要功能性元件,能够感受规定的被测量,既不是专用于生物领域的传感器(虽然生物医学也是它的应用领域之一),也不是指被测量必是生物量的传感器(尽管它也能测定生物量),而是基于它的生物敏感材料来自生物体。生物传感器的工作原理主要决定于生物敏感元件与待测物质之间的相互作用,主要有化学变化转化为电信号、将热变化转化为电信号、将光效应转化为电信号、直接产生电信号等方式。随着技术的发展,基于细胞受体和自由振荡等现象的新原理的生物传感器也不断涌现。生物传感器在环境分析中的应用非常广泛,如农药残留检测、酸雨生物传感器、生化需氧量的测定、阴离子表面活性剂的分析等。作为一种新的分析手段,生物传感器具有高选择性、高灵敏度、较好的稳定性、低成本、能在复杂的体系中进行快速在线连续监测,可以预见生物传感器将会成为最具潜力的环境分析工具之一。

1.3　环境分析化学的发展趋势

环境分析研究的领域非常宽广,对象相当复杂,包括大气、水体、土壤、底泥、矿物、废渣,以及植物、动物、食品、人体组织等。环境分析化学所测定的污染元素或化合物的含量很低,特别是在环境、野生动植物和人体组织中的含量极微,其绝对含量往往在 $10^{-6} \sim 10^{-12}$ g 水平。环境分析因为研究对象广,污染物含量低,所以分析手段必须灵敏而准确,选择性好,速度快,自动化程度高。环境分析已由元素和组分的定性定量分析,发展到对复杂对象的组分进行价态、状态和结构分析,系统分析,微区和薄层分析。为了适应上述情况,环境分析方法与技术发展将在分析方法标准化、分析技术自动化、计算机在分析中的应用、多种方法和仪器的联合使用、激光技术、生物检测技术在分析中的应用、痕量和超痕量分析以及污染物的价态与形态分析方法研究等方面进一步发展。

1. 分析方法标准化

一个项目的测定往往有多种可供选择的分析方法,这些方法的灵敏度不同,对仪器和操作的要求不同;而且由于方法的原理不同,干扰因素也不同,甚至其结果的表示含义也不尽相同。当采用不同方法测定同一项目时就会产生结果不可比的问题,因此有必要进行分析方法标准化活动。

标准是标准化活动的结果,标准化工作是一项具有高度政策性、经济性、技术性、严密性和连续性的工作,开展这项工作必须建立严密的组织结构。由于这些机构所从事工作的特殊性,要求它们的职能和权限必须受到标准化条例的约束。

评价环境质量和环境污染防治措施的效果,制定和执行环境保护规划,加强环境管理、研究生命科学等,需要以准确可靠的分析数据作为依据。那么,建立适合我国国情的标准分析方法是十分必要的。分析方法标准化是指方法的成熟性得到公认。为实现现代分析方法标准化,通常应组织不同实验室对不同的样品进行方法验证,筛选出切实可行的环境分析方法,保证环境分析质量。

2. 分析技术自动化

随着科学技术和自动化技术的发展,环境分析化学逐渐由经典的化学分析过渡到仪器分析,由手工操作过渡到连续自动化的操作。20世纪70年代以来,已出现每小时可连续测定数十个试样的自动分析仪器,并已正式定为标准分析方法。目前经常使用的有比色分析、离子选择性电极、X射线荧光光谱、原子吸收光谱、极谱、气相色谱、液相色谱、流动注射分析等自动分析方法及相应的仪器。特别是流动注射分析法,分析速度可达每小时200多个试样,试剂和试样的消耗量少,仪器的结构简单,比较容易普及,是近年来发展较快的方法之一。应用电子计算机,可实现分析仪器自动化和样品的连续测定。

3. 计算机在分析中的应用

在环境分析化学中应用电子计算机,极大地提高了分析能力和研究水平。在现代化的分析实验室中,很多分析仪器已采用计算机控制操作程序、处理数据和显示分析结果,并对各种图形进行解释。如配备有计算机的 γ-能谱仪可同时测定几百个样品中多种元素;利用傅里叶变换在计算机上进行计算,既可提高分析的灵敏度和准确度,又可使核磁共振仪能测得碳13信号,使有机骨架结构的测定有了可能,为从分子水平研究环境污染物引起的生态学和生理机制的有关问题开拓了前景。

4. 多种方法和仪器的联合使用

多种方法和仪器的联合使用可以有效地发挥各种技术的特长,解决一些复杂的难题。原子吸收法的灵敏度和选择性好,但样品一般需进行预处理。气相色谱和液相色谱有良好的分离能力,但有的项目灵敏度不高。把原子吸收和气相色谱联用,就变成一种新的有效分析技术——气相色谱－原子吸收光谱(GC－AAS)联用仪。国外多用它研究 Hg、Pb、Cd、As、Sb、Sn 的甲基化,检测灵敏度约 0.1ng,GC－AAS 及类似的液相色谱-原子吸收光谱(LC－AAS)联用仪均是解决水化学中金属络合物分析及毒理学研究的重要工具。GC－MS 联用仪可检测复杂有机混合物,测定分子量和化学结构。再与计算机联用可加速数据处理,快速测定有机化合物,其分析精度高,能对谱图进行自动检索,已用于工厂废气和排水的监测。气－质联用能同时鉴定工厂排污中 200 种以上的污染物。目前,国内不少城市已用它分析饮水和水源中的有机物。另外如气相色谱－傅里叶变换(GC－FTIR)、电感耦合等离子体－质谱联用(ICP－MS)、微波等离子体-质谱联用(MIP－MS)、电感耦合等离子体-发射光谱(ICP－AES)、液相色谱－质谱(LC－MS)等,甚至三台仪器联用,如液相色谱－液相色谱－质谱(LC－LC－MS)、液相色谱－液相色谱－原子吸收光谱(LC－LC－AAS)等。在这些大型仪器中,除 GC－MS 和 ICP－AES 已在我国用于环境监测,其他仪器还没有相应的标准或统一的监测分析方法。而在发达国家,这类仪器监测分析方法的研究开发以及应用发展较快。因为此类仪器尚不能国产化,所以在我国环境监测分析中的普及和应用尚待时日。

5. 生物检测技术

生物检测技术用于环境分析诞生于 20 世纪初,其机理及应用研究,经历了一个从生物个体水平到细胞、基因和分子水平逐步深化的发展过程。20 世纪 90 年代,细胞生物学和分子生物学研究领域的迅速发展,加上信息科学技术的突飞猛进,使生物检测技术在环境分析方面迈进了一个新的发展时期。在水污染方面的生物检测方法主要有生物指数法、种类多样性指数法、微生物群落监测方法、生物毒性试验、生物残毒测定和生态毒理学方法等;另外使用不同种类的水生生物在水环境污染监测上的应用主要有藻类、原生生物、底栖生物、鱼类和两栖动物等。生物检测是未来环境监测的一种重要方法,将在宏观、微观领域为人类提供大量连续、综合的环境信息。

生物试验指导的分离分析是有机污染分析的重要发展方向之一。目前环境样品中的致癌、致畸变、致突变成分是人们关心的对象,由于医学还不能完全控制和治愈严重威胁人类生命的癌症,而流行病学研究又指出,人类 70％～90％ 的癌症是由于环境中化学致癌物所引起的,短期生物试验的发展(如 Ames 试验)提供了在短期内初步评价研究对象三致特性的可能,且费用低廉,灵敏度高,选择性好,结合化合分离和鉴定,就有可能从复杂的环境试样中有效地筛选出活性组分,获得新的结果,环境中潜在致癌物硝基多环芳烃的发现即是一例。较近的研究表明大气飘尘中不但存在硝基多环芳烃,而且还有羟基硝基多环芳烃,后者的致突变性有时比前者还高。在其他研究中也得到相应的结果,这些结果促进了环境污染化学的研究。生物指导的化学分析是生物学科与分析技术结合的产物,它将在环境科学研究中发挥更大的作用,提供更多的结果。

常规的环境分析有时对大批复杂试样不能及时迅速报出结果,在这方面某些生物监测方法却能起到很好的作用。免疫试验就是一个突出的例子,近几年来在环境方面的应用有很大的成就,并已在区域性环境质量评价中得到应用。免疫试验优点很多:价格便宜,灵敏度高(如 1ng),前处理方法简便,有利于大量监测某种确定的对象,还有可能进行实时分析,因此前景诱人。从免疫分析在农药、致癌物,甚至 DNA 加合物方面试验的一些数据得知其灵敏度甚高。此外,各种类型的生物传感器的开发与应用亦将有广阔的前途。

6. 污染物的价态与形态分析方法

在研究污染物的起源、迁移分布、相反应、转移机制、最终归宿和污染效应以及制定环境标准、确定治理措施,监测污染状况等时,仅测定元素的总量是不够的,既不能反映环境质量的真实面目,也无法确定污染物的毒性效应。因为化学污染物的存在状态和结构决定它们的性质,例如,铬的毒性与其存在价态有关,通常认为六价铬的毒性比三价铬高 100 倍,$Cr(Ⅵ)$ 有明显的致癌作用,但 $Cr(Ⅲ)$ 则无致癌作用,2－萘胺比 1－萘胺的致癌性要强得多,又如同一种元素的不同化合物的生物效应和毒性相差很大。

形态分析是指分析某种元素各自的物理－化学形态,其总和构成样品的总浓度。物理形态分析包括区分金属的物理性质如溶解态、胶体和颗粒状等,而化学形态分析是指区分各种化学形态如元素、有机形态和无机形态。例如,在水体中汞可能存在的形态除元素汞外还有 $HgCl_2$、$Hg(OH)_2$、CH_3HgCl、$(CH_3)_2Hg$ 以及与复杂有机分子(腐殖酸与灰黄霉酸)所形成的各种络合物。有机汞的毒性比无机汞的毒性大得多。由于计算机得到了广泛的应用,用计算机来描述水体中金属的化学形态已有很大的发展。

土壤中重金属的"五态"(可交换态、碳酸盐结合态、氧化物结合态、有机质结合态和残渣态)对土壤上生长的作物的毒性的"贡献"也是不一样的。土壤组成中的金属含量也可用电子微探针或装有能量色散系统的扫描电镜直接测定其化学形式,这可能是目前所能得到的有关金属形态最可靠的信息。

形态分析还包括同种金属不同有机化合物的分析。环境中有机化合物的研究是个较新的课题,这些化合物的发现及它们在空气、水、沉积物和生物圈内的生成、转移和归宿已作为一个新的领域来研究。同种元素不同化合物的生物效应和毒性相差甚远,例如,甲基汞的毒性大于苯基汞和乙基汞,海洋生物中的甜菜碱砷的毒性小于甲基砷和无机砷,烷基锡的毒性随烷基的链长增加而减小等。因此,必须研究同种元素不同化合物的分离与分析方法。今后探索污染物的价态和分析方法是环境分析化学发展的重要方向。

7. 痕量和超痕量分析

环境科学研究已向纵深发展,对环境分析提出的新要求之一就是常需检测含量低 $10^{-6}\sim$ $10^{-9}g$(痕量级)和 $10^{-9}\sim10^{-12}g$(超痕量级)的污染物质,以及研究制订出一套能适用于测定存在于大气、水体、土壤、生物体和食品中痕量和超痕量污染物的分析方法。例如,已测定太平洋中心空中铅的含量为 $1\mu L/m^3$,南北极则低于 $0.5\mu L/m^3$,南极洲冰块中的 DDT 含量为 $0.04\mu L/m^3$,雨水中汞的平均含量为 $0.2\mu L/L$,人体中铀的平均含量为 $1\mu L/L$。这些成果的取得都是依靠痕量或超痕量分析技术来完成的。加强对新的高灵敏、选择性好而又快速的痕量和超痕量分析方法和分析技术的研究,特别是对超痕量的"三致"物质的监测分析方法的研究,将成为今后环境分析化学的研究方向之一。

富集浓缩方法的研究是痕量分析的一个重要方面。目前,虽有不少灵敏、选择性好、专一的试剂和方法,但是欲测含量接近或低于试剂的灵敏度或方法的检测限时,则需预先富集浓缩。传统常用的方法有液－液萃取、离子交换、色谱、共沉淀、离子浮升等,现代富集浓缩技术主要有超声波、微波、固相萃取、固相微萃取、液相微萃取、超临界流体萃取等技术。

8. 激光技术

激光具有单色性好、方向性强、亮度高等特点,能用于分析仪器的强光源,例如把激光热偏转光度测定装置作为液相色谱检测器,可检测 8×10^{-8} 消光值,相当于 5×10^{-13} g 的分析物质。又如用一台顺时针圆极化的 CO 激光器的光声光谱仪,可检测空气中低达 8×10^{-12} g 浓度的 SF_6。激光光声光度计和激光热透镜光度计都是间接的吸收测量,从理论上讲,两种方法都具有测量低达 10^{-8} 消光值的能力。使用钴—钇铝石榴石脉冲激光器,脉冲宽度为 1.5ns,脉冲能量可达 100MJ,用它测定大气中 Cd、Pb 和 Zn,其检出限低于美国职业安全与健康局标准。同步辐射所产生的 X 射线可测得 10cm 样品中低达 $1\mu g/g$ 的痕量元素。

第2章 滴定分析法之酸碱滴定法

2.1 酸碱平衡的理论基础

2.1.1 酸碱质子理论

以酸碱反应为基础建立的滴定分析方法称为酸碱滴定法,它是滴定分析法中最基础的方法。一般的酸、碱以及能与酸、碱直接或间接发生质子传递反应的物质,几乎都可以利用酸碱滴定法进行测定。所以,酸碱滴定法是应用很广泛的基本滴定方法之一。许多自然现象,如钢铁生锈、岩石风化、酸雨形成等均与酸碱反应有关。

酸碱平衡是酸碱滴定法的基础,酸和碱在不同的理论中有不同的含义。目前,分析化学中广泛采用 J. N. Bronsted 提出的酸碱质子理论,相对于电离理论,质子理论更新了酸碱的概念,扩大了酸碱的范围。

1. 酸碱的定义

从 1675 年巴黎药剂师 Nicolas Lemery 提出具有想象力的"尖刺和多孔物"酸碱概念至布朗斯特于 1923 年提出酸碱质子理论,整整过去了近三个世纪。根据布朗斯特酸碱理论,酸是质子的给予体,碱是质子的接受体。酸给出质子后转化为它的共轭碱,碱接受质子后转化为它的共轭酸。例如:

$$HA(酸) \Longrightarrow H^+ + A^-(碱)$$

上述反应中 HA 的共轭碱是 A^-,A^- 的共轭酸是 HA。$\dfrac{HA}{A^-}$ 称为共轭酸碱对,共轭酸碱彼此只相差一个质子。该反应称为酸碱半反应。根据布朗斯特酸碱理论,酸碱可以是中性分子、阳离子、阴离子;酸或碱又是相对的,与自身和所处的环境有关。例如:

$$
\begin{array}{cc}
酸 & 碱 \\
HAc \Longrightarrow H^+ + Ac^- \\
NH_4^+ \Longrightarrow H^+ + NH_3 \\
H_3PO_4 \Longrightarrow H^+ + H_2PO_4^- \\
H_2PO_4^- \Longrightarrow H^+ + HPO_4^{2-} \\
{}^+H_3N{-}R{-}NH_3^+ \Longrightarrow H^+ + {}^+H_3N{-}R{-}NH_2 \\
[Al(H_2O)_6]^{3+} \Longrightarrow H^+ + [Al(H_2O)_5(OH)]^{2+} \\
酸 \Longrightarrow H^+ + 碱
\end{array}
$$

其中,$H_2PO_4^-$ 在不同的反应中表现不同的性质,这类物质称为两性物质。

2. 共轭酸碱对

当酸 HA 解离时,除了给出 H^+,还生成它的碱式型体 A^-。同理,A^- 可以获得一个 H^+

变为酸式型体 HA。像这种因一个质子的转移能互相转化的酸碱,称为共轭酸碱对。

HA 和 A$^-$ 就是一对共轭酸碱对。

$$共轭酸 \Longrightarrow 共轭碱 + 质子$$

质子(H^+)的半径很小,其电荷密度又极高,它不可能在水溶液中单独存在。在水溶液中 H^+ 以水合质子 H_3O^+ 的形式存在,习惯上常以 H^+ 表示。当一种酸给出质子时,溶液中必定有一种碱来接受质子。在水溶液中,溶剂水就是接受质子的碱:

$$HAc + H_2O \Longrightarrow H_3O^+ + H^+ + Ac^- \quad 简写成 \quad HAc \Longrightarrow H^+ + Ac^-$$

在非水溶液(SH)中 $HAc + SH \Longrightarrow SH_2^+ + Ac^-$。如

$$HClO_4 + HAc \Longrightarrow H_2Ac^+ + ClO_4^-$$

表 2-1 中列出了常见的共轭酸碱对,从中可以看出,酸碱既可以是中性分子,也可以是阴、阳离子;有的物质既可以是酸,又可以是碱。

表 2-1　常见的共轭酸碱对

酸	碱	酸	碱
CH_3COOH	CH_3COO^-	NH_4^+	NH_3
H_2SO_4	HSO_4^-	H_2O	OH^-
HNO_3	NO_3^-	H_3O^+	H_2O
$H_2PO_4^-$	HPO_4^{2-}	C_6H_5OH	$C_6H_5O^-$
HCN	CN^-	$C_5H_5NH^+$	C_5H_5N

3. 酸碱反应

根据质子理论,酸碱反应的实质就是酸失去质子、碱得到质子的过程,通过溶剂实现质子的转移,反应的结果是各反应物转化为它们各自的共轭碱或共轭酸。

以下各类型的质子转移,均可看作是酸碱反应。

$$酸的离解:如 \underset{酸1}{HAc} + \underset{碱2}{H_2O} \Longrightarrow \underset{酸2}{H_3O^+} + \underset{碱1}{Ac^-}$$

$$碱的离解:如 \underset{碱1}{NH_3} + \underset{酸2}{H_2O} \Longrightarrow \underset{碱2}{OH^-} + \underset{酸1}{NH_4^+}$$

$$酸碱中和:如 \underset{酸1}{HCl} + \underset{碱2}{NH_3} \Longrightarrow \underset{酸2}{NH_4^+} + \underset{碱1}{Cl^-}$$

$$盐的水解:如 \underset{碱1}{NaAc} + \underset{酸2}{H_2O} \Longrightarrow \underset{碱2}{NaOH} + \underset{酸1}{HAc}$$

4. 水的质子自递反应

同种溶剂分子间的质子转移作用称为质子自递反应。H_2O 作为两性物质,存在着质子自递反应:

$$\underset{酸_1}{H_2O} + \underset{碱_2}{H_2O} \Longrightarrow \underset{酸_2}{H_3O^+} + \underset{碱_1}{OH^-}$$

参与以上反应的两个共轭酸碱对是 H_3O^+ 与 H_2O 和 H_2O 与 OH^-。其中,一个 H_2O 是

酸,另一个 H_2O 是碱。该反应的平衡常数称为水的质子自递常数(K_s),即水的活度积(K_w)。

$$K_s = K_w = a_{H_3O^+} + a_{OH^-} = 1.0 \times 10^{-14} \quad (25℃)$$

虽然在不同温度下,水的活度积略有变化,但因滴定分析常在室温下进行,故通常认为水的活度积为 1.0×10^{-14}。

5. 酸碱强度

从上述讨论可知,酸的强度取决于酸给出质子的能力和溶剂接受质子的能力;碱的强度取决于碱接受质子的能力和溶剂给出质子的能力。

例如,$HClO^+$、H_2SO_4、HCl、HNO_3 四种酸的酸性强度本来是有差别的,但以水为溶剂时,它们均完全解离,它们的强度均被拉平到 H_3O^+ 水平。而在冰醋酸溶剂中,强度有明显差别,解离常数分别为 $10^{-5.8}$、$10^{-8.2}$、$10^{-8.8}$ 和 $10^{-9.4}$ 结果 $HClO_4$ 给出 H^+ 的能力最强,其次是 H_2SO_4、HCl、HNO_3。

$$HClO_4 + HAc \rightleftharpoons ClO_4^- + H_2Ac^+ \qquad pK_a = 5.8$$
$$H_2SO_4 + HAc \rightleftharpoons HSO_4^- + H_2Ac^+ \qquad pK_a = 8.2$$
$$HCl + HAc \rightleftharpoons Cl^- + H_2Ac^+ \qquad pK_a = 8.8$$
$$HNO_3 + HAc \rightleftharpoons NO_3^- + H_2Ac^+ \qquad pK_a = 9.4$$

从上面的讨论中还可以知道,酸越强,其共轭碱的碱性越弱;酸越弱,其共轭碱的碱性越强。例如,HCN 在水中是很弱的酸($K_a = 6.2 \times 10^{-10}$),其共轭碱 CN^- 却是很强的碱($K_b = \dfrac{1.0 \times 10^{-14}}{6.2 \times 10^{-10}} = 1.6 \times 10^{-5}$)。

2.1.2 酸碱反应的平衡常数

酸碱反应进行的程度可以用平衡常数的大小来衡量。例如,弱酸、弱碱在水溶液中的解离反应并不能单独存在,即酸只能与能接受质子的碱共存时才能给出质子,碱只能与能提供质子的酸共存时才能接受质子。

例如,酸的解离:

$$HA + H_2O \rightleftharpoons H_3O^+ + A^-$$

反应的平衡常数称为酸解离常数,用 K_a 表示:

$$K_a = \frac{a_{H^+} a_{A^-}}{a_{HA}}$$

又如碱的解离:

$$A^- + H_2O \rightleftharpoons OH^- + HA$$

该反应的平衡常数称为碱解离常数,用 K_b 表示:

$$K_b = \frac{a_{OH^-} a_{HA}}{a_{A^-}}$$

K_a、K_b 表示在一定温度下,酸碱反应达到平衡时各组分活度之间的关系,称为活度常数,即热力学常数(离子强度 $I = 0$),它们仅与溶液的温度有关。

若用平衡浓度代替活度,则平衡常数称为浓度常数,用 K_a^c 表示:

$$K_a^c = \frac{[H^+][A^-]}{HA} = \frac{a_{H^+} a_{A^-}}{a_{HA}} \frac{\gamma_{HA}}{\gamma_{H^+} \gamma_{A^-}} = \frac{K_a}{\gamma_{H^+} \gamma_{A^-}}$$

式中,γ_{HA}、γ_{A^-} 和 γ_{H^+} 分别为对应组分的活度系数。

HA 为中性分子,其活度系数为 1。由于离子的活度系数与溶液的离子强度有关,因此浓度常数不仅受温度影响,还随离子强度而变化。

在实际应用中,因溶液的 pH 是以电位法测定得到的,它反映了溶液中 H^+ 活度的大小;而其他组分仍用浓度表示比较方便,此时反应的平衡常数就称为混合常数 K_a^M:

$$K_a^M = \frac{[A^-]a_{H^+}}{[HA]} = \frac{K_a}{\gamma_{A^-}}$$

由于分析化学中的反应常在较稀的溶液中进行,若离子强度不大或对准确度的要求不是很高,通常可忽略离子强度的影响,以浓度常数代替活度常数进行近似计算,此时,K_a 和 K_b 分别为

$$K_a = \frac{[H^+][A^-]}{[HA]}, \quad K_b = \frac{[OH^-][HA]}{[A^-]}$$

但当准确度要求较高时,例如标准缓冲溶液 pH 的计算,就必须考虑溶液离子强度的影响,以活度常数进行处理较为合理。

酸碱解离常数 K_a、K_b 还是酸碱强度的一种量度。其实,酸碱的强度是相对的,与其本身和溶剂的性质有关,即取决于酸(碱)给出(接受)质子的能力与溶剂分子接受(给出)质子能力的相对大小。在水溶液中,酸的强度取决于它给予水分子质子能力的强弱,酸性越强,其共轭碱的碱性越弱;碱的强度取决于它夺取水分子中质子能力的强弱,碱性越强,其共轭酸的酸性越弱。若用它们在水溶液中的解离常数 K_a 与 K_b 的大小来衡量,$K_a(K_b)$ 的值越大,表明酸(碱)与水之间的质子转移反应进行得越完全,即该酸(碱)的酸(碱)性越强。由 K_a 和 K_b 的表达式可知,对于共轭酸碱对 HA 与 A^-,其 K_a 与 K_b 之间的关系为

$$K_a K_b = \frac{a_{H^+} a_{A^-}}{a_{HA}} \frac{a_{OH^-} a_{HA}}{a_{A^-}} = a_{H^+} a_{OH^-} = K_w$$

因此,

$$pK_a + pK_b = pK_w = 14.00$$

显然,对于共轭酸碱对而言,若酸(碱)的酸(碱)性越强,其共轭碱(酸)的碱(酸)性就越弱。

在水溶液中,$HClO_4$、H_2SO_4、HCl 和 HNO_3 都是很强的酸,如果浓度不是太大,它们与水分子之间的质子转移反应都进行得十分完全,因而不能显示出它们之间酸性强弱的差别。因为 H_3O^+ 是水溶液中实际存在的最强酸的形式,而它们的强度全部被拉平到 H_3O^+ 的水平,这种现象称为溶剂的拉平效应。可以想象,所有碱性比水强的溶剂均是强酸的拉平性溶剂。而在酸性比水强的溶剂中,可以区分上述酸的强弱。如在 HAc 中,它们的强弱顺序为:$HClO_4 > H_2SO_4 > HCl > HNO_3$,这种现象称为溶剂的区分效应,HAc 是这些强酸的区分性溶剂。

上述酸的共轭碱 ClO_4^-、HSO_4^-、Cl^- 和 NO_3^- 都是极弱的碱,几乎没有 H_3O^+ 处接受质子的能力。同理,OH^- 是水溶液中最强碱的存在形式。所以,碱性较强的溶剂是强碱的区分性溶剂,水和酸性较强的溶剂是强碱的拉平性溶剂。

多元酸(碱)在水溶液中是逐级解离的,例如 H_3PO_4 能形成三个共轭酸碱对:

$$H_3PO_4 \underset{+H^+, K_{b3}}{\overset{-H^+, K_{a1}}{\rightleftharpoons}} H_2PO_4^- \underset{+H^+, K_{b2}}{\overset{-H^+, K_{a2}}{\rightleftharpoons}} HPO_4^{2-} \underset{+H^+, K_{b1}}{\overset{-H^+, K_{a3}}{\rightleftharpoons}} PO_4^{3-}$$

已知 H_3PO_4 的 $K_{a1} = 10^{-2.12}$、$K_{a2} = 10^{-7.20}$、$K_{a3} = 10^{-12.36}$,即 $K_{a1} > K_{a2} > K_{a3}$。同样,多元碱的

各级解离常数也存在下列关系：$K_{b1} > K_{b2} > K_{b3} > \cdots\cdots$

2.1.3 水溶液中的各种存在形式的分布

1. 各类平衡

（1）物料平衡

在处理水溶液中的化学平衡时，常用分析浓度和平衡浓度的概念。所谓分析浓度，即溶液中溶质的总浓度，用符号 c 表示，单位为 mol/L；所谓平衡浓度，即在平衡状态时，溶质或溶质各型体的浓度，用符号[]表示，单位同为 mol/L。

在平衡状态时，与某溶质有关的各种型体平衡浓度之和必等于它的分析浓度，这种等衡关系称为物料平衡，又称质量平衡；其数学表达式即物料平衡方程，简写为 MBE（Mass Balance Equation）。例如，0.10mol/L Na_2CO_3 溶液的 MBE 为

$$[Na^+] = 2c_{Na_2CO_3} = 0.20mol/L$$

$$[H_2CO_3] + [HCO_3^-] + [CO_3^{2-}] = c_{Na_2CO_3} = 0.10mol/L$$

（2）电荷平衡

化学平衡体系中，溶液总是呈电中性，这一规律称为电荷平衡或电中性原则，即单位体积中正电荷的总数等于负电荷总数，正电荷的总浓度等于负电荷的总浓度，所谓电荷浓度是各离子平衡浓度与其电荷数的绝对值的乘积。根据这一原则列出的数学表达式称为电荷平衡方程，简写为 CBE（Charge Balance Equation）。例如，同样在 0.10mol/L Na_2CO_3 溶液中，存在如下解离平衡：

$$Na_2CO_3 = 2[Na^+] + CO_3^{2-}$$

$$CO_3^{2-} + H_2O \Longleftrightarrow HCO_3^- + OH^-$$

$$HCO_3^- + H_2O \Longleftrightarrow H_2CO_3 + OH^-$$

$$H_2O \Longleftrightarrow H^+ + OH^-$$

其 CBE 为

$$[Na^+] + [H^+] = [HCO_3^-] + 2[CO_3^{2-}] + [OH^-]$$

或

$$0.20mol/L + [H^+] = [HCO_3^-] + 2[CO_3^{2-}] + [OH^-]$$

值得注意的是：中性分子不包含在电荷平衡方程中。

（3）质子平衡

当酸碱反应达到平衡时，酸给出质子的量（mol）与碱接受的质子的量应相等，这样，可以预计，酸失去质子后的产物与碱得到质子后的产物在平衡浓度上必有一定的关系，这种关系式称为质子平衡方程，也称质子条件，简写为 PBE（Proton Balance Equation）。

质子条件反映了溶液中质子转移的定量关系，是处理酸碱平衡最基本的关系式。通常可以通过两种途径获得质子条件。

①根据物料平衡和电荷平衡。

在平衡状态下，同一体系中物料平衡和电荷平衡必然同时成立，因此可先列出该体系的 MBE 和 CBE，然后进行简化处理，从而得到 PBE。例如，浓度为 c（mol/L）的 $NaHCO_3$ 溶液：

$$MBE \qquad \begin{aligned} [Na^+] &= c \\ [H_2CO_3] + [HCO_3^-] + [CO_3^{2-}] &= c \end{aligned} \Bigg\}$$

$$CBE \qquad [Na^+] + [H^+] = [HCO_3^-] + 2[CO_3^{2-}] + [OH^-]$$

整理后即得出 PBE

$$[H^+] = [CO_3^{2-}] + [OH^-] - [H_2CO_3]$$

上述方法是最基本的方法,但不够快捷和简便,还容易出现错误。

②根据酸碱反应得失质子数目相等。

由酸碱反应得失质子数目相等的条件可以直接写出 PBE。这种方法的要点如下。

·从酸碱平衡体系中选取质子参考水准(又称零水准),它们是溶液中大量存在并参与质子转移反应的物质,通常是起始酸碱组分,包括溶剂分子。

·当溶液中的酸碱反应达到平衡后,根据质子参考水准判断得失质子的产物及其得失质子的数量,绘出得失质子示意图。

·根据得失质子的数量相等的原则写出 PBE。注意,在 PBE 中不应包括参考水准本身,也不含有与质子转移无关的组分。对于多元酸碱组分,需注意其平衡浓度前面的系数,该系数等于与零水准相比较时该型体得失质子的数目。

2. 酸度对弱酸(碱)各型体分布的影响

在酸碱平衡体系中,溶液中通常存在着多种酸碱形式,此时它们的浓度称为平衡浓度。各种存在形式的平衡浓度之和称为分析浓度或总浓度,一般用 c 表示。这些组分的平衡浓度随溶液酸度的变化而变化。溶液中某一存在形式的平衡浓度占总浓度的分数,即为该存在形式的分布系数,用 δ 表示。分布系数的大小能定量说明溶液中各种存在形式的分布情况。知道了分布系数,就可以计算有关组分的平衡浓度。分布系数与 pH 有关,它与溶液 pH 间的关系曲线称为分布曲线。了解分布系数和分布曲线有助于深入理解酸碱滴定的过程、终点误差以及分步滴定的可能性,同时为学习配位滴定中的副反应系数和沉淀反应中酸度对沉淀溶解度影响的有关计算打下基础。

(1)一元弱酸(碱)各型体的分布

对于一元弱酸,例如 HAc,在溶液中 HAc 和 Ac^- 两种形式存在,其平衡浓度分别为 $[HAc]$ 和 $[Ac^-]$,则

$$c(HAc) = [HAc] + [Ac^-]$$

$$\delta_{HAc} = \frac{[HAc]}{[HAc] + [Ac^-]} = \frac{1}{1 + \dfrac{[Ac^-]}{[HAc]}} = \frac{1}{1 + \dfrac{K_a}{[H^+]}} = \frac{[H^+]}{[H^+] + K_a}$$

同理可得

$$\delta_{Ac^-} = \frac{[Ac^-]}{[HAc] + [Ac^-]} = \frac{K_a}{[H^+] + K_a}$$

$$\delta_{HAc} + \delta_{Ac^-} = 1$$

若以 pH 值为横坐标,各存在形式的分布系数为纵坐标,可得如图 2-1 所示的分布曲线。从图中可以看到:

①当 $pH = pK_a$ 时,$\delta_{HAc} = \delta_{Ac^-} = 0.5$,溶液中 HAc 与 Ac^- 两种形式各占 50%。

②当 pH>pK_a 时，$\delta_{HAc}<\delta_{Ac^-}$，溶液中的主要存在形式是 Ac⁻。

③当 pH<pK_a 时，$\delta_{HAc}>\delta_{Ac^-}$，溶液中的主要存在形式是 HAc。

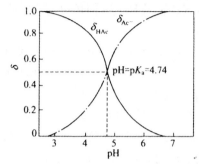

图 2-1 HAc 中两种存在形式的分布曲线

（2）多元弱酸（碱）溶液中各存在形式的分布

以 $H_2C_2O_4$ 为例，在水溶液中有 $H_2C_2O_4$、$HC_2O_4^-$ 和 $C_2O_4^{2-}$ 三种存在形式，其分布系数分别为 $\delta_{H_2C_2O_4}$、$\delta_{HC_2O_4^-}$ 和 $\delta_{C_2O_4^{2-}}$。草酸的总浓度为 c，即

$$c_{H_2C_2O_4} = [H_2C_2O_4] + [HC_2O_4^-] + [C_2O_4^{2-}]$$

$$c_{H_2C_2O_4} = \frac{[H_2C_2O_4]}{c[H_2C_2O_4]} = \frac{[H_2C_2O_4]}{[H_2C_2O_4] + [HC_2O_4^-] + [C_2O_4^{2-}]}$$

$$= \frac{1}{1 + \frac{[HC_2O_4^-]}{[H_2C_2O_4]} + \frac{[C_2O_4^{2-}]}{[H_2C_2O_4]}}$$

$$= \frac{1}{1 + \frac{K_{a1}}{[H^+]} + \frac{K_{a1}K_{a2}}{[H^+]^2}} = \frac{[H^+]^2}{[H^+]^2 + K_{a1}[H^+] + K_{a1}K_{a2}}$$

同理可得

$$c_{HC_2O_4^-} = \frac{[H^+]K_{a1}}{[H^+]^2 + K_{a1}[H^+] + K_{a1}K_{a2}}$$

$$c_{C_2O^{2-}_4} = \frac{K_{a1}K_{a2}}{[H^+]^2 + K_{a1}[H^+] + K_{a1}K_{a2}}$$

$$c_{H_2C_2O_4} + c_{HC_2O_4^-} + c_{C_2O_4^{2-}} = 1$$

于是可以得到图 2-2 分布曲线。由图可知：

①当 pH<pK_{a1} 时，$c_{H_2C_2O_4}>c_{HC_2O_4^-}$，溶液中的主要存在形式为 $H_2C_2O_4$。

②当 p$K_{a1}<$ pH $<$ pK_{a2} $c_{HC_2O_4^-}>c_{H_2C_2O_4}$ 和 $c_{HC_2O_4^-}>c_{C_2O_4^{2-}}$，溶液中的主要存在形式为 $HC_2O_4^-$。

③pH>pK_{a2} 时，$c_{C_2O_4^{2-}}>c_{HC_2O_4^-}$，溶液中的主要形式为 $C_2O_4^{2-}$。

由于草酸 p$K_{a1}=1.23$，p$K_{a2}=4.19$，比较接近，因此当溶液的 pH 变化时，各种存在形式的分布情况比较复杂。计算表明，在 pH＝2.2～3.2 时，明显出现三种组分同时存在的情况，而在 pH＝2.71 时，虽然 $HC_2O_4^-$ 的分布系数达到最大（0.938），但 $c_{H_2C_2O_4}$ 与 $\delta_{C_2O_4^{2-}}$ 的数值也各占 0.031。

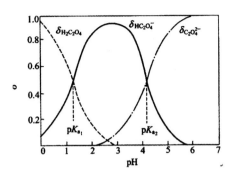

图 2-2　$H_2C_2O_4$ 中各种存在形式的分布曲线

　　三元酸的情况就更加复杂,但是采用同样的处理方法,也可以得到溶液中各种存在形式的分布系数。以 H_3PO_4 为例,可得到各分布系数的计算公式:

$$\delta_{H_3PO_4} = \frac{[H_3PO_4]}{c[H_3PO_4]} = \frac{[H^+]^3}{[H^+]^3 + K_{a1}[H^+]^2 + K_{a1}K_{a2}[H^+] + K_{a1}K_{a2}K_{a3}}$$

$$\delta_{H_2PO_4^-} = \frac{[H_2PO_4^-]}{c[H_3PO_4]} = \frac{K_{a1}[H^+]^2}{[H^+]^3 + K_{a1}[H^+]^2 + K_{a1}K_{a2}[H^+] + K_{a1}K_{a2}K_{a3}}$$

$$\delta_{HPO_4^{2-}} = \frac{[HPO_4^{2-}]}{c[H_3PO_4]} = \frac{K_{a1}K_{a2}[H^+]}{[H^+]^3 + K_{a1}[H^+]^2 + K_{a1}K_{a2}[H^+] + K_{a1}K_{a2}K_{a3}}$$

$$\delta_{PO_4^{3-}} = \frac{[PO_4^{3-}]}{c[H_3PO_4]} = \frac{K_{a1}K_{a2}K_{a3}}{[H^+]^3 + K_{a1}[H^+]^2 + K_{a1}K_{a2}[H^+] + K_{a1}K_{a2}K_{a3}}$$

图 2-3 为 H_3PO_4 溶液在不同 pH 值时各存在形式的分布曲线。由图可知:

　　当 $pH < pK_{a1}$ 时,H_3PO_4 为主要存在形式,$\delta_{H_3PO_4} > \delta_{H_2PO_4^-}$;当 $pK_{a1} < pH < pK_{a2}$ 时,$H_2PO_4^-$ 为主要存在形式,$\delta_{H_2PO_4^-} > \delta_{H_3PO_4}$,$\delta_{H_2PO_4^-} > \delta_{HPO_4^{2-}}$;当 $pK_{a2} < pH < pK_{a3}$ 时,HPO_4^{2-} 为主要存在形式,$\delta_{HPO_4^{2-}} > \delta_{H_2PO_4^-}$,$\delta_{HPO_4^{2-}} > \delta_{PO_4^{3-}}$;当 $pH > pK_{a3}$ 时,PO_4^{3-} 为主要存在形式,$\delta_{PO_4^{3-}} > \delta_{HPO_4^{2-}}$。

　　由于 H_3PO_4 的各级解离常数 $pK_{a1} = 2.2$,$pK_{a2} = 7.20$,$pK_{a3} = 12.36$,差别比较大,各存在形式同时存在的情况没有草酸明显。在 $pH = 4.7$ 时,$H_2PO_4^-$ 占 99.4%,另外两种形式各占 0.3%;在 $pH = 9.8$ 时,HPO_4^{2-} 占 99.5%,而另外两种形式也各约占 0.3%。

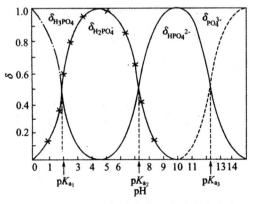

图 2-3　H_3PO_4 各种存在形式的分布曲线

2.2 酸碱指示剂

酸碱指示剂是一类随溶液 pH 值改变而变色的化合物,一般是结构比较复杂的有机弱酸或有机弱碱。酸碱指示剂通常有以下三类:

①单色指示剂,在酸式型体或碱式型体中仅有一种型体具有颜色的指示剂,如酚酞。

②双色指示剂,指示剂的酸式型体和碱式型体具有不同的两种颜色,称为双色指示剂,如甲基橙。

③混合指示剂,由两种或两种以上酸碱指示剂按一定比例混合的指示剂称为混合指示剂。

混合指示剂与前两种指示剂的最大区别:混合指示剂利用了颜色之间的互补,具有很窄的变色范围,且在滴定终点有很敏锐的颜色变化,其变色与某一 pH 值相关,而无变色范围,因此变色更为敏锐。例如一份甲基红一三份溴甲酚绿混合指示剂,当溶液由酸性转变为碱性时,溶液颜色由酒红色变为绿色,此混合指示剂常用于以 Na_2CO_3 为基准物质标定 HCl 标准溶液的浓度。

2.2.1 酸碱指示剂的作用原理

酸碱指示剂一般为弱的有机酸或有机碱,它们的共轭酸碱对具有不同的结构,因而呈现不同的颜色。当溶液 pH 值改变时,指示剂失去质子由酸型转变为碱型,或得到质子由碱型转变为酸型,结构发生变化,从而引起颜色的变化。下面以甲基橙和酚酞为例来说明。

甲基橙是一种弱的有机碱,在溶液中存在如下平衡:

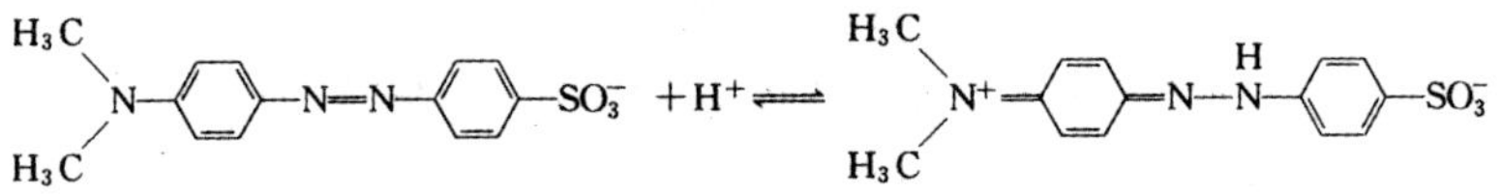

黄色(偶氮式)　　　　　　　　　　　**红色(醌式)**

从平衡关系可知,增大溶液的 H^+ 浓度,反应向右进行,甲基橙主要以醌式(酸色型)存在,溶液呈红色;降低溶液的 H^+ 浓度,反应向左进行,甲基橙主要以偶氮式(碱色型)存在,溶液呈黄色。像甲基橙这类酸色型和碱色型均有颜色的指示剂,称为双色指示剂。

又如酚酞,它是一种弱的有机酸,属单色指示剂,在溶液中有如下平衡:

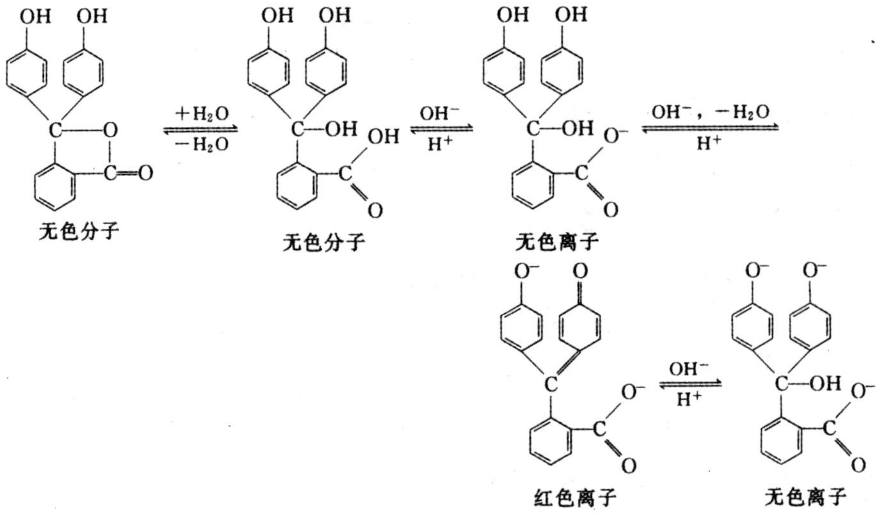

无色分子　　　　**无色分子**　　　　**无色离子**

红色离子　　　　**无色离子**

　　酚酞为无色二元弱酸,当溶液的 pH 逐渐升高时,酚酞给出一个质子 H^+,形成无色的离子;然后再给出第二个质子 H^+ 并发生结构的改变,成为具有共轭体系醌式结构,呈红色,第二步离解过程的 $pK_{a2} = 9.1$。当碱性进一步加强时,醌式结构转变为无色羧酸盐式离子。

　　酚酞结构变化的过程也可简单表示为:

$$无色分子 \underset{H^+}{\overset{OH^-}{\rightleftharpoons}} 无色离子 \underset{H^+}{\overset{OH^-}{\rightleftharpoons}} 红色离子 \underset{H^+}{\overset{强碱}{\rightleftharpoons}} 无色离子$$

　　上式表明,这个转变过程是可逆的。当溶液 pH 降低(H^+ 浓度增大)时,平衡向左移动,酚酞又变成无色的分子。当 pH 值升高到一定数值后成红色,在浓的强碱溶液中酚酞又变成无色。反之亦然。

2.2.2　指示剂的变色范围

　　指示剂在不同 pH 值的溶液中,显示不同的颜色。但是否溶液 pH 稍有改变时,我们就能看到它的颜色变化呢? 事实并不是这样,必须使溶液的 pH 值改变到一定程度,才能看得出指示剂的颜色变化。也就是说,引起指示剂变色的 pH 值是有一定范围的,只有在超过这个范围我们才能明显地观察到指示剂颜色的变化。

　　若以 HIn 表示一种弱酸型指示剂,In^- 为其共轭碱,在溶液中有如下平衡:

$$HIn \rightleftharpoons H^+ + In^-$$

$$K_{HIn} = \frac{[H^+][In^-]}{[HIn]}$$

$$\frac{[In^-]}{[HIn]} = \frac{K_{HIn}}{[H^+]}$$

$$[H^+] = K_{HIn} \frac{[HIn]}{[In^-]}$$

$$pH = pK_{HIn} + \lg \frac{[In^-]}{[HIn]}$$

　　溶液呈现的颜色决定于 $\frac{[In^-]}{[HIn]}$ 值,对某种指示剂来讲,在指定条件下,K_{HIn} 是个常数,因此 $\frac{[In^-]}{[HIn]}$ 决定于溶液的 $[H^+]$。由于人眼对颜色的分辨能力有一定限度,当 $\frac{[In^-]}{[HIn]} \leqslant \frac{1}{10}$ 时,只能看到 HIn 的颜色;当 $\frac{[In^-]}{[HIn]} \geqslant \frac{10}{1}$ 时,只能看到 In^- 的颜色;当 $\frac{[In^-]}{[HIn]}$ 在 $\frac{1}{10} \sim \frac{10}{1}$ 时,出现 HIn 和 In^- 的混合色。当溶液的 pH 从 $pK_{HIn} - 1$ 变到 $pK_{HIn} + 1$ 时,可明显看到指示剂从酸色变到碱色。因此,

$$pH = pK_{HIn} \pm 1$$

称为指示剂的变色范围。不同的指示剂,其 K_{HIn} 不同,其变色范围也不同。

　　当 $\frac{[In^-]}{[HIn]} = 1$ 时,溶液呈现指示剂的中间颜色,此时

$$pH = pK_{HIn}$$

称为指示剂的理论变色点。

　　表 2-2 所示为一些常用酸碱指示剂及其变色范围。

表 2-2　常用酸碱指示剂及其变色范围

指示剂	酸式色	碱式色	pK_a	变色范围(pH)	用法
百里酚蓝(第一次变色)	红色	黄色	1.6	1.2~1.8	0.1%的20%乙醇
甲基黄	红色	黄色	3.3	2.9~4.0	0.1%的90%乙醇
甲基橙	红色	黄色	3.4	3.1~4.4	0.05%的水溶液
溴酚蓝	黄色	紫色	4.1	3.1~4.6	0.1%的20%乙醇或其钠盐
溴甲酚绿	黄色	蓝色	4.9	3.8~5.4	0.1%水溶液,每100mg 指示剂加0.05mol/L。NaOH 9mL
甲基红	红色	黄色	5.2	4.4~6.2	0.1%的60%乙醇或其钠盐水溶液
溴百里酚蓝	黄色	蓝色	7.3	6.0~7.6	0.1%的20%乙醇或其钠盐水溶液
中性红	红色	黄橙色	7.4	6.8~8.0	0.1%的60%乙醇
酚红	黄色	红色	8.0	6.7~8.4	0.1%的20%乙醇
百里酚蓝(第二次变色)	黄色	蓝色	8.9	8.0~9.6	0.1%的20%乙醇
酚酞	无色	红色	9.1	8.0~9.6	0.1%的20%乙醇
百里酚酞	无色	蓝色	10.0	9.4~10.6	0.1%的20%乙醇

指示剂的变色范围越窄越好,这样在化学计量点时,微小 pH 的改变可使指示剂变色敏锐。酸碱滴定中选择指示剂的 pK_{HIn} 应尽可能接近化学计量点的 pH,以减小终点误差。

2.2.3　影响指示剂变色范围的因素

1. 指示剂本身性质

指示剂在不同溶液中其解离常数是不同的,其变色范围也不同。如甲基橙在水溶液中 $pK_a=3.4$,而在甲醛中则为 $pK_a=3.8$。

2. 指示剂的用量

指示剂用量过多(或浓度过高)会使终点颜色变化不明显,而且指示剂本身也会多消耗一些滴定剂,从而带来误差,因此在不影响指示剂变色灵敏度的条件下,一般以用量少一点为佳。另外指示剂用量多少会影响单色指示剂的变色范围,如酚酞,它的酸式无色,碱式红色。设实验者能观察出红色形式酚酞的最低浓度为 c_0 人们赢能据此判断滴定终点,而这一最低浓度应该是一定的。又假设指示剂的总浓度为 c,由指示剂的离解平衡式可以看出:

$$\frac{K_a}{[H^+]}=\frac{[In^-]}{[HIn]}=\frac{c_0}{c-c_0}$$

如果 c 增大了,因为 K_a、c_0 都是定值,所以 H^+ 浓度就会相应地增大。就是说,指示剂会在较低的 pH 值时变色。如在 50~100mL 溶液中加 2~3 滴 0.1% 酚酞,$pH\approx9$ 时出现微红,而在同样情况下加 10 滴酚酞,则在 $pH\approx8$ 时出现微红。

3. 温度

温度的改变会引起指示剂的解离常数的变化,因此指示剂的变色范围也随之变动。例如在 $18℃$,甲基橙的变色范围 $3.1～4.4$;而在 $100℃$,则为 $2.5～3.7$。一般酸碱滴定都在室温下进行,若有必要加热煮沸,也须在溶液冷却后再滴定。

4. 滴定顺序

为了达到更好的观测效果,在滴定时,应根据指示剂的颜色变化及肉眼对各种颜色的敏感度的差别来确定滴定顺序。例如酚酞由酸式无色变为碱式红色,颜色变化十分明显,易于辨别,因此比较适宜在强碱做滴定剂时使用。同理,若采用甲基橙或甲基红做指示剂,由于碱式黄色变成酸式红色,颜色变化易于观察,终点颜色变化明显,因此,用强酸滴定强碱时,采用甲基橙较适宜。

2.2.4　混合指示剂

常用酸碱指示剂都是单一指示剂,变色范围比较大,一般都有 $1.5～2$ 个 pH 单位。对于某些弱酸、弱碱的滴定,化学计量点附近 pH 的突跃很小,需要采用变色范围更窄、颜色变化鲜明的指示剂才能正确地指示滴定终点。对此,可以采用混合指示剂来指示滴定终点。混合指示剂是利用颜色的互补作用,使变色范围变窄,达到颜色变化敏锐的效果。

混合指示剂有两种配制方法。一是将两种或多种 pK_{HIn} 值相近,其酸型与碱型色又为互补色的指示剂按一定比例混合而成。如甲基红和溴甲酚绿按一定比例混合后,在酸性条件下显红色(红+黄),碱性条件下显绿色(黄+蓝),而在 pH=5.1(混合指示剂变色点)时,溴甲酚绿呈绿色,甲基红显橙红色,两种颜色互补产生灰色,因而使颜色在此点发生突变,变色很敏锐。常用的 pH 试纸就是将多种酸碱指示剂按一定比例混合浸制而成,能在不同的 pH 值时显示不同的颜色。

例如,0.1% 溴甲酚绿乙醇溶液($pK_a=4.9$)和 0.2% 甲基红乙醇溶液($pK_a=5.2$)组成的混合指示剂(3:1),其颜色随溶液 pH 值变色的情况如下:

溶液的酸度	溴甲酚绿	甲基红	溴甲酚绿+甲基红
pH<4.0	黄	红	酒红
pH=5.1	绿	橙	灰
pH>6.2	蓝	黄	绿

另一种混合指示剂是由某种指示剂和一种惰性染料按一定比例配制而成。如将甲基橙与靛蓝二磺酸钠混合,在 pH $3.1～4.4$ 范围内颜色由紫色(红+蓝)变为黄绿色(黄+蓝),中间呈浅灰色,变化敏锐,易于辨别。

例如,甲基橙(0.1%)和靛蓝二磺酸钠(0.25%)组成的混合指示剂(1:1),靛蓝二磺酸钠在滴定过程中不变崔(蓝色),只作为甲基橙变色的背景。该混合指示剂随溶液 pH 值的改变而发生如下颜色变色:

溶液的酸度	甲基橙	甲基橙+靛蓝二磺酸钠
pH≥4.4	黄	绿色
pH=4.0	橙	灰色
pH≤3.1	红	紫色

表 2-3 列出了一些常见的混合指示剂,在配制混合指示剂时,应严格控制两种组分的比例,否则颜色变化将不显著。

表 2-3　常见的混合指示剂

指示剂组成	配制比例	变色点	颜色		备注
			酸色	碱色	
1g/L 甲基黄溶液 1g/L 次甲基蓝酒精溶液	1:1	3.25	蓝紫	绿	pH=3.4 绿色 pH=3.2 蓝紫色
1g/L 甲基橙水溶液 2g/L 靛蓝二磺酸水溶液	1:1	4.1	紫	黄绿	
1g/L 溴甲酚绿酒精溶液 1g/L 甲基红酒精溶液	3:1	5.1	酒红	绿	
1g/L 甲基红酒精溶液 1g/L 次甲基蓝酒精溶液	2:1	5.4	红紫	绿	pH=5.2 红紫,pH=5.4 暗蓝 pH=5.6 紫
1g/L 溴甲酚绿钠盐水溶液 1g/L 氯酚红钠盐水溶液	1:1	6.1	黄绿	蓝紫	pH=5.4 蓝绿,pH=5.4 暗蓝 pH=6.0 蓝带紫,pH= 蓝紫
1g/L 中性红酒精溶液 1g/L 次甲基蓝酒精溶液	1:1	7.0	蓝紫	绿	pH=7.0 紫蓝
1g/L 甲酚红钠盐水溶液 1g/L 百里酚蓝钠盐水溶液	1:3	8—3	黄	紫	pH=8.2 玫瑰红 pH=8.4 紫色
1g/L 百里酚蓝 50%酒精溶液 1g/L 酚酞 50%酒精溶液	1:3	9.0	黄	紫	从黄到绿再到紫
1g/L 百里酚酞酒精溶液 1g/L 茜素黄酒精溶液	2:1	10.2	黄	紫	

2.3　酸碱滴定法的基本原理

酸碱滴定过程中,随着滴定剂不断地加入被滴定溶液中,溶液的 pH 不断变化,根据滴定过程中溶液 pH 的变化规律,选择合适的指示剂,才能正确地指示滴定终点。

2.3.1　强酸强碱的滴定

酸碱滴定中的滴定剂一般为强酸或强碱。强碱(酸)滴定强酸(碱)的滴定反应为 $H^+ + OH^- = H_2O$。且有

$$K_t = \frac{1}{[H^+][OH^-]} = \frac{1}{K_w} = 1.0 \times 10^{14} (25\,^{\circ}C)$$

K_t 称为滴定常数,强酸强碱之间的滴定是水溶液中反应程度最高且具有最大 K_t 的酸碱反应。下面以 0.1000mol/L NaOH 溶液滴定 20.00mL(V_0)等浓度的 HCl 溶液为例进行讨论,设滴入 NaOH 的体积为 V(mL),整个滴定过程按以下四个阶段进行分析。

(1)滴定之前($V=0$)

溶液的 pH 由 c_{HCl} 决定,即

$$[H^+]=c_{HCl}=0.1000mol/L,pH=1.00$$

(2)滴定开始至化学计量点之前($V<V_0$)

溶液中[H^+]取决于剩余 HCl 的量,即

$$[H^+]=\frac{V_0-V}{V_0+V}c_{HCl}$$

例如,当滴入 19.98mL NaOH 溶液时,相当于滴定了 99.9% 的 HCl(−0.1% 相对误差):

$$[H^+]=\frac{20.00-19.98}{20.00+19.98}0.1000mol/L=5.0\times10^{-5}mol/L$$

$$pH=4.30$$

(3)化学计量点时($V=V_0$)

化学计量点时,滴定反应恰好进行完全,滴定分数为 100%,溶液呈中性,H^+ 仅来自水的解离。

$$[H^+]=[OH^-]=\sqrt{K_w}=1.0\times10^{-7}mol/L,pH=7.00$$

(4)化学计量点后($V>V_0$)

此时,溶液中有过量的 NaOH,即

$$[OH^-]=\frac{V-V_0}{V_0+V}c_{NaOH}$$

例如,当滴入 20.0mL NaOH 溶液时,滴定分数为 100.11%(+0.1% 相对误差),通过计算可得

$$pOH=4.30,pH=9.70$$

按上述方法可以计算出滴定至不同时刻溶液的 pH,即可获得滴定曲线,如图 2-4 所示。

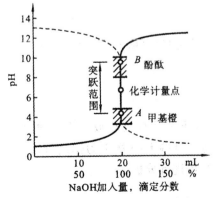

图 2-4　0.1000mol/L NaOH 滴定

0.1000mol/L HCl 的滴定曲线

图 2-4 中滴定曲线分为三段:相对误差为 -0.1% 以前段正好落在强酸(碱)缓冲区,故溶液的 pH 随滴定剂的加入变化缓慢;相对误差为 $+0.1\%$ 以后段正好落在强碱(酸)缓冲区,故溶液的 pH 随滴定剂的加入变化同样缓慢;相对误差在 $-0.1\%\sim+0.1\%$ 时,虽然加入的滴定剂(NaOH)体积仅为 0.04mL,但溶液的 pH 从 4.0 变化到了 9.70,这一 pH 范围称为该滴定曲线的滴定突跃范围。

滴定突跃范围为指示剂的选择提供了依据。对于强酸强碱滴定,凡在突跃范围(图 2-4 中 A、B 两点之间)以内发生颜色变化的指示剂(即指示剂变色范围全部或大部分落在滴定突跃范围之内)都可以使用,如酚酞、甲基红和甲基橙(滴至黄色)等。从理论上讲,所选择的指示剂的 pK_a 越接近化学计量点(pH=7.00),则滴定误差越小,但实际上,由于空气中 CO_2 在 pH>5.00 时也会参与反应,干扰滴定的进行,所以,滴定最好在 pH<5.00 时结束。虽然使用指示剂确定的终点并非化学计量点,但可以保证由此引起的误差不超过 $\pm0.1\%$。

若用 HCl 溶液滴定 NaOH 溶液(条件与前相同),其滴定曲线见图 2-4 中虚线,与 NaOH 溶液滴定 HCl 溶液的滴定曲线是对称的,但方向相反。滴定突跃范围相同,可选择酚酞和甲基红为指示剂。

2.3.2　强碱(酸)滴定一元弱酸(碱)

这一类型的滴定反应为

$$OH^- + HB \Longrightarrow B^- + H_2O$$

$$H^+ + B^- \Longrightarrow HB$$

以 0.1000mol/L NaOH 溶液滴定同浓度的 HAc 溶液为例进行讨论。设 HAc 溶液的体积为 V_0(20.00mL),浓度以 c_0 表示,NaOH 浓度为 c,滴入 NaOH 的体积为 V(mL)。同样按四个阶段进行讨论。

(1)滴定之前($V=0$)

溶液中的 H^+ 主要来自 HAc 的解离,其浓度为

$$[H^+] = \sqrt{c_0 K_a} = \sqrt{0.1000 \times 1.8 \times 10^{-5}}\,mol/L = 1.3 \times 10^{-3}\,mol/L$$

$$pH = 2.89$$

(2)滴定开始至化学计量点之前($V<V_0$)

由于滴定反应的进行,溶液为 HAc 及其共轭碱 Ac^- 组成的缓冲溶液,先按最简式计算其 pH:

$$pH = pK_a + lg\frac{c_{Ac^-}}{c_{HAc}}$$

$$c_{Ac^-} = \frac{cV}{V_0+V},\ c_{HAc} = \frac{c_0V_0-cV}{V_0+V}$$

由于是等浓度滴定,故

$$pH = pK_a + lg\frac{V}{V_0-V}$$

(3)化学计量点时($V=V_0$)

HAc 与 NaOH 定量反应生成 NaAc,滴定分数为 100%,且 $c_{Ac} = 0.05000mol/L$。

$$[OH^-]=\sqrt{c_{Ac}-K_b}=\sqrt{0.05000\times5.5\times10^{-10}}\,mol/L=5.2\times10^{-6}\,mol/L$$
$$pOH=5.28,pH=8.72$$

（4）化学计量点后（V>V₀）

此时，溶液的 pH 由过量 NaOH 决定，与强酸强碱滴定相同。

同样，可以绘制出滴定曲线，如图 2-5 所示。仔细观察图 2-5，并与强酸强碱滴定相比较，该滴定曲线有如下特点。

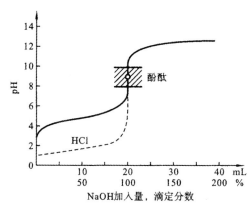

图 2-5　0.1000mol/L NaOH 滴定 0.1000mol/L HAc 的滴定曲线

①滴定曲线起点的 pH 为 2.89，比滴定 0.1000mol/L HCl 时高 1.89 个 pH 单位。

②滴定开始至化学计量点之前，溶液的组成为 HAc－Ac⁻，由于其缓冲作用的影响，该阶段滴定曲线上升比较缓慢，当滴定分数为 50% 时，其缓冲指数 p 最大，曲线最为平缓。

③在化学计量点时，溶液为 0.05000mol/L 的 NaAc 溶液，呈碱性，pH＝8.72。被滴定的酸越弱，其共轭碱的碱性越强，计量点的 pH 亦越大。

④滴定突跃范围约 2 个 pH 单位（7.74～9.70），与滴定 0.1000mol/L HCl 时的突跃范围（4.30～9.70）相比，减小近 3.5 个 pH 单位，这是由滴定反应的滴定常数较小引起的。因此只能选择在碱性范围内变色的指示剂，如酚酞、百里酚酞等。

⑤化学计量点后，滴定曲线与 NaOH 滴定 HCl 溶液时基本相同。

对于强酸滴定弱碱，其滴定曲线与强碱滴定弱酸时相似，但 pH 变化的方向相反。化学计量点时溶液呈酸性，通常，整个突跃也位于酸性范围，可以选择甲基红或甲基橙为指示剂。

2.3.3　多元酸碱的滴定

多元酸碱的滴定主要讨论两个问题：一是分步离解出的 H^+ 能否进行分步滴定（即有几个突跃）；二是如何选择指示剂指示终点。

①当 $cK_{a1}\geq10^{-8}$，且 $\dfrac{K_{a1}}{K_{a2}}>10^5$ 时算的第一级解离的 H^+ 和第二级解离的 H^+ 不会同时与碱作用，因此在第一等当点附近出现滴定突跃。第二级解离的 H^+ 被滴定后能否出现第二个滴定突跃则取决于是否满足 $cK_{a2}\geq10^{-8}$，如果大于 10^{-8} 则有第二个突跃。

②如果 $cK_{a1}\geq10^{-8}$，$cK_{a2}\geq10^{-8}$，且 $\dfrac{K_{a1}}{K_{a2}}<10^5$，滴定时两个滴定突跃将混在一起，这时就只

有一个滴定突跃。

根据上述原则，以 NaOH 滴定 H_3PO_4 为例来进行讨论：

H_3PO_4 是三元酸，各级解离常数为：

$$H_3PO_4 \rightleftharpoons H^+ + H_2PO_4^- \qquad K_{a1} = 7.5 \times 10^{-3}$$

$$H_2PO_4^- \rightleftharpoons H^+ + HPO_4^{2-} \qquad K_{a2} = 6.3 \times 10^{-8}$$

$$HPO_4^{2-} \rightleftharpoons H^+ + PO_4^{3-} \qquad K_{a3} = 4.4 \times 10^{13}$$

当用 0.10mol/LNaOH 滴定 0.10mol/L H_3PO_4 时，

因为

$$cK_{a1} = 0.1 \times 7.5 \times 10^{-3} \geqslant 10^{-8}, 且 \frac{K_{a1}}{K_{a2}} = 1.56 \times 10^5 > 10^5$$

所以当 H_3PO_4 被滴定到 $H_2PO_4^-$ 时出现第一个突跃；

又因为

$$cK_{a2} = 0.05 \times 6.3 \times 10^{-8} \approx 10^{-8}, 且 \frac{K_{a2}}{K_{a3}} = 1.2 \times 10^5 > 10^5$$

所以当 $H_2PO_4^-$ 被滴定到 HPO_4^{2-} 时出现第二个突跃；

但因为 $cK_{a3} \leqslant 10^{-8}$，所以得不到第三个滴定突跃，说明不能用碱继续直接滴定。

多元酸滴定曲线计算比较复杂，在实际工作中，为了选择指示剂，通常只须计算等当点时的 pH 值，然后在此值附近选择指示剂即可。也可用 pH 计记录滴定过程中 pH 值的变化得出滴定曲线，如图 2-6 所示。

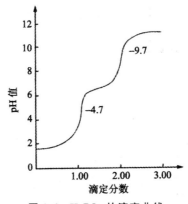

图 2-6　H_3PO_4 的滴定曲线

多元碱的滴定和多元酸的滴定相类似，也要先满足 $cK_b \geqslant 10^{-8}$ 才可被滴定，如果 $\frac{K_{b1}}{K_{b2}} > 10^5$，则可以分步滴定。

2.4　酸碱标准溶液的配置与标定

2.4.1　酸标准溶液的配置与标定

在酸碱滴定分析法中常用盐酸、硫酸溶液为滴定剂（标准溶液），尤其是盐酸溶液，因其价格低廉、易于得到,稀盐酸溶液无氧化还原性质,酸性强且稳定,因此用得较多。但市售盐酸中因 HCl 易挥发,含量不稳定,不符合基准物质的要求,故不能用直接法进行配制。应采用标定法配制,常用无水 Na_2CO_3 或硼砂($Na_2B_4O_7 \cdot 10H_2O$)等基准物质对其浓度进行标定。

1. 无水 Na_2CO_3

无水 Na_2CO_3 易吸收空气中的水分,故使用前应在 180℃～200℃下干燥 2～3h。标定反应为:

$$2NaHCO_3 = Na_2CO_3 + CO_2 + H_2O$$
$$Na_2CO_3 = 2NaCl + CO_2 + H_2O$$

如果要标定的盐酸浓度约为 0.1mol/L,要使消耗盐酸体积为 20～30mL,根据滴定反应可算出称取 Na_2CO_3 的质量应为 0.11～0.16g。

2. 硼砂($Na_2B_4O_7 \cdot 10H_2O$)

$Na_2B_4O_7 \cdot 10H_2O$ 不易吸水,但易失水,因而要求保存在相对湿度为 40%～60% 的环境中,以确保其所含的结晶水数量与计算时所用的化学式相符。实验室常采用在干燥器底部装入食盐和蔗糖的饱和水溶液的方法,使相对湿度维持在 60%。

除上述两种基准物质外,还有 $KHCO_3$、酒石酸氢钾等基准物质可用于标定盐酸溶液。

2.4.2　碱标准溶液的配置与标定

氢氧化钠是最常用的碱标准溶液。固体氢氧化钠具有很强的吸湿性,易吸收 CO_2 和水分,生成少量 Na_2CO_3,且含少量的硅酸盐、硫酸盐和氯化物等,因而不能直接配制成标准溶液。一般配制成近似所需浓度的氢氧化钠溶液,然后采用基准物对其进行标定,常用的基准物质为邻苯二甲酸氢钾。邻苯二甲酸氢钾的分子式为 $C_8H_5O_4K$,其结构式为:

$$\text{—COOK}$$
$$\text{—COOH}$$

摩尔质量为 204.2g/mol,属有机弱酸盐,在水溶液中呈酸性,因 $cK_{a2} > 10^{-8}$,故可用 NaOH 溶液滴定。滴定的最终产物是邻苯二甲酸钾钠,它在水溶液中能接受质子,显示碱的性质。

除邻苯二甲酸氢钾外,还有草酸、苯甲酸、硫酸肼($N_2H_4 \cdot H_2SO_4$)等基准物质也常用于标定 NaOH 溶液的浓度。

2.5　酸碱滴定法在环境分析中的应用

2.5.1　酸度的测定

酸度是指水中所含的能够给出质子的物质总量,即水中所有能与强碱定量作用的物质总量。这类物质包括无机酸(如 HCl、H_2SO_4、HNO_3、H_2CO_3、CO_2、H_2S 等)、有机酸(如单宁酸)、强酸弱碱盐(如 $FeCl_3$、$Al_2(SO_4)_3$)等。

地面水中,由于溶入二氧化碳或被机械、选矿、电镀、农药、印染、化工等行业排放的含酸废水污染,水体 pH 值降低,破坏了水生生物和农作物的正常生活及生长条件,造成鱼类死亡,作物受害。所以,酸度是衡量水体水质的一项重要指标。水中酸度的测定对于衡量工业用水、农用灌溉用水、饮用水的水质都具有实际意义。

酸度的测定可采用酸碱指示剂滴定法和电位滴定法。酸碱指示剂滴定法使用 NaOH 标准溶液作为滴定剂滴定水样至一定的 pH 值,根据 NaOH 消耗的量计算酸度。通常分为两种酸度:用甲基橙作指示剂滴定至终点时,溶液由橙红色变为橘黄色(此时 pH=3.7),测得的酸度称为强酸酸度或甲基橙酸度。甲基橙酸度代表一些较强的酸,适用于废水和严重污染水中酸度的测定。用酚酞作指示剂滴定至终点时,溶液由无色至刚好变为浅红色(此时 pH=8.3),测得的酸度称为总酸度(也叫酚酞酸度)。总酸度包括水样中强酸和弱酸的总和。酸碱滴定法主要用于未受工业废水污染或轻度污染水中酸度的测定。

利用电位滴定法测定酸度时,以 pH 玻璃电极为指示电极,以甘汞电极为参比电极,与被测水样组成原电池并接入 pH 计,用 NaOH 标准溶液滴定至 pH 计指示 4.5 和 8.3,根据其消耗的 NaOH 溶液量分别计算两种酸度。

电位滴定法适用于各种水体酸度的测定,不受水样有色、浑浊的限制。测定时应注意温度、搅拌状态、响应时间等因素的影响。

酸度的单位常用 $CaCO_3\,mg/L$ 表示。

2.5.2 碱度的测定

碱度是指水中所含能与强酸定量作用的物质总量。这类物质包括强碱(如 NaOH、$Ca(OH)_2$)、弱碱(如 NH_3)、强碱弱酸盐(如 Na_2CO_3、$NaHCO_3$)等。

天然水中的碱度主要是由重碳酸盐、碳酸盐和氢氧化物引起的,其中重碳酸盐是水中碱度的主要形式。引起碱度的污染源主要是造纸、印染、化工、电镀等行业排放的废水及洗涤剂、化肥和农药在使用过程中的流失。

碱度和酸度一样,是判断水质和废水处理控制的重要指标。碱度也常用于评价水体的缓冲能力及金属在其中的溶解性和毒性等。此外,碱度的测定在水处理工程实践中,如饮用水、锅炉用水、农田灌溉用水和其他用水中,应用很普遍。碱度又常作为混凝效果、水质稳定和管道腐蚀控制的依据以及废水好氧厌氧处理设备良好运行的条件等。

测定水中碱度的方法和测定酸度的方法一样,有酸碱指示剂法和电位滴定法。前者使用酸碱指示剂指示滴定终点,后者使用 pH 计指示滴定终点。

通常水样碱度测定方法:通过标准酸溶液滴定至酚酞指示剂由红色变为无色时,所测得的碱度称为酚酞碱度,此时 OH^- 已被中和,被中和为 HCO_3^-;继续加入甲基橙作指示剂,滴定至甲基橙指示剂由橘黄色变为橘红色时,所测得的碱度称为甲基橙碱度,此时水中的 HCO_3^- 已被中和完,即全部致碱物质都已被强酸中和完,故甲基橙碱度又称总碱度。

设水样以酚酞为指示剂滴定消耗强酸量为 P,继续以甲基橙为指示剂滴定消耗强酸量为 M,二者之和为 T,则测定水中的碱度时,可能出现下列 5 种情况:

(1)$M=0$,P 为一定值

水样中加入酚酞后显红色,利用强酸标准溶液滴定至水样由红色变为无色后,继续加入甲基橙显红色。可判断出水样中只含氢氧化物。此时,

$$OH^- \text{碱度消耗的盐酸量} = P$$
$$\text{总碱度的消耗的盐酸量} = P$$

（2）$P > M, M \neq 0$

水样中加入酚酞后显红色，利用强酸标准溶液滴定至水样由红色变为无色后，继续加入甲基橙显橘黄色。继续用酸滴定至溶液由橘黄色变为橘红色，但酸的消耗量较用酚酞作指示剂时少，说明水中有氢氧化物和碳酸盐共存。此时，

$$OH^- \text{碱度消耗的盐酸量} = P - M$$
$$\text{碱度消耗的盐酸量} = 2M$$
$$\text{总碱度耗的盐酸量} = P + M$$

（3）$P = M \neq 0$

水样中加入酚酞后显红色，利用强酸标准溶液滴定至水样由红色变为无色后，继续加入甲基橙显橘黄色。继续用酸滴定至溶液由橘黄色变为橘红色，两次消耗酸量相等，说明水中只含有碳酸盐碱度。

$$\text{碱度消耗的盐酸量} = 2M = 2P = P + M$$
$$\text{总碱度消耗的盐酸量} = 2M = 2P = P + M$$

（4）$P = 0, M$ 为一定值

水样中加入酚酞后显无色，继续加入甲基橙显橘黄色。用酸滴定至溶液由橘黄色变为橘红色，说明水中只有碳酸氢盐存在。

$$HCO_3^- \text{碱度消耗的盐酸量} = M$$
$$\text{总碱度消耗的盐酸量} = M$$

（5）$P < M, P \neq 0$

水样中加入酚酞后显红色，利用强酸标准溶液滴定至水样由红色变为无色后，继续加入甲基橙显橘黄色。继续用酸滴定至溶液由橘黄色变为橘红色，但消耗酸量较酚酞时多，说明水中是碳酸盐和碳酸氢盐共存。

$$CO_3^{2-} \text{碱度消耗的盐酸量} = 2P$$
$$HCO_3^- \text{碱度消耗的盐酸量} = M - P$$
$$\text{总碱度消耗的盐酸量} = P + M$$

碱度的计算：

$$\text{总碱度（CaO 计，mg/L）} = \frac{c \times (P + M) \times 28.04}{V} \times 1000$$

$$\text{总碱度（计，mg/L）} = \frac{c \times (P + M) \times 50.05}{V} \times 1000$$

式中，28.04 为 CaO 摩尔质量的，g/mol；50.05 为 $CaCO_3$ 摩尔质量的 $\frac{1}{2}$，g/mol；V 为水样的体积，mL；P 是酚酞为指示剂滴定至终点时消耗的 HCl 标准溶液的体积，mL；M 是甲基橙为指示剂滴定至终点时消耗的 HCl 标准溶液的体积，mL。

2.5.3　铵盐的测定

硫酸铵、氯化铵是常见的铵盐，由于 NH_4^+ 才的酸性弱，不能用标准碱溶液滴定，但测定铵

盐可用下列两种方法。一种是蒸馏法,即置铵盐试样于蒸馏瓶中,加入过量 NaOH 溶液后加热煮沸,蒸馏出的 NH_3 吸收在过量的 H_2SO_4 或 HCl 标准溶液中,过量的酸用 NaOH 标准溶液回滴,用甲基红和亚甲基蓝混合指示剂指示终点。

也可用硼酸溶液吸收蒸馏出的 NH_3,而生成的 $H_2BO_3^-$ 是较强的碱,可用 H_2SO_4 标准溶液滴定,用甲基红和溴甲酚绿混合指示剂指示终点。

蒸馏法测定 NH_4^+ 比较准确,但较费时。

另一种较为简便的测定方法是甲醛法,甲醛与 NH_4^+ 才有如下反应。

$$4NH_4^+ + 6HCHO = (CH_2)_6N_4H^+ + 3H^+ + 6H_2O$$

按化学计量关系生成的酸(包括 H^+ 和质子化的六亚甲基四胺)用标准碱溶液滴定。计算结果时应注意 NH_4^+ 与 NaOH 的化学计量关系为 1:1。由于反应产物六亚甲基四胺是一种极弱的有机弱碱,可用酚酞指示终点。

第3章 滴定分析法之配位滴定法

3.1 概述

配位滴定法是以生成配位化合物的反应为基础的滴定分析方法。配位反应具有极大的普遍性,但不是所有的配位反应均可用于滴定分析。

能用于滴定分析的配位反应必须具备以下条件:

①反应必须迅速。

②要有适当的指示剂能够确定滴定终点。

③配位滴定的反应要能进行完全,也就是说形成的配合物要足够稳定。

④配位反应要按一定的化学反应式定量进行。

通常所说的配位滴定法,主要是指 EDTA 滴定法。

3.2 EDTA 的性质及其配合物

3.2.1 乙二胺四乙酸的性质

EDTA 是乙二胺四乙酸的简称,其结构式为:

$$\begin{array}{c} {}^{-}OOCCH_2 \qquad\qquad CH_2COO^{-} \\ \qquad\quad H^{+} \qquad\qquad H^{+} \\ N-CH_2-CH_2-N \\ HOOCCH_2 \qquad\qquad CH_2COOH \end{array}$$

乙二胺四乙酸是白色无水结晶粉末,相对分子质量为 292.1,室温时微溶于水中,22℃时每 100mL 水中仅能溶解 0.02g。EDTA 与金属离子形成多基配位体的配合物,又称螯合物,常用水溶性较好的 EDTA 二钠盐作滴定液。

EDTA 二钠盐一般也称为 EDTA,它是白色结晶,含两分子结晶水,写作 $Na_2H_2Y \cdot H_2O$,相对分子质量为 372.26。室温下易溶于水,22℃时每 100mL 水中可溶解 11.1g,其饱和溶液溶度约为 0.3mol/L,水溶液的 pH 约为 4.7。

3.2.2 EDTA 的配合物

由于 EDTA 分子中的两个氮原子和四个羧基氧原子可提供六个配位原子与金属离子键合,而大多数金属离子的配位数都不超过 6,这样,一个 EDTA 分子就能满足一个金属离子的配位要求,所以通常情况下,无论与 EDTA 配位的金属离子是二价、三价或四价,都形成 1∶1 的螯合物。例如:

$$Ca^{2+} + Y^{4-} \rightleftharpoons CaY^{2-}$$
$$Fe^{3+} + Y^{4-} \rightleftharpoons FeY^{-}$$

如图 3-1 所示，EDTA 结构氮原子和氧原子与金属离子键合，生成螯合物。不难看出，其结构中具有多个五元环，所以其稳定性很高。

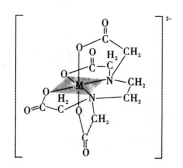

图 3-1　EDTA－M 螯合物立体结构

在酸度较高的溶液中，EDTA 可与一些金属离子形成酸式配合物 MHY；碱度较高时，也可形成碱式配合物 MOHY。但是这两种形式的配合物一般来说都不太稳定，通常忽略不计。

EDTA 与金属离子的配合物多数带电荷，水溶性好，有利于滴定。EDTA 与无色的金属离子形成无色配合物，与有色金属离子形成颜色更深的配合物。

3.3　配合物在水溶液中的配位平衡

3.3.1　配合物的稳定常数

1. 稳定常数

金属离子(M)与 EDTA(Y)形成的金属－EDTA 配合物(MY)，在溶液中存在如下平衡：

$$M + Y \rightleftharpoons MY$$

反应达到平衡时：

$$K_{MY} = \frac{[MY]}{[M][Y]} \tag{3-1}$$

例如，Ca^{2+} 与 EDTA 的配合反应为：

$$Ca^{2+} + Y^{4-} \rightleftharpoons CaY^{2-}$$

当反应达到平衡时，CaY^{2-} 配合物的稳定常数可表示如下：

$$K_{稳} = \frac{[CaY]}{[Ca][Y]} = 4.9 \times 10^{10}$$

$$\lg K_{稳} = 10.69$$

K_{MY} 为反应平衡常数，可写作 $K_{稳}$，即在一定温度下金属－EDTA 配合物的稳定常数。已知稳定常数的大小，就可以判断配位反应完成的程度，也可以判断一个配位反应是否能用于配位滴定，这一类稳定常数称为绝对稳定常数。K_{MY} 越大，配合物越稳定。在一定条件下，每一配合物都有其特有的稳定常数。

一些常见金属离子与 EDTA 的配合物的稳定常数值见表 3-1。

表 3-1　EDTA 金属离子配合物 lg$K_{稳}$ 值

金属离子	lgK_{MY}	金属离子	lgK_{MY}	金属离子	lgK_{MY}
Na^+	1.66*	Mn^{2+}	13.87	Ni^{2+}	18.60
Li^+	2.79*	Fe^{2+}	14.32	Cu^{2+}	18.80
Ag^+	7.32*	Ce^{3+}	16.0	Hg^{2+}	21.8
Ba^{2+}	7.86*	Al^{3+}	16.3	Cr^{3+}	23.4
Mg^{2+}	8.7*	Co^{2+}	16.31	Fe^{3+}	25.10*
Sr^{2+}	8.73*	Cd^{2+}	16.46	Bi^{3+}	27.94
Be^{2+}	9.20	Zn^{2+}	16.50	ZrO^{2+}	29.9
Ca^{2+}	10.69	Pb^{2+}	18.04	Co^{3+}	36.0

注：* 在 0.1mol/L KCl 溶液中，其他条件相同。

根据表 3-1，我们可以看出，碱金属离子的配合物最不稳定，三价、四价金属离子和 Hg^{2+} 的配合物稳定性最高，而碱土金属离子的配合物稳定性在前二者之间。

2. 累积平衡常数

金属离子还能与其他配位剂形成 ML_n 型配合物。由于 ML_n 型配合物在溶液中逐级形成和逐级离解，所以在溶液中存在着一系列的配位平衡，各有其相应的平衡常数：

$$M+L \Longrightarrow ML \quad 第一级稳定常数 \quad K_{稳1}=\frac{[ML]}{[M][L]}$$

$$ML+L \Longrightarrow ML_2 \quad 第二级稳定常数 \quad K_{稳2}=\frac{[ML_2]}{[ML][L]}$$

$$\cdots\cdots$$

$$ML_{n-1}+L \Longrightarrow ML_n \quad 第 n 级稳定常数 \quad K_{稳n}=\frac{[ML_n]}{[ML_{n-1}][L]}$$

将逐级稳定常数相乘，则得到各级累积稳定常数 β_n。

$$\beta_1=K_{稳1}=\frac{[ML]}{[M][L]}$$

$$\beta_2=K_{稳1}K_{稳2}=\frac{[ML_2]}{[M][L]^2}$$

$$\beta_n=K_{稳1}K_{稳2}\cdots\cdots K_{稳n}=\frac{[ML_n]}{[M][L]^n}$$

最后一级累积稳定常数又称为总稳定常数。

3.3.2　配位反应的副反应及副反应系数

在配位滴定中把被测金属离子 M 与 EDTA 之间的配位反应称为主反应；而把酸效应、干扰离子效应和其他配位剂等反应都称为副反应。主反应和副反应之间的平衡关系比较复杂，可以表示如下：

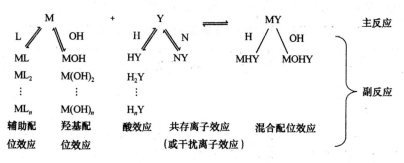

反应物 M 及 Y 的各种副反应不利于主反应的进行,而生成 MY 的各种副反应则有利于主反应的进行。为了更准确地定量地描述各种副反应进行的程度,引入副反应系数 α_Y。下面主要讨论酸效应和配位效应。

(1)酸效应与酸效应系数

当 EDTA 溶解于酸度很高的水溶液中时,它的两个羧基可以再接受 H^+,形成 H_6Y^{2+},这样,EDTA 就相当于六元酸,EDTA 的水溶液中存在着如下电离平衡:

$$H_6Y^{2+} \Longrightarrow H^+ + H_5Y^+ \quad K_1 = \frac{[H^+][H_5Y^+]}{[H_6Y^{2+}]} = 1.26 \times 10^{-1} \quad pK_1 = 0.90$$

$$H_5Y^+ \Longrightarrow H^+ + H_4Y \quad K_2 = \frac{[H^+][H_4Y]}{[H_5Y^+]} = 2.51 \times 10^{-2} \quad pK_2 = 1.60$$

$$H_4Y \Longrightarrow H^+ + H_3Y^- \quad K_3 = \frac{[H^+][H_3Y^-]}{[H_4Y]} = 1.00 \times 10^{-2} \quad pK_3 = 2.00$$

$$H_3Y^- \Longrightarrow H^+ + H_2Y^{2-} \quad K_4 = \frac{[H^+][H_2Y^{2-}]}{[H_3Y^-]} = 2.14 \times 10^{-3} \quad pK_4 = 2.67$$

$$H_2Y^{2-} \Longrightarrow H^+ + HY^{3-} \quad K_5 = \frac{[H^+][HY^{3-}]}{[H_2Y^{2-}]} = 6.92 \times 10^{-7} \quad pK_5 = 6.16$$

$$HY^{3-} \Longrightarrow H^+ + Y^{4-} \quad K_6 = \frac{[H^+][Y^{4-}]}{[HY^{3-}]} = 5.50 \times 10^{-7} \quad pK_6 = 10.26$$

从上式可以看出,EDTA 在水溶液中,以 H_6Y^{2+}、H_5Y^+、H_4Y、H_3Y^-、H_2Y^{2-}、HY^{3-}、Y^{4-} 七种形式存在,不同酸度下,各种存在形式的浓度也不相同。通过计算可得,EDTA 在不同 pH 值时各种存在形式的分布情况如图 3-2 所示。

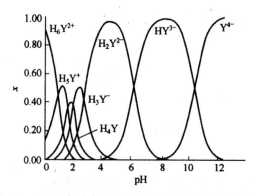

图 3-2 EDTA 各种存在形式在不同 pH 值下的分布情况

由图 3-2 可以看出,在 pH<1 的强酸溶液中,EDTA 的主要存在形式为 H_6Y^{2+};在 pH=1~1.6 的溶液中,主要以 H_5Y^+ 形式存在;在 pH=1.6~2.0 的溶液中,主要以 H_4Y 形式存在;在 pH=2.0~2.67 的溶液中,主要以 H_3Y^- 形式存在;在 pH=2.67~6.16 的溶液中,主要以 H_2Y^{2-} 形式存在,在 pH=6.16~10.26 的溶液中,主要以 HY^{3-} 形式存在;只有在 pH 值很大(≥12)时才几乎完全以 Y^{4-} 形式存在。由于只有 Y^{4-} 离子才能直接与金属离子形成稳定的配合物,所以溶液的酸度越低,Y^{4-} 离子浓度(称为有效浓度)越高,EDTA 的配位能力就越强。如果溶液的酸度升高,则生成 H_4Y 的倾向增大,降低 MY 的稳定性。

这种因为 H^+ 的存在是配位体参加主反应能力降低的现象,称为酸效应。影响程度可用其副反应系数 $\alpha_{Y(H)}$ 表示,其数学表达式为

$$\alpha_{Y(H)} = \frac{[Y']}{[Y]} \tag{3-2}$$

式中,$[Y'] = [Y^{4-}] + [HY^{3-}] + [H_2Y^{2-}] + [H_3Y^-] + [H_4Y] + [H_5Y^+] + [H_6Y^{2+}]$,表示未参加主反应的 EDTA 的总浓度,$[Y]$ 则表示游离的 Y^{4-} 的平衡浓度。$\alpha_{Y(H)}$ 表示在一定酸度条件下,未参加主反应的 EDTA 的总浓度与游离的 Y^{4-} 的平衡浓度的比值,该值随着溶液酸度的增大而增大,故称为酸效应系数。

$$\begin{aligned}
\alpha_{Y(H)} &= \frac{[Y^{4-}] + [HY^{3-}] + [H_2Y^{2-}] + [H_3Y^-] + [H_4Y] + [H_5Y^+] + [H_6Y^{2+}]}{[Y^{4-}]} \\
&= 1 + \frac{[H^+]}{K_6} + \frac{[H^+]^2}{K_6K_5} + \frac{[H^+]^3}{K_6K_5K_4} + \frac{[H^+]^4}{K_6K_5K_4K_3} + \frac{[H^+]^5}{K_6K_5K_4K_3K_2} + \frac{[H^+]^6}{K_6K_5K_4K_3K_2K_1}
\end{aligned} \tag{3-3}$$

溶液的 H^+ 浓度越大,$\alpha_{Y(H)}$ 值就越大。当 pH≥12 时,$\alpha_{Y(H)}$ 值近似等于 1,此时 EDTA 的配位能力最强,生成的配合物也就最稳定。

不同的 pH 值对应着不同的 $\alpha_{Y(H)}$ 值,表 3-2 是 EDTA 在不同 pH 时的酸效应系数。

表 3-2　EDTA 的酸效应系数

pH	$\lg\alpha_{Y(H)}$	pH	$\lg\alpha_{Y(H)}$	pH	$\lg\alpha_{Y(H)}$
0.0	23.64	3.4	9.70	6.8	3.55
0.4	21.32	3.8	8.85	7.0	3.32
0.8	19.08	4.0	8.44	7.5	2.78
1.0	18.04	4.4	7.64	8.0	2.26
1.4	16.02	4.8	6.84	8.5	1.77
1.8	14.27	5.0	6.45	9.0	1.28
2.0	13.51	5.4	5.69	9.5	0.83
2.4	12.19	5.8	4.98	10.0	0.45
2.8	11.09	6.0	4.65	11.0	0.07
3.0	10.60	6.4	4.06	12.0	0.01

在分析工作中,我们常将表 3-2 中的数据绘成 pH—$\lg\alpha_{Y(H)}$ 关系曲线,称为酸效应曲线或林邦曲线,如图 3-3 所示。

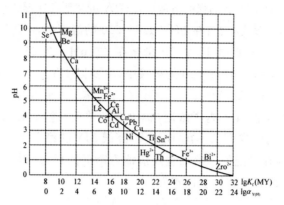

图 3-3　EDTA 的酸效应曲线

（2）被测金属离子 M 的配位效应及配位效应系数

如果溶液中存在其他配位剂时，M 不仅与 EDTA 生成配合物 MY，而且还与其他配位剂 L 发生副反应，形成 ML_n 型配合物，可使溶液中被测金属离子的浓度降低，使 MY 离解倾向增大，降低 MY 的稳定性。

这种因为其他配位剂的存在而使金属离子参加反应能力降低的现象，称为配位效应。影响程度可用配位效应系数 $\alpha_{M(L)}$ 表示。

$$\alpha_{M(L)} = \frac{[M']}{[M]} \qquad (3-4)$$

式中，$[M]$ 表示游离金属离子的平衡浓度，$[M']$ 表示未与 EDTA 配位的金属离子各种形式的浓度。所以 $\alpha_{M(L)}$ 表示未参加主反应的金属离子总浓度与游离金属离子平衡浓度的比值，该值越大，说明其他配位剂 L 与 M 的副反应越严重，对主反应的影响也越大，即配位效应越严重，$\alpha_{M(L)}$ 称为配位效应系数。

通常我们可以由各级稳定常数和各种配合物的浓度来计算配位效应系数。

$$\begin{aligned}
\alpha_{M(L)} &= \frac{[M']}{[M]} = \frac{[M'] + [ML] + [ML_2] + \cdots + [ML_n]}{[M]} \\
&= 1 + K_1[L] + K_1 K_2[L]^2 + \cdots + K_1 K_2 \cdots K_n[L]^n \\
&= 1 + \beta_1[L] + \beta_2[L]^2 + \cdots + \beta_n[L]^n \qquad (3-5)
\end{aligned}$$

3.3.3　配合物的条件稳定常数

当金属离子 M 与配位体 Y 反应生成配合物 MY 时，如果没有副反应，则反应达平衡，MY 的稳定常数 K_{MY} 的大小是衡量此配位反应进行程度的主要标志，故 K_{MY} 又称绝对稳定常数。它不受浓度、酸度、其他配位剂或干扰离子的影响。但是，配位反应的实际情况较复杂，在主反应进行的同时，常伴有酸效应、配位效应、干扰离子效应等副反应，致使溶液中 M 和 Y 参加主反应的能力降低。如果只考虑酸效应和配位效应的存在，当反应达平衡时，可得到下式：

$$\frac{[MY]}{[M]'[Y]'} = K'_{MY} \qquad (3-6)$$

式中，$[M]'$ 和 $[Y]'$ 分别表示 M 和 Y 的总浓度，K'_{MY} 称为条件稳定常数，它是考虑了酸效应和配位效应后的 EDTA 与金属离子配合物的实际稳定常数，也称作表观稳定常数，它能更正确地判断金属离子和 EDTA 的配位情况。

从副反应系数定义可得：

$$[M]' = \alpha_M[M]$$
$$[Y]' = \alpha_Y[Y]$$

将其代入式(3-6)中,可得：

$$K'_{MY} = \frac{[MY]}{\alpha_M[M]\alpha_Y[Y]} = \frac{K_{MY}}{\alpha_M\alpha_Y} \tag{3-7}$$

对上式取对数得：

$$\lg K'_{MY} = \lg K_{MY} - \lg \alpha_M - \lg \alpha_Y \tag{3-8}$$

当溶液中仅有酸效应,没有配位效应时,$\alpha_{M(L)} = 1$,即 $\lg \alpha_{M(L)} = 0$,此时,

$$\lg K'_{MY} = \lg K_{MY} - \lg \alpha_{Y(H)} \tag{3-9}$$

条件稳定常数 K' 说明配合物在一定条件下的实际稳定程度,其值越大,配合物 MY 的稳定性越高。

3.4　配位滴定法的基本原理

3.4.1　配位滴定曲线

在 EDTA 配位滴定中,加入配位剂 EDTA 的过程中,被滴定的金属离子浓度[M]不断减小,达到化学计量点附近时,溶液的 pM 发生突跃。因此,讨论滴定过程中金属离子浓度的变化规律(即滴定曲线)及影响 pM 突跃的因素是极其重要的。

绘制滴定曲线时,一定要计算随着 EDTA 的不断加入,pM 相应的变化情况。在配位滴定法中,除了主反应外,还有涉及 EDTA、金属离子 M 和产物 MY 的各种副反应,对于不易水解而且不与其他配位剂配位的金属离子,只需考虑 EDTA 的酸效应,引入 $\alpha_{Y(H)}$ 对 K_{MY} 进行修正;对于易水解的金属离子,除了考虑酸效应还应考虑水解效应,引入 $\alpha_{Y(H)}$ 和 $\alpha_{M(OH)}$ 对 K_{MY} 修正;对于易水解且与辅助配位剂配位的金属离子,应该引入 $\alpha_{Y(H)}$ 和 α_M 修正 K_{MY}。然后利用条件稳定常数计算化学计量点和化学计量点后被滴定金属离子的浓度,求得 pM 值,从而根据 pM 随着滴定剂 EDTA 的变化关系绘制滴定曲线。

现以 0.01000mol/L EDTA 标准溶液在 pH = 10.0 的 $NH_3 - NH_4Cl$ 缓冲溶液存在时滴定 20.00mL 的 0.01000mol/L Ca^{2+} 溶液为例,讨论滴定过程中 pCa 的变化规律。

因为 Ca^{2+} 不易水解而且不与配位剂 NH_3 配位,所以只需考虑 EDTA 的酸效应,引入 $\alpha_{Y(H)}$ 对 K_{MY} 进行修正。

1.计算 CaY 的条件稳定常数

查表 3-1 可知:$\lg K_{CaY} = 10.69$

查表 3-2 可知:当 pH = 10.0 时,$\lg \alpha_{Y(H)} = 0.45$

所以　　　　　$\lg K'_{CaY} = \lg K_{CaY} - \lg \alpha_{Y(H)} = 10.69 - 0.45 = 10.24$

$$K'_{CaY} = 1.7 \times 10^{10}$$

2. 滴定过程中溶液 pCa 的变化

在滴定的整个过程中，只要溶液的 pH 不变，条件稳定常数总是不变。设滴定中加入 EDTA 的体积为 $V(\text{mL})$，整个滴定过程可按以下四个阶段来考虑。

(1)滴定前($V=0$)

溶液的 Ca^{2+} 浓度为 0.01000mol/L，所以

$$pCa=-\lg[Ca^{2+}]=-\lg0.01000=2.00$$

(2)滴定开始至化学计量点之前($V<V_0$)

$\lg K'_{CaY}>10$，CaY 的解离可以忽略，$[Ca^{2+}]=\dfrac{V_0-V}{V_0+V}\times c_{Ca^{2+}}$

设已加入 19.98mL EDTA 标准溶液，则

$$[Ca^{2+}]=\frac{20.00-19.98}{20.00+19.98}\times0.01000=5.0\times10^{-6}\,\text{mol/L}$$

$$pCa=5.3$$

(3)化学计量点时($V=V_0$)

因为配合物 CaY 十分稳定，所以在化学计量点时 Ca^{2+} 与加入的 EDTA 几乎全部生成 CaY

$$[CaY]=0.01000\times\frac{20.00}{20.00+20.00}=5.0\times10^{-3}\,\text{mol/L}$$

Ca^{2+} 没有副反应，溶液中 Ca^{2+} 浓度可近似地有 CaY 解离计算

$$[Ca^{2+}]=[Y']$$

$$[Ca^{2+}]=\sqrt{\frac{c_{Ca^{2+}}}{2K_{CaY}}}=\sqrt{\frac{0.0100}{2\times10^{10.69}}}=3.2\times10^{-7}\,\text{mol/L}$$

$$pCa=6.5$$

(4)化学计量点后($V>V_0$)

溶液中 Ca^{2+} 浓度主要取决于过量的 EDTA 的浓度，即

$$[Y]=\frac{V_0-V}{V_0+V}\times c_{EDTA} \tag{3-10}$$

设已加入 20.02mL EDTA 标准溶液，则

$$[Y']=\frac{20.02-20.00}{20.02+20.00}\times0.1000=5.0\times10^{-6}$$

$$K'_{CaY}=\frac{[CaY]}{[Ca^{2+}][Y']} \tag{3-11}$$

$$[Ca^{2+}]=\frac{[CaY]}{K'_{CaY}[Y']}=\frac{5.0\times10^{-3}}{10^{10.24}\times5.0\times10^{-6}}=10^{-7.24}$$

$$pCa=7.24$$

如此逐一计算，并将结果列入表 3-3 中，然后用 EDTA 加入量作为横坐标，以 pCa 值为纵坐标绘制滴定曲线，如图 3-4 所示。

表 3-3　pH＝10 时,0.01000mol/L EDTA 滴定 20.00mL

0.01000mol/L Ca²⁺ 的溶液过程中 pCa 的变化

EDTA 加入量 V(mL)	滴定百分率（%）	[Ca²⁺]	pCa
0.00	0.0	0.10	2.00
10.00	50.0	3.3×10^{-3}	2.48
18.00	90.0	5.3×10^{-4}	3.28
19.80	99.0	5.0×10^{-5}	4.30
19.98	99.9	5.0×10^{-6}	5.30
20.00	100.0	5.4×10^{-7}	6.27
20.02	100.1	4.9×10^{-8}	7.23
20.20	101.0	5.9×10^{-9}	8.23
22.00	110.0	5.9×10^{-10}	9.23
30.00	150.0	1.2×10^{-10}	9.92
40.00	200.0	5.9×10^{-11}	10.23

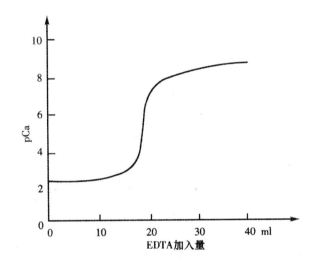

图 3-4　0.01000mol/L EDTA 滴定 0.01000mol/L Ca²⁺ 的滴定曲线

从表 3-3 和图 3-4 可以看出,滴定开始至化学计量点前,pCa 值由 2 变为了 5.3,改变了 3.3 个单位。而在化学计量点前后±0.1%的范围内(不到一滴溶液),pCa 值由 5.3 突变为 7.24,改变了近 2 个单位,这种 pCa 值的突变被称为滴定突跃,突跃所在的 pCa 范围被称为滴定突跃范围。

3.4.2　影响配位滴定突跃的主要因素

影响配位滴定突跃的主要因素是条件稳定常数和金属离子浓度。

1. 条件稳定常数的影响

由图 3-5 中不难看出,当配位剂 EDTA 和被滴定的金属离子 M 浓度一定时,配合物的条

件稳定常数 K'_{MY} 的值越大,滴定突跃就越大。而 K'_{MY} 值的大小主要取决于有配合物的稳定常数、溶液的酸度以及存在的其他配位剂等。

(1)配合物的 K_{MY} 值越大,则 K'_{MY} 也越大,配位滴定的 pM' 突跃范围也越大。

(2)滴定体系的酸度越高,pH 值越小,$lg\alpha_{Y(H)}$ 越大,lgK'_{MY} 值就越小,配位滴定的 pM' 突跃范围也就越小。

(3)若有其他配位剂存在时,则对金属离子产生配位效应。$lg\alpha_{M(L)}$ 值越大,lgK'_{MY} 值就越小,配位滴定的 pM' 突跃范围也越小。

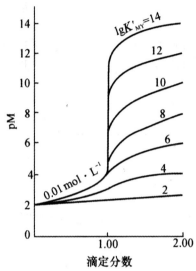

图 3-5　用 EDTA 滴定不同 K'_{MY} 值的金属离子的滴定曲线

2. 金属离子浓度的影响

从图 3-6 可以看出,当 K'_{MY} 值一定时,金属离子浓度越低,滴定曲线的起点就越高,滴定突跃就越小。因此,溶液的浓度不宜过稀,一般选用 10^{-2} mol/L 左右。

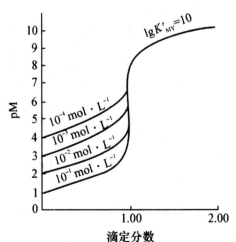

图 3-6　不同浓度的 EDTA 滴定相应浓度金属离子的滴定曲线

3.4.3 配位滴定中酸度的控制

1. 缓冲溶液

当 EDTA 与金属离子发生配位反应,在生成配合物的同时不断地释放出 H^+:

$$M + H_2Y \Longrightarrow MY + 2H^+$$

使溶液的酸度增大,进而使 K'_{MY} 变小,即配合物的实际稳定性降低,突跃范围减小;而且溶液 pH 的变化会影响到指示剂的变色点,增大误差,甚至无法滴定。因此,在配位滴定中常常使用适当的缓冲溶液使溶液的酸度保持相对稳定。

在弱酸性溶液中滴定时,常用 $HAc-NaAc$ 缓冲溶液或六次甲基四胺 $(CH_2)_6N_4-HCl$ 缓冲溶液控制溶液酸度;在弱碱性溶液中滴定时,常用 $NH_3 \cdot H_2O-NH_4Cl$ 缓冲溶液控制溶液的酸度,由于 NH_3 与多种金属离子之间可发生配合,会对滴定产生一定影响。

2. 配位滴定中的最高酸度和最低酸度

在配位滴定中,假设配位反应中除了 EDTA 的酸效应和 M 的水解效应外,没有其他副反应,则溶液酸度的控制是由 EDTA 的酸效应和金属离子的羟基配位效应决定的。根据酸效应可以确定滴定时允许的最低 pH 值,即最高酸度,根据羟基配位效应可以估算出滴定时允许的最高 pH 值,即最低酸度,然后得出滴定的适宜 pH 范围。

(1)最高酸度

如之前的讨论可以看出,只有当 $\lg c_M K'_{MY} \geqslant 6$ 时,金属离子 M 才能被准确滴定,如果配位反应中只有 EDTA 的酸效应而无其他副反应是,配位滴定中被测金属离子的浓度一般为 $1.0 \times 10^{-2} mol/L$,则有

$$\lg K'_{MY} = \lg K_{MY} - \lg \alpha_{Y(H)} \geqslant 8$$

即
$$\lg \alpha_{Y(H)} \leqslant \lg K_{MY} - 8 \tag{3-12}$$

由此可见,要用 EDTA 准确滴定金属离子 M,必须控制溶液的酸度,若酸度高于一定的限度,将无法准确滴定。这一限度,称为配位滴定允许的最高酸度或最低 pH 值。

例 3-1 计算用 $0.01000 mol/L$ EDTA 滴定同浓度的 Ca^{2+} 溶液时允许的最高酸度。

解:已知 $c = 0.01000 mol/L$,从表 3-1 查得:$\lg K_{CaY} = 10.69$。

由式(3-12)可得:

$$\lg \alpha_{Y(H)} \leqslant \lg c + \lg K_{CaY} - 6$$
$$= \lg 0.01000 + 10.69 - 6 = 2.69$$

查表 3-2 得,pH = 7.6 时,$\lg \alpha_{Y(H)} = 2.68$,故最低 pH 值,即最高酸度应控制在 7.6。

(2)最低酸度

从上述讨论可知,如果 pH 增大,酸效应减弱,配合物的稳定性增强,配位反应进行得将越完全,滴定突跃范围增大,对滴定有利。另一方面,pH 增大也可能增大金属离子的水解效应,生成氢氧化物沉淀,从而影响配位滴定的进行。因此,各种不同金属离子除了有滴定的允许最高酸度,还有一个最低酸度。计算某种金属离子的水解酸度作为该金属离子的最低允许酸度,一般要忽略辅助配位效应、离子强度及沉淀是否易于再溶解等因素的影响。

(3)适宜酸度范围及最佳酸度

将最高酸度与最低酸度之间的酸度范围称为配位滴定的是以酸度范围,配位滴定应该在此范围内进行。

3.4.4　酸效应曲线

在前面关于配位平衡的内容里,曾经提到过酸效应曲线,即林邦曲线,如图 3-3 所示。

林邦曲线除了说明 EDTA 的酸效应以外,还可以得出以下信息:

①从曲线上可以查出单独滴定各种金属离子允许的最低 pH 值,也就是最高酸度。

②通过曲线可以知道在一定 pH 范围内,哪些离子可以被准确滴定,哪些离子对滴定有干扰。通常,曲线下方的离子会干扰到曲线上方离子的滴定。

③从曲线还可以看出,利用控制酸度的方法,在同一溶液中可以连续滴定哪几种离子。

例如,当溶液中存在 Bi^{3+}、Zn^{2+} 及 Mg^{2+} 时,用甲基百里酚蓝做指示剂,pH=1.0 时,用 EDTA 滴定 Bi^{3+},此时 Zn^{2+} 及 Mg^{2+} 不会干扰到滴定;然后在 pH 在 5.0 到 6.0 之间时,连续滴定 Zn^{2+},此时 Mg^{2+} 不能被定量滴定;最后在 pH=10.0~11.0 是滴定 Mg^{2+}。

3.5　金属指示剂

金属指示剂是一些可与金属离子生成有色配合物的有机配位剂,其有色配合物的颜色与游离指示剂的颜色不同,从而可以用来指示滴定过程中金属离子浓度的变化情况,因而称为金属离子指示剂,简称金属指示剂。

3.5.1　金属指示剂的作用原理

金属指示剂是一些有色的有机配位剂,在被测定的金属离子溶液中,加入金属指示剂,指示剂与被测金属离子进行配位反应,生成有色配合物,其颜色与指示剂自身颜色不同。现以铬黑 T(EBT)为例,说明金属指示剂的作用原理。

铬黑 T 与金属离子(如 Ca^{2+}、Zn^{2+}、Mg^{2+} 等)反应形成比较稳定的红色配合物,pH=8.0~11.0 时,铬黑 T 自身显蓝色。在 pH = 10 的条件下,用 EDTA 滴定 Mg^{2+} 离子,铬黑 T 做指示剂,反应式如下:

$$Mg^{2+}+EBT \Longrightarrow Mg-EBT$$
$$（蓝色）\quad\quad （鲜红色）$$

当滴入 EDTA 时,溶液中游离态的 Mg^{2+} 逐步被 EDTA 配位,当达到计量点时,Mg^{2+} 浓度已经非常低,再加入的 EDTA 进而夺取 Mg^{2+},释放出指示剂 EBT,这样溶液就呈现出指示剂自身的颜色。

$$Mg-EBT+EDTA \Longrightarrow Mg-EDTA+EBT$$
$$（鲜红色）\quad\quad\quad\quad\quad\quad\quad\quad （蓝色）$$

另外,要注意的是使用金属指示剂,一定要选用合适的 pH 范围。

3.5.2　金属指示剂必备的条件

根据金属指示剂的变色原理可以看出,金属指示剂必须具备以下几个条件:

①在滴定的 pH 范围内,指示剂与其金属离子配合物的颜色应该有显著的差异,这样,终点时的颜色变化才会明显。

②金属指示剂和金属离子的反应要灵敏、迅速,而且还要有良好的变色可逆性。

③金属指示剂要比较稳定,不易氧化变质或分解,便于贮藏和使用。

④金属离子与指示剂形成的配合物(简称 MIn)稳定性要适当。MIn 的稳定性一定要比 MY 配合物的稳定性低。如果稳定性太低,就会使终点提前,而且颜色变化不敏锐,如果稳定性太高的话,则会使得重点拖后,甚至是 EDTA 不能夺取 MIn 中的 M,到达计量点后也不会改变颜色,看不到滴定终点。因此,一般要求二者的稳定常数符合以下关系式:

$$\frac{\lg K'_{MY}}{\lg K'_{MIn}} > 10^2$$

⑤指示剂及其配合物都应易溶于水。如果生成胶体或者沉淀,都会影响显色反应的额可逆性,使得变色不明显。

3.5.3　金属指示剂的选择

通常选择指示剂的原则都是以在滴定过程中化学计量点附近产生的突跃范围为基本依据的。因此要求指示剂能在此突跃范围内发生明显的颜色变化,并且指示剂变色点的 pM 值应尽量与化学计量点的 pM_{sp} 一致或很接近,以免减小终点误差。

根据配位平衡,被测金属离子 M 与指示剂形成有色配合物 MIn,它在溶液中存在解离平衡如下:

$$MIn \rightleftharpoons M + In$$

考虑溶液中副反应的影响,可得

$$K'_{MIn} = \frac{[MIn]}{[M'][In']}$$

$$\lg K'_{MIn} = pM' + \lg \frac{[MIn]}{[In']}$$

当达到指示剂的变色点时,$[MIn] = [In']$,则有

$$\lg K'_{MIn} = pM'$$

可以看出指示剂变色点时的 pM' 等于有色配合物的 $\lg K'_{MIn}$。

上式还可改写成

$$pM' = \lg K_{MIn} - \lg \alpha_{In(H)}$$

因此只要知道金属离子指示剂配合物的稳定常数及一定 pH 时指示剂的酸效应系数,就可以求出变色点的 pM 值。

需要说明的是,由于配位滴定使用的指示剂一般为有机弱酸,存在着酸效应,所以它与金属离子 M 所形成的配合物的条件稳定常数将随 pH 的变化而变化,从而使得指示剂变色点的 pM 也随 pH 的变化而变化。因此,金属离子指示剂不可能像酸碱指示剂那样,有一个确定的变色点。在选择指示剂时,必须考虑体系的酸度,使指示剂的变色点与化学计量点尽量一致。至少在化学计量点附近的 pM 突跃范围内,否则误差太大。

理论上来说,指示剂的选择可以通过与其有关的常数进行计算来完成。但遗憾的是,迄今为止,金属指示剂的有关常数很不齐全,所以在实际工作中大多采用实验方法来选择指示剂,

即先试验待选指示剂在终点时的变色敏锐程度,然后再检查滴定结果的准确度,这样就可以确定该指示剂是否符合要求。

3.5.4　金属指示剂的封闭、僵化及变质现象

当金属指示剂与某些金属离子形成更稳定配合物时,达到化学计量点后,过量 EDTA 并不能夺取金属指示剂有色配合物中的金属离子,从而使指示剂在化学计量点附近没有颜色变化,这种现象称为指示剂的封闭。

指示剂产生封闭现象的原因很多,可能是溶液中存在某些离子,能与指示剂形成十分稳定的显色配合物,不能被 EDTA 破坏,因而产生封闭现象。解决的办法是加入掩蔽剂,使干扰离子生成更为稳定的配合物而不再与指示剂作用。如在 pH=10 时,以铬黑 T 作指示剂滴定 Mg^{2+},溶液中共存的 Al^{3+}、Co^{2+}、Fe^{3+}、Cu^{2+} 和 Ni^{2+} 对铬黑 T 有封闭作用,这时要加入三乙醇胺可掩蔽 Al^{3+} 和 Fe^{3+},而加入 KCN 可掩蔽 Cu^{2+}、Co^{2+} 和 Ni^{2+}。

有些时候指示剂的封闭现象是因为不可逆反应导致显色配合物出现颜色变化,如 Al^{3+} 对二甲酚橙的封闭。如果封闭现象是由于被滴定离子本身引起的,则可先加入过量的 EDTA,然后进行返滴定,这样就可以避免指示剂的封闭现象。

3.5.5　常用的金属指示剂

1. 铬黑 T

铬黑 T 是一种偶氮萘染料,黑褐色粉末,带有金属光泽,可用 NaH_2In 表示。其化学名称为 1-(1-羟基-2-萘偶氮基)-6-硝基-2-萘酚-4-磺酸钠。其结构式为:

NaH_2In 在水溶液中 Na^+ 全部解离,而阴离子 H_2In^- 随溶液 pH 的升高分二级解离而呈现三种不同的颜色。

$$H_2In^- \underset{H^+}{\overset{pK_1=6.3}{\rightleftharpoons}} HIn^{2-} \underset{H^+}{\overset{pK_2=11.6}{\rightleftharpoons}} In^{3-}$$

pH<6.3　　pH=8~10　　pH>11.6

紫红色　　　蓝色　　　　橙色

铬黑 T 与 M 生成的配合物 MIn 一般显红色。由于铬黑 T 在 pH<6.3 和 pH>11.6 的溶液中呈现的颜色与 MIn 的颜色接近,滴定终点时颜色变化不明显,所以铬黑 T 使用的最适宜酸度为 pH=8~10,可用 NH_3-NH_4Cl 缓冲溶液控制。

在此条件的缓冲溶液中,用 EDTA 滴定 Mg^{2+}、Zn^{2+}、Cd^{2+}、Pb^{2+}、Mn^{2+}、稀土等离子时,EBT 是良好的指示剂,但 Al^{3+}、Co^{2+}、Fe^{3+}、Cu^{2+} 等对铬黑 T 有封闭作用。

铬黑 T 在固态时比在水溶液中性质要稳定的多。铬黑 T 水溶液不稳定,在水溶液中只能保存几天,这主要是因为在水溶液中它会发生聚合反应或氧化反应。pH<6.5 时聚合作用严

重,配制时加入三乙醇胺可减慢聚合速度。在碱性溶液中,空气中的氧气以及 Mn(IV)、Ce^{4+} 等能将铬黑 T 氧化并褪色。

2. 二甲酚橙

二甲酚橙,坚持 XO,属于三苯甲烷类显色剂,化学名称是 3,3'-双[N,N-二(羧甲基)-氨甲基]-邻甲酚磺酞,其结构式为:

二甲酚橙有 6 级酸式解离,其中 H_6In 至 H_2In^{4-} 都是黄色,HIn^{5-} 至 In^{6-} 是红色。在 $pH=5\sim6$ 时,二甲酚橙主要以 H_2In^{4-} 形式存在。H_2In^{4-} 的酸碱解离平衡如下:

$$H_2In^{4-} \xrightarrow{pK_{a_5}=6.3} H^+ + HIn^{5-}$$
$$\text{黄色} \qquad\qquad \text{红色}$$

在 pH<6.3 时呈黄色,在 pH>6.3 时呈红色,它与金属离子形成的配合物 MIn 呈红紫色,一般在 pH<6.3 的溶液中使用。许多金属离子如 Bi^{3+}、Pb^{2+}、Zn^{2+}、Cd^{2+}、Hg^{2+} 等都可用 XO 作指示剂直接滴定,终点由红色变为亮黄色,很敏锐。Fe^{3+}、Al^{3+}、Ni^{2+} 等对 XO 有封闭作用。

3. 钙指示剂

钙指示剂(NN)也是偶氮染料,为紫黑色粉末,其常与干燥的 NaCl 按照质量比为 1:100 的比例混合磨细后使用。钙指示剂用于钙镁混合物的测定时,先将 pH 调至 12.5 以上,使镁离子完全形成沉淀后,再进行滴定,滴定终点颜色由酒红色变为纯蓝色。

一些常用金属指示剂见表 3-4。

表 3-4　常用金属指示剂

指示剂	适用 pH 范围	颜色		直接滴定的离子	配制方法	注意事项
		In	MIn			
铬黑 T	8~10	蓝	红	pH=10,Mg^{2+}、Zn^{2+}、Cd^{2+}、Pb^{2+}、Mn^{2+}、稀土元素离子	1:100 NaCl(固体)(质量比)	Fe^{3+}、Al^{3+}、Cu^{2+}、Ni^{2+} 等离子封闭 EBT
酸性铬蓝 K	8~13	蓝	红	pH=10,Mg^{2+}、Zn^{2+}、Mn^{2+};pH=10,Ca^{2+}	1:100 NaCl(固体)(质量比)	

指示剂	适用 pH 范围	颜色		直接滴定的离子	配制方法	注意事项
		In	MIn			
二甲酚橙	<6	亮黄	红	$pH<1,ZrO^{2+}$ $pH=1\sim3.5$, B^{3+}、Th^{4+} $pH=1\sim3.5$, Tl^{3+}、Zn^{2+}、Cd^{2+}、Pb^{2+}、Hg^{2+}、稀土元素离子	5g/L 水溶液	Fe^{3+}、Al^{3+}、Ti(Ⅳ)、Ni^{2+} 等离子封闭 EBT
磺基水杨酸	1.5~2.5	无色	紫红	$pH=1\sim2.5$,Fe^{3+}	50g/L 水溶液	Ssal 本身无色,FeY^-呈黄色
钙指示剂	12~13	蓝	红	$pH=12\sim13$,Ca^{2+}	1:100 NaCl(固体)(质量比)	Ti(Ⅳ)、Fe^{3+}、Al^{3+}、Cu^{2+}、Ni^{2+}、Mn^{2+} 等离子封闭 NN
PAN 指示剂	2~12	黄	紫红	$pH=2\sim3$,Bi^{3+}、Th^{4+} $pH=4\sim5$, Cd^{2+}、Pb^{2+}、Mn^{2+}、Zn^{2+}、Fe^{2+}、Cu^{2+}、Ni^{2+}	1g/L 乙醇溶液	MIn 在水中溶解度很小,为防止 PAN 指示剂僵化,滴定时需加热

3.6 EDTA 标准溶液的配制与标定

3.6.1 0.05mol/L EDTA 标准溶液的配制

EDTA 标准溶液可以采用直接法或标定法来配制。由于分析纯 EDTA 二钠盐中常有 0.3%的湿存水,若直接配制应将试剂在 80℃ 干燥过夜或在 120℃ 下烘至恒重。另外,由于试验用水或其他试剂中常含有少量金属离子,故 EDTA 标准溶液常用标定法配制。方法是先配成接近所需浓度的 EDTA 溶液,然后再进行标定。

实验室配制 0.05mol/L EDTA 溶液,标定后作储备液,而后根据要求配制成所需浓度的 EDTA 滴定液。

3.6.2 EDTA 标准溶液的标定

标定 EDTA 溶液的基准物质有 Zn、ZnO、$CaCO_3$、$MgSO_4 \cdot 7H_2O$ 等。

1. 以 ZnO 为基准物

取在 800℃ 灼烧至恒重的 ZnO 0.12g,加稀 HCl 3mL 使溶解,加蒸馏水 25mL 及甲基红指示剂(0.024→100)1 滴,滴加氨试液至溶液为微黄色,再加蒸馏水 25mL,$NH_3 \cdot H_2O-NH_4Cl$ 缓冲溶液 10mL,EBT 指示剂数滴(或其固体指示剂少许),用 EDTA 溶液滴定溶液由紫红色恰好变为纯蓝色即为终点。

2. 以 Zn 为基准物

用 Zn 标定 EDTA 溶液时,可用二甲酚橙作指示剂,滴定反应需在 HAc－NaAc 缓冲溶液 (pH＝5～6)中进行,终点为红紫色变成亮黄色。具体步骤是先用稀 HCl 洗去基准 Zn 粒表面的氧化物,然后用蒸馏水洗去 HCl,再用丙酮漂洗数次,晾干,于 110℃加热 5 分钟,置干燥器中冷却至室温,备用。取上述处理好的 Zn 粒约 0.1g,精密称定,加稀 HCl 5mL,置水浴上温热使溶解,以下照 ZnO 标定的方法进行。

若用铬黑工作指示剂,滴定反应需在 $NH_3－NH_4Cl$ 缓冲溶液(pH≈10)中进行,终点为紫红色变成纯蓝色。标定和测定的条件(包括滴定时酸度及指示剂等)应尽可能接近,这样测定结果就越准确。因为不同指示剂终点变色的敏锐性常有差异,滴定误差就不同;溶液中若含有杂质,在不同条件下干扰也就不一样。但在同样条件下标定和测定,这些影响大致相同,误差可以抵消。标定 EDTA 溶液时,应尽可能采用被测元素的金属或化合物作为基准物质,以消除系统误差。

EDTA 标准溶液应贮存在聚乙烯塑料瓶或硬质玻璃瓶中,否则会溶入某些金属离子(如 Ca^{2+}、Mg^{2+} 等),使 EDTA 浓度发生变化。

3.7　配位滴定方式及其在环境分析中的应用

3.7.1　滴定方式

配位滴定方式多种多样,采用不同的滴定方式不仅能扩大配位滴定的应用范围,还可以提高配位滴定的选择性。常用的滴定方式有直接滴定、间接滴定、返滴定、置换滴定等。

1. 直接滴定法

直接滴定法是配位滴定中最基本的方法。它是将待测物质经过预处理配制成溶液后,调节酸度,加入指示剂,有时还需要加入辅助配位体及掩蔽剂,直接用 EDTA 标准溶液进行滴定,然后根据标准溶液的浓度和所消耗的体积,计算试液中待测组分的含量。

采用直接滴定法需要满足以下条件:

①待测离子与 EDTA 形成稳定的配合物,满足 $\lg c_M K'_{MY} \geqslant 6$ 的要求。

②配位反应速度要足够快,而且没有水解和沉淀反应发生。

③有变色敏锐的指示剂且无封闭现象。

直接滴定法可用于:

pH＝1 时,滴定 Zr^{4+}。

pH＝2～3 时,滴定 Fe^{3+}、Bi^{3+}、Tb^{4+}、Hg^{2+}、Ti^{4+}。

pH＝5～6 时,滴定 Zn^{2+}、Pb^{2+}、Ca^{2+}、Cu^{2+} 以及稀土元素。

pH＝10 时,滴定 Zn^{2+}、Ca^{2+}、Ni^{2+}、Co^{2+}、Mg^{2+}。

pH＝12 时,滴定 Ca^{2+}。

2. 间接滴定法

有些金属离子(Li^+、Na^+、K^+、Rb^+、Cs^+ 等)和一些非金属离子(如 SO_4^{2-}、PO_4^{3-} 等)不能

和 EDTA 配位或与 EDTA 生成的配合物不稳定,不便于配位滴定,这时就可采用间接滴定剂的方法进行测定。

例如,测定 PO_4^{3-} 时,可加入一定量过量的 $Bi(NO_3)_3$,使生成 $BiPO_4$ 沉淀,再用 EDTA 滴定过量的 Bi^{3+}。又如测咖啡因含量时,可在 pH=1.2~1.5 的条件下,使过量碘化铋钾先与咖啡因生成沉淀 $[(C_8H_{10}N_4O_2)H] \cdot BiI_4$,再用 EDTA 滴定剩余的 Bi^{3+}。

3. 置换滴定法

置换滴定法是利用置换反应,从配合物中置换出等物质的量的另一种金属离子或 EDTA,然后进行滴定。置换滴定有以下两种情况:

(1)置换出金属离子

例如,Ag^+ 与 EDTA 的配合物不是很稳定($lgK_{AgY}=7.32$),不能用 EDTA 直接滴定。在含 Ag^+ 的试液中加入过量的 $[Ni(CN)_4]^{2-}$,定量转换出 Ni^{2+},在 pH=10 的氨性缓冲溶液中,以紫脲酸铵为指示剂,用 EDTA 标准溶液滴定转换出来的 Ni^{2+},即可求得 Ag^+ 的含量。反应方程式为:

$$2Ag^+ + [Ni(CN)_4]^{2-} \rightleftharpoons 2[Ag(CN)_2]^- + Ni^{2+}$$

(2)置换出 EDTA

例如,测定某合金中的 Sn^{4+} 时,可在试液中加入过量的 EDTA,使可能存在的共存离子 Zn^{2+}、Cd^{2+}、Pb^{2+}、Bi^{3+} 等和 Sn^{4+} 全部都与其配位,然后用 Zn^{2+} 标准溶液滴定过量的 EDTA,将溶液中游离的 EDTA 除去。然后加入 NH_4F,因 Sn^{4+} 与 F^- 形成更稳定的 SnF_6^{2-},从而选择性地将 SnY 中的 EDTA 置换出来,再用 Zn^{2+} 标准溶液滴定释放出来的 EDTA,即可求出 Sn^{4+} 的含量。

4. 返滴定法

当被测离子与 EDTA 配位缓慢或在滴定的 pH 下发生水解,或对指示剂有封闭作用,或没有合适的指示剂,可采用返滴定法。在待测溶液中加入一定量的过量的 EDTA 标准溶液,等到反应完全后,用另一金属离子标准溶液回滴过量的 EDTA。根据两种标准溶液的浓度及用量,就可以求出被测离子的含量。

3.7.2 配位滴定在环境分析中的应用

1. 水的总硬度及钙镁含量的测定

水中常含有某些金属阳离子和一些阴离子,由于高温作用,阴阳离子聚集形成沉淀,把水中这些金属离子的总浓度称为水的硬度。水的硬度是水质控制的一个重要指标,在水中的金属离子浓度较高时可采用 EDTA 滴定法进行测定。但由于含量太小,可以忽略不计。因而常把水中 Ca^{2+}、Mg^{2+} 的总浓度看成水的硬度。

硬度的表示方法在国际、国内都尚未统一,我国目前使用的表示方法是将所测得的 Ca^{2+}、Mg^{2+} 折算成 CaO 或 $CaCO_3$ 的质量,用 1L 水中所含 CaO 或 $CaCO_3$ 的毫克数,单位为 mg/L。

(1)水的总硬度的测定

取一份水样,用氨性缓冲溶液调节溶液的 pH=10 左右,这时 Ca^{2+}、Mg^{2+} 均可被 EDTA 准确滴定。加入少量铬黑 T 作为指示剂,此时溶液呈红色,用 EDTA 标准溶液滴定至终点,溶液颜色由红色变为蓝色,即为终点。水的总硬度可以通过 EDTA 的标准浓度 $c(EDTA)$ 和消耗体积 $V_1(EDTA)$ 以及水样的体积 V_s 来计算,以 $CaCO_3$ 计,单位为 mg/L。

$$总硬度 = \frac{c(EDTA)V_1(EDTA)M(CaCO_3)}{V_s}$$

(2) Ca^{2+} 含量的测定

取等量的水样,用 NaOH 溶液调节水样的 pH $=12.0$,此时水中的 Mg^{2+} 转化为 $Mg(OH)_2$ 沉淀而被掩蔽,不会干扰到 Ca^{2+} 的测定,加入少量钙指示剂,与 Ca^{2+} 生成红色配合物 CaIn,用 EDTA 滴定溶液由红色变为蓝色即为终点。以终点时所消耗 EDTA 体积 $V_2(EDTA)$ 计算水的钙硬度。其质量浓度(单位为 mg/L)为:

$$\rho(Ca^{2+}) = \frac{c(EDTA)V_2(EDTA)M(Ca)}{V_s}$$

则溶液中 Mg^{2+} 的含量为:

$$\rho(Mg^{2+}) = \frac{c(EDTA)[V_1(EDTA) - V_2(EDTA)]M(Mg)}{V_s}$$

2. Ag^+ 测定

Ag^+ 与 EDTA 的配合物不稳定,不能用 EDTA 直接滴定,此时可采用置换滴定法进行测定。

在含 Ag^+ 的试液中加入过量的已知准确浓度的 $[Ni(CN)^4]^{2-}$ 标准溶液,发生如下反应:

$$2Ag^+ + [Ni(CN)^4]^{2-} \rightleftharpoons 2[Ag(CN)_2]^- + Ni^{2+}$$

在 pH $=10.0$ 的氨性缓冲溶液中,以紫脲酸铵为指示剂,用 EDTA 滴定置换出来的 Ni^{2+},根据 Ag^+ 和 Ni^{2+} 的换算关系,即可求得 Ag^+ 的含量。

第4章　滴定分析法之氧化还原滴定法

4.1　氧化还原反应平衡

氧化还原滴定法是以氧化还原反应为基础的滴定分析方法,是滴定分析法中应用广泛的一种重要的方法。氧化还原滴定法应用非常广泛,它不仅可用于无机分析,而且广泛用于有机分析,许多具有氧化性或还原性的有机物都可以用氧化还原滴定法来加以测定。

分析化学中,氧化还原反应主要应用于滴定分析、分离、各种测定的步骤之中。氧化还原反应是基于氧化剂和还原剂之间的电子转移,其反应机理比较复杂,在氧化还原反应中,除了主反应外,还时常伴有副反应的发生,有时反应速度较慢等特点。如有些氧化还原反应从理论上看是可能进行的,但由于反应速度太慢实际上并没有发生,有些氧化还原反应还受介质的影响较大。因此,在研究学习氧化还原反应及氧化还原滴定时,除从平衡的观点判断反应的可行性外,还应考虑反应的机理、反应速度、反应条件及滴定条件等问题。

4.1.1　氧化还原反应

1. 氧化数

氧化数是指单质或化合物中某元素一个原子的形式电荷数,也称氧化值。这种电荷数是假设将每个键中的电子指定给电负性大的原子而求得的。它主要用于描述物质的氧化或还原状态,并用于氧化还原反应方程式的配平。氧化数可以为整数也可以为小数或分数,其具体的计算规则如下。

①单质中元素的氧化数为零。例如,Cu、N_2 等物质中,铜、氮的氧化数都为零。

②简单离子的氧化数等于该离子的电荷数。例如,Ca^{2+}、Cl^- 离子中的钙和氯的氧化数分别为 $+2$、-1。

③在中性分子中各元素的正负氧化数的代数和为零,在复杂离子中各元素原子正负氧化数代数和等于离子电荷数。

④共价化合物中,将属于两个原子共用的电子对指定给电负性较大的原子后,两原子所具有的形式电荷数即为它们的氧化数。例如,HCl 分子中 H 的氧化数为 $+1$,Cl 为 -1。

⑤一般情况下氢的氧化数为 $+1$,但在碱金属等氢化物中为 -1,例如,NaH 中,氢的氧化数为 -1;氧在化合物中的氧化数一般为 $+2$;但在过氧化物(H_2O_2、Na_2O_2)中氧的氧化数为 -1;在含氟氧键的化合物(OF_2)中氧的氧化数为 $+2$。

2. 氧化与还原

根据上述氧化数的概念,则可定义在化学反应中,反应前后元素的氧化数发生变化的反应称为氧化还原反应。其中,元素氧化数升高的过程称为氧化;元素氧化数降低的过程称为还原。并且在反应过程中,氧化过程和还原过程必然同时发生,其氧化数升高的总数与氧化数降低的总数总是相等。

可以概括氧化还原反应的本质为电子的得失(包括电子对的偏移),并引起元素氧化数的变化。通常称得到电子氧化数降低的物质为氧化剂,在化学反应中被还原;失去电子氧化数升高的物质是还原剂,在化学反应中被氧化。例如:

$$2KMnO_4 + 5H_2O_2 + 3H_2SO_4 = K_2SO_4 + 2MnSO_4 + 5O_2\uparrow + 8H_2O$$

上述反应中,$KMnO_4$ 是氧化剂,Mn 的氧化数从 $+7$ 降到 $+2$,它使 H_2O_2 氧化,其本身被还原。H_2O_2 是还原剂,其中氧的氧化数从 -1 升高到 0,它使 $KMnO_4$ 还原,其本身被氧化。H_2SO_4 中各元素的氧化数没有变化,为反应介质。有时氧化数的升高和降低可能会发生在统一元素上的反应为歧化反应。

常见的氧化剂有活泼的非金属单质和一些高氧化数的化合物,前者例如 F_2、Cl_2、Br_2 等卤族非金属单质,后者常见的有 $KMnO_4$、KIO_2、HNO_3、MnO_2、浓 H_2SO_4、及 Fe^{3+}、Ce^{4+} 等。

常见的还原剂有活泼的金属单质和低氧化数的化合物,前者为 Na、Mg、Zn、Fe 等最为普遍,后者则如 $H_2C_2O_4$、H_2S、CO 等。

某些含有中间氧化数的物质,在反应时其氧化数可能升高,也可能降低。在不同反应条件下,有时作氧化剂,有时又可作还原剂,如 H_2SO_3 等。

4.1.2 电极电位和条件电位

1. 电极电位

氧化剂和还原剂的强弱,可通过有关电对的标准电极电位来衡量。电对的标准电极电位越高,其氧化态的氧化能力越强;电对的标准电极电位越低,其还原态的还原能力越强。作为氧化剂,它可以氧化电位比它低的还原剂;同样,还原剂可以还原电位比它高的氧化剂。根据电对的标准电极电位,可以判断氧化还原反应进行的方向、次序和反应进行的程度。

通常可大略将氧化还原电对分为可逆氧化还原电对和不可逆氧化还原电对两大类。所谓可逆氧化还原电对是指在氧化还原反应的任一瞬间,都能迅速地建立起氧化还原平衡的电对,其实际电位能与能斯特公式计算的理论电位值相符,或者相差很少。而不可逆电对则相反,它在氧化还原反应的任一瞬间,不能真正地建立起氧化还原半反应所示的氧化还原平衡,其实际电位与能斯特公式计算的理论电位值相差甚大。

若以 Ox 表示氧化态,Red 表示还原态,则可用下式表示氧化还原电对的半反应:

$$Ox + ne^- \Longleftrightarrow Red$$

上式中,n 是转移电子数。能斯特(Nernst)公式能够完全适用于可逆氧化还原电对。然而,对于那些不可逆氧化还原电对,实际电位虽然与能斯特公式计算的理论电位值相差颇大,但作为初步判断,仍有一定的实际意义。

对于上述可逆氧化还原电对半反应,其对应的电极电位可用能斯特公式表示为:

$$\varphi\frac{Ox}{Red} = \varphi^\theta + \frac{RT}{nF}\ln\frac{a_{Ox}}{a_{Red}} = \varphi^\theta + \frac{2.303RT}{nF}\lg\frac{a_{Ox}}{a_{Red}} \tag{4-1}$$

上式中,φ^θ 表示标准电极电位,a_{Ox} 表示氧化态的活度,a_{Red} 表示还原态的活度,R 是摩尔气体常数($8.314J/(mol \cdot K)$),T 是热力学温度,F 是法拉第常数($96487C/mol$)。

在 25℃ 时,则上述公式在取常用对数的情况下,变为

$$\varphi_{\frac{Ox}{Red}} = \varphi^\theta + \frac{0.059}{n} \lg \frac{a_{Ox}}{a_{Red}} (25℃) \tag{4-2}$$

在处理氧化还原平衡时,还应该注意到电对有对称和不对称的差异。在对称电对中,氧化态与还原态的系数相同,如:

$$Fe^{3+} + e \Longrightarrow Fe^{2+}$$

$$MnO_4^- + 8H^+ + 5e \Longrightarrow Mn^{2+} + 4H_2O$$

在不对称电对中,氧化态与还原态的系数不相同,如:

$$I_2 + 2e \Longrightarrow 2I^-, \quad Cr_2O_7^{2-} + 14H^+ + 6e \Longrightarrow 2Cr^{3+} + 7H_2O$$

当涉及不对称电对的有关计算时,情况稍微有些复杂,计算时应注意。

对于金属—金属离子电对,Ag—AgCl 电对等而言,纯金属、纯固体的活度为 1,溶剂的活度为常数,它们的影响已反映在 φ^θ 中,故不再列 Nernst 方程式中。

2. 条件电位

在应用能斯特公式计算相关电对的电极电位时,不能忽略离子强度的影响。实际工作中,通常只知道各物质的浓度,而不知道其活度。并且由于溶液体系中可能还存在各种副反应。如果用浓度代替活度,就必须引入相应的活度系数(γ_{Ox}、γ_{Red})和副反应系数(a_{Ox}、a_{Red})。此外,当溶液体系的组成改变时,电对的氧化型、还原型的存在型体可能会发生改变,进而使电对的氧化型、还原型浓度改变,电极电位也会随之发生改变。活度与浓度之间的关系为

$$a_{Ox} = \gamma_{Ox}[Ox] \qquad a_{Red} = \gamma_{Red}[Red] \tag{4-3}$$

活度等于平衡浓度与活度系数的乘积。

若将浓度代替活度,则往往会引起较大的误差(只有在极稀的溶液中两者才近似相等),而其他的副反应如酸度的影响、沉淀或配合物的形成,都会引起氧化型及还原型浓度的改变,进而使电对的电极电位改变。若要以浓度代替活度,还需引入副反应系数。

$$a_{Ox} = \frac{c_{Ox}}{[Ox]} \qquad a_{Red} = \frac{c_{Red}}{[Red]} \tag{4-4}$$

上式中,c_{Ox} 和 c_{Red} 分别表示溶液中 Ox、Red 的分析浓度。将式(4-3)、式(4-4)代入式(4-2)中,可得:

$$\varphi_{Ox/Red} = \varphi^\theta + \frac{0.059}{n} \lg \frac{\gamma_{Ox} \alpha_{Red} c_{Ox}}{\gamma_{Red} \alpha_{Ox} c_{Red}} = \varphi^\theta + \frac{0.059}{n} \lg \frac{c_{Ox}}{c_{Red}} \tag{4-5}$$

其中,

$$\varphi^{\theta=} \varphi^\theta + \frac{0.059}{n} \lg \frac{\gamma_{Ox} \alpha_{Red}}{\gamma_{Red} \alpha_{Ox}} \tag{4-6}$$

上式中,$\omega^{\theta'}$ 为条件电位,它是在一定条件下,氧化型和还原型的分析浓度均为 1mol/L 或它们的浓度比为 1 时的实际电极电位。由于在实验条件一定时,活度系数和副反应系数均为固定值,故条件电位 φ^θ 在该条件下也是固定值。

条件电位是在一定实验条件下,校正了溶液离子强度以及副反应等各种因素影响后得到的实际电极电位,因此,用它来处理氧化还原滴定中的有关问题不仅更方便,且更符合实际情况。例如,Fe^{3+}/Fe^{2+} 电对的标准电极电位 $\varphi^\theta = 0.77V$,而其条件电极电位在不同无机酸介

质中则有不同数值,如表 4-1 所示。

表 4-1　Fe^{3+}/Fe^{2+} 电对条件电位

介质(浓度)	$HClO_4$ (1mol/L)	HCl(0.5mol/L)	H_2SO_4 (1mol/L)	H_3PO_4 (2mol/L)
$\omega^{\theta\prime}$ (V)	0.767	0.71	0.68	0.46

条件电极电位都是由实验测得,到目前为止,人们只测出了部分氧化还原电对的条件电极电位数据。由于实际工作中的反应条件多种多样,常遇到缺少相同条件下的条件电位的情况,如果缺乏相关电对的条件电极电位值,可用标准电极电位值进行粗略近似计算,否则应用实验方法测定。

通常影响条件电位的因素有以下几种。

(1)离子强度

电解质浓度的变化会改变溶液中的离子强度,从而改变氧化态和还原态的活度系数。在氧化还原滴定体系中,若电解质浓度较大,则离子强度也较大,活度与浓度的差别较大,能斯特方程中用浓度代替活度计算的结果与实际情况会有较大差异;若副反应对条件电位的影响远比离子强度的影响大,在估算条件电位时则可忽略离子强度的影响,而着重考虑副反应对电极电位的影响。

(2)溶液酸度

如果电对的氧化还原半反应中有 H^+ 或 OH^- 参加,则溶液酸度的变化将直接引起条件电位的变化;若电对的氧化态或还原态是弱酸或弱碱,则溶液酸度的变化将影响其存在形式,从而间接地引起条件电位的变化。例如,

$$H_3AsO_4 + 2H^+ + 2e \Longleftrightarrow H_3AsO_3 + H_2O$$

$$MnO_4^- + 8H^+ + 5e_3 \Longleftrightarrow Mn^{2+} + 4H_2O$$

(3)副反应

氧化还原滴定中常见的副反应是生成沉淀和生成配合物。

①生成沉淀。氧化态生成沉淀将使电对的条件电位降低,还原态生成沉淀将使电对的条件电位升高。例如,用碘量法测定 Cu^{2+} 的化学反应为

$$2Cu^{2+} + 4I^- \Longleftrightarrow 2CuI\downarrow + I_2$$

$$\varphi^{\theta}_{Cu^{2+}/Cu^+} = 0.153V$$

$$\varphi^{\theta}_{I_2/I^-} = 0.535V$$

如果只是从标准电极电位出发,则该反应不能自发向右进行。但由于反应生成了 CuI 沉淀,导致 Cu^{2+}/Cu^+ 电对的条件电位明显升高,超过 I_2/I^- 电对的条件电位,从而使反应得以进行。

②生成配合物。当溶液中存在能与电对的氧化态或还原态反应生成配合物的配位剂时,电对的条件电位就会受到影响。如果氧化态配合物的稳定性高于还原态配合物,那么条件电位将降低;反之,条件电位将升高。根据这一原理,在氧化还原滴定中,经常借助配位剂与干扰离子生成稳定的配合物来消除对测定的干扰。

(4)温度

由 Nernst 方程式的基本式可以看出,当温度升高时,电极电位升高。

4.1.3 氧化还原反应进行的方向与程度

1. 氧化还原反应进行的方向

通过氧化还原反应电对的电位计算,便可大概判断氧化还原反应进行的方向。氧化还原反应是由较强的氧化剂和较强的还原剂向着生成较弱的氧化剂和较弱的还原剂的方向进行。当溶液中有几种还原剂时,加入氧化剂,首先与最强的还原剂作用。同样,溶液中含有几种氧化剂时,加入还原剂,则首先与最强的氧化剂作用。也就是说在合适的条件下,在所有可能发生的氧化还原反应中,电极电位相差最大的电对间首先反应。

于是就出现了由于氧化剂和还原剂的浓度、溶液的酸度、生成沉淀和形成配合物等都对氧化还原电对的电位产生影响,而导致在不同的条件下可能影响氧化还原反应进行的方向的情况出现。

例如,碘量法测定 Cu^{2+} 含量:

$$Cu^{2+} + e \Longrightarrow Cu^+$$
$$\varphi^{\theta}_{Cu^{2+}/Cu^+} = 0.159V$$
$$I_2 + e \Longrightarrow 2I^-$$
$$\varphi^{\theta}_{I_2/I^-} = 0.535V$$

由标准电位值可知 Cu^{2+} 不可能氧化为 I^- 为 I_2,但加入的 I^- 与 Cu^{2+} 反应生成难溶的 CuI 沉淀:

$$Cu^+ + I^- \Longrightarrow CuI \downarrow$$

而实际的反应

$$2Cu^{2+} + 4I^- \Longrightarrow 2CuI + I_2$$

其原因是

$$\varphi^{\theta'}_{Cu^{2+}/Cu^+} + 0.059 \frac{[Cu^{2+}]}{[Cu^+]}$$
$$\varphi = \varphi^{\theta}_{Cu^{2+}/Cu^+} + 0.059 \frac{[Cu^{2+}][I^-]}{K_{sp}}$$
$$= \varphi^{\theta}_{Cu^{2+}/Cu^+} - 0.059\lg K_{sp} + 0.059\lg[Cu^{2+}][I^-]$$

若

$$[I^-] = [Cu^{2+}] = 1mol/L$$

则

$$\varphi^{\theta'}_{Cu^{2+}/Cu^+} = 0.159 - 0.059\lg 1.1 \times 10^{-12} = 0.865V$$

由于

$$\varphi^{\theta'}_{Cu^{2+}/Cu^+} > \varphi^{\theta}_{I_2/I^-}$$

因此,该反应是向着生成 CuI 沉淀并析出 I_2 的方向进行。

2. 氧化还原反应进行的程度

氧化还原反应进行的程度通常用反应平衡常数 K 来衡量。K 可以根据相关的氧化还原反应,通过 Nernst 方程式加以求解。设氧化还原反应如下:

$$n_2 Ox_1 + n_1 Red_2 \Longrightarrow n_1 Ox_2 + n_2 Red_1$$

反应平衡常数的表达式为

$$K = \frac{a_{Red_1}^{n_2} a_{Ox_2}^{n_1}}{a_{Ox_1}^{n_2} a_{Red_2}^{n_1}} \tag{4-7}$$

与该反应有关的氧化还原半反应和电对的电极电位分别为

$$Ox_1 + n_1 e^- \Longrightarrow Red_1$$

$$\varphi_1 = \varphi_1^\theta + \frac{0.59}{n_1} \lg \frac{a_{Ox_1}}{a_{Red_1}}$$

$$Ox_2 + n_2 e^- \Longrightarrow Red_2$$

$$\varphi_2 = \varphi_2^\theta + \frac{0.59}{n_2} \lg \frac{a_{Ox_2}}{a_{Red_2}}$$

反应达到平衡时,有 $\varphi_1 = \varphi_2$,因此

$$\varphi_1^\theta + \frac{0.59}{n_1} \lg \frac{a_{Ox_1}}{a_{Red_1}} = \varphi_2^\theta + \frac{0.59}{n_2} \lg \frac{a_{Ox_2}}{a_{Red_2}}$$

两边同时乘以 n_1、n_2 的最小公倍数 n,整理后可得

$$\lg \frac{a_{Red_1}^{n_2} a_{Ox_2}^{n_1}}{a_{Ox_1}^{n_2} a_{Red_2}^{n_1}} = \lg K = \frac{n(\varphi_1^\theta - \varphi_2^\theta)}{0.59} \tag{4-8}$$

若考虑溶液中各种副反应的影响,则以相应的条件电位代入上式,相应的活度也以总浓度代替,所得平衡常数为条件平衡常数 K',它能更好地反映实际情况下反应进行的程度。即

$$\lg \frac{c_{Red_1}^{n_2} c_{Ox_2}^{n_1}}{c_{Ox_1}^{n_2} c_{Red_2}^{n_1}} = \lg K' = \frac{n(\varphi_1^{\theta'} - \varphi_2^{\theta'})}{0.59} \tag{4-9}$$

上式表明,氧化还原反应进行的程度与两个氧化还原电对的条件电位之差以及电子转移数有关。条件电位之差越大,两个半反应转移电子数的最小公倍数越大,所进行的反应越彻底。

滴定分析法中,通常要求达到化学计量点时的反应完全程度在 99.9% 以上。也就是说,对于一个 1:1 类型的反应

$$Ox_1 + Red_2 \Longrightarrow Ox_2 + Red_1$$

在化学计量点时,应有以下浓度关系

$$\frac{c_{Red_1}}{c_{Ox_1}} \geqslant 10^3, \frac{c_{Ox_2}}{c_{Red_2}} \geqslant 10^3$$

即条件平衡数应满足 $K' \geqslant 10^6$,代入式(4-9),得 $\Delta \bar{\omega}^{\theta'} = \bar{\omega}_1^{\theta'} - \bar{\omega}_2^{\theta'} \geqslant 0.36V$,这就是 1:1 类型的反应定量完成的条件。依此类推,可以计算其他类型反应定量完成的条件。

通常不管是怎样的氧化还原反应,如只是考虑反应的完全程度,则 $\Delta \bar{\omega}^{\theta'} \geqslant 0.4V$ 即可满足滴定分析的要求。

例 4-1　在 1.0mol/L HCL 溶液中,Fe^{3+} 和 Sn^{3+} 反应的平衡常数,能否进行完全? 已知 $(\bar{\omega}^{\theta'}(\frac{Fe^{3+}}{Fe^{2+}}) = 0.68V, \bar{\omega}^{\theta'}(\frac{Sn^{4+}}{Sn^{2+}}) = 0.14V)$。

解:反应式为 $2Fe^{3+} + Sn^{2+} \Longrightarrow 2Fe^{2+} + Sn^{4+}$

$$\lg K = \frac{2 \times 1 \times (0.68 - 0.14)}{0.059} = 18.30$$

因为该反应相当于 $m = 2$、$n = 1$ 的氧化还原反应,只要 $\lg K \geqslant 9$,即可视为反应能进行完全,

到达化学计量点时,误差小于 0.1%,故该反应能用于氧化还原滴定。

4.1.4 影响氧化还原反应速度的因素

氧化还原反应平衡常数可衡量氧化还原反应进行的程度,但不能说明反应的速度。有的反应平衡常数很大,但实际上觉察不到反应的进行。其主要原因是反应的机制较复杂,且常分步进行,反应速度较慢。氧化还原反应速度除与反应物的性质有关外,还与下列外界因素有关。

(1)氧化剂和还原剂的性质

不同性质的氧化剂和还原剂,其反应速率相差极大。这与它们的电子层结构、条件电极电位的差异和反应历程等因素有关,具体情况较为复杂。目前对此问题的了解尚不完整。

(2)反应物浓度

根据质量作用定律,反应速度与反应物浓度的乘积成正比。但是,许多氧化还原反应是分步进行的,整个反应速度由最慢的一步决定。因此,不能简单地按总的氧化还原方程式来判断浓度对反应速度的影响程度。但通常来看,增大反应物的浓度可以加快反应速度。

例如,在酸性溶液中,一定量的 $K_2Cr_2O_7$ 和 KI 反应:

$$Cr_2O_7^{2-}+6I^-+14H^+\Longrightarrow 2Cr^{3+}+3I_2+7H_2O$$

如果适当增大 I^- 和 H^+ 的浓度,可加快反应速率。实验结果表明,在 $0.4mol/L[H^+]$ 条件下,KI 过量约 5 倍,反应速率会加快,放置 5min 反应可进行完全。

(3)温度

升高反应温度一般可提高反应速率。通常温度每升高 10℃,反应速率可提高 2~4 倍。这是由于升高反应温度时,不仅增加了反应物之间碰撞的几率,而且增加了活化分子数目。例如,酸性介质中,用 MnO_4 氧化 $C_2O_4^{2-}$ 的反应

$$2MnO_4^-+5C_2O_4^{2-}+16H^+=2Mn^{2+}+10CO_2\uparrow+8H_2O$$

在室温下反应速率很慢,若将溶液加热并控制在 70~80℃,则反应速率明显加快。但是并不是在任何情况下都可以通过升高温度来提高反应速率,使用不当会产生副作用。例如,$K_2Cr_2O_7$ 与 KI 的反应,若用升高温度的办法提高速率,则会使反应产物 I_2 挥发。有些还原性物质如:Fe^{2+}、Sn^{2+} 等,升高温度也会加快空气中氧气氧化 Fe^{2+}、Sn^{2+}。

(4)催化剂

使用催化剂是加快反应速率的有效方法之一。催化反应的机理非常复杂。在催化反应中,由于催化剂的存在,可能产生了一些不稳定的中间价态离子、游离基或活泼的中间配合物,从而改变了氧化还原反应历程,或者改变了反应所需的活化能,使反应速率发生变化。催化剂有正催化剂和负催化剂之分,正催化剂.增大反应速率,负催化剂减小反应速率。分析化学中,常用正催化剂来加快反应的速率。

例如,在酸性溶液中 $KMnO_4$ 与 $Na_2C_2O_4$ 的反应,反应速率较慢,

$$2MnO_4^-+5C_2O_4^{2-}+16H^+=2Mn^{2+}+10CO_2\uparrow+8H_2O$$

反应开始时进行得很慢。若加入少量 Mn^{2+},则反应速率明显加快。由于反应本身有 Mn^{2+} 生成,因此,如果不另加 Mn^{2+},反应速率便会呈现为先慢后快的特点。这种由生成物本身起催化作用的反应,称为自动催化反应。滴定过程中,可以先滴加少量 $KMnO_4$,一旦有少量 Mn^{2+}

生成,便会加快反应速率,观察到 $KMnO_4$ 褪色后,就可以正常进行滴定。

(5)诱导作用

有些氧化还原反应在通常情况下,并不进行或进行得很慢的反应,但是由于另一个反应的进行,受到诱导而得以进行。这种由于一个氧化还原反应的发生促进另一氧化还原反应进行的现象,称为诱导作用,所发生的反应称为诱导反应。

例如,酸性溶液中,$KMnO_4$ 氧化 Cl^- 的反应速率极慢,当溶液中同时存在 Fe^{2+} 时,$KMnO_4$ 氧化 Fe^{2+} 的反应将加速 $KMnO_4$ 氧化 Cl^- 的反应。这里 Fe^{2+} 称为诱导体,MnO_4^- 称为作用体,Cl^- 称为受诱体。反应如下:

$$MnO_4^- + 5Fe^{2+} + 8H^+ = Mn^{2+} + 5Fe^{2+} + 4H_2O$$
$$MnO_4^- + 10Cl^- + 16H^+ = 2Mn^{2+} + 5Cl_2$$

值得注意的是,诱导作用和催化作用是不同的。在催化反应中,催化剂在反应前后的组成和质量均不发生改变;而在诱导反应中,诱导体参加反应后转变为其他物质。因此,对于滴定分析而言,诱导反应往往是有害的,应该尽量避免。

4.2　氧化还原滴定终点的确定

4.2.1　氧化还原滴定曲线

在氧化还原滴定过程中,随着滴定剂的加入和反应的进行,被测物质的氧化态和还原态的浓度逐渐改变,其有关电对的电极电势也随之不断变化,即被测试液的特征变化就是溶液电极电势的变化。这种电极电位的变化类似于其他滴定法,可以用滴定曲线来表示。以加入滴定剂的体积或滴定分数为横坐标,溶液的电极电势为纵坐标描绘的曲线就为氧化还原滴定曲线。可以用实验的方法测得氧化还原滴定曲线,也可以用能斯特方程式进行计算得到。

现以在 $1.00mol/L$ H_2SO_4 介质中,$0.1000mol/L$ $Ce(SO_4)_2$ 标准溶液滴定 $20.00mL$ $0.1000mol/L$ $FeSO_4$ 溶液为例,计算滴定过程的电极电势,并绘制滴定曲线。

滴定反应为:

$$Ce^{4+} + Fe^{2+} = Ce^{3+} + Fe^{3+}$$

已知在此条件下两电对的电极反应及条件电极电势分别为:

$$Ce^{4+} + e^- = Ce^{3+}$$
$$\varphi^{\theta'}\left(\frac{Ce^{4+}}{Ce^{3+}}\right) = 1.44V$$
$$Fe^{3+} + e^- = Fe^{2+}$$
$$\varphi^{\theta'}\left(\frac{Fe^{3+}}{Fe^{2+}}\right) = 0.68V$$

需要注意的是:滴定过程中任一时刻,当反应体系达平衡时,溶液中同时存在两个电对,并且两电对的电极电势相等,即

$$\varphi\left(\frac{Ce^{4+}}{Ce^{3+}}\right) = \varphi\left(\frac{Fe^{3+}}{Fe^{2+}}\right)$$

故在滴定的不同阶段,可选择方便于计算的电对,用能斯特方程式计算滴定过程中溶液的

电极电势,即溶液电势。

(1)滴定前

在化学计量点前,由于空气中的氧化作用,其中必然存在极少量的 Fe^{3+},溶液中存 Fe^{3+}/Fe^{2+} 电对,由于此时 Fe^{3+} 的浓度从理论上无法确定,故此时电极电位无法依据 Nernst 方程式进行计算。

(2)滴定开始至化学计量点前

滴定开始后,溶液中同时存在两个氧化还原电对。在滴定过程中的任何时刻,反应达到平衡后,两个电对的电极电位相等,即

$$\varphi^{\theta}(Fe^{3+}/Fe^{2+})+0.059\lg\frac{c(Fe^{3+})}{c(Fe^{2+})}=\varphi^{\theta}(Ce^{4+}/Ce^{3+})+0.059\lg\frac{c(Ce^{4+})}{c(Ce^{3+})}$$

此阶段,溶液体系中存在 Fe^{3+}/Fe^{2+} 和 Ce^{4+}/Ce^{3+} 两个电对,达到平衡时溶液中 Ce^{4+} 在溶液中存在量极少且难以确定其浓度,故只能用 Fe^{3+}/Fe^{2+} 电对计算该阶段的电极电位。 $\frac{c(Fe^{3+})}{c(Fe^{2+})}$ 的值则可根据加入滴定剂 Ce^{4+} 的百分数来确定。所以,利用 Fe^{3+}/Fe^{2+} 电对来计算体系的电极电位比较方便。

当有 10.00mL 的滴定剂 Ce^{4+} 加入时,50.0% 的 Fe^{2+} 被氧化并生成 Fe^{3+},因此,体系的电极电位为

$$\varphi=\varphi^{\theta'}(Fe^{3+}/Fe^{2+})+0.059\lg\frac{50.0\%}{50.0\%}=0.68V$$

若有 19.98mL 的滴定剂 Ce^{4+} 加入时,99.9% 的 Fe^{2+} 被氧化并生成 Fe^{3+},即

$$\frac{c(Fe^{3+})}{c(Fe^{2+})}=\frac{99.9}{0.1}=999$$

$$\varphi(Fe^{3+}/Fe^{2+})=\varphi^{\theta'}(Fe^{3+}/Fe^{2+})+0.059V\lg\frac{c(Fe^{3+})}{c(Fe^{2+})}$$

$$=0.68V+0.059V+\lg999$$

$$=0.86V$$

(3)化学计量点时

这时,加入的滴定剂 Ce^{4+} 体积为 20.00mL,Ce^{4+} 和 Fe^{2+} 分别定量地反应生成 Ce^{3+} 和 Fe^{3+}。溶液中的 Ce^{4+} 和 Fe^{2+} 浓度极小,不易求得。可利用 $c(Ce^{4+})=c(Fe^{2+})$,$c(Ce^{3+})=c(Fe^{3+})$ 关系计算体系的电极电位。以 φ_{sp} 表示化学计量点时的电极电位,则

$$\varphi_{sp}=\varphi^{\theta'}(Ce^{4+}/Ce^{3+})+0.59\lg\frac{c(Ce^{4+})}{c(Ce^{3+})}$$

$$\varphi_{sp}=\varphi^{\theta}(Fe^{3+}/Fe^{2+})'+0.59\lg\frac{c(Fe^{3+})}{c(Fe^{2+})}$$

上述两式相加可得

$$2\varphi_{sp}=\varphi^{\theta'}(Ce^{4+}/Ce^{3+})+0.59\lg\frac{c(Ce^{4+}c(Fe^{3+}))}{c(Ce^{3+})c(Fe^{2+})}$$

$$=(1.44+0.68+0.59\lg1)V$$

$$=2.12V$$

故

$$\varphi_{sp} = 1.06V$$

（4）化学计量点后

这一阶段，溶液中的 Fe^{2+} 基本上都被氧化而生成 Fe^{3+}，Fe^{2+} 的浓度极小，不易求得，但 cCe^{4+}/cCe^{3+} 的值可根据加入滴定剂 Ce^{4+} 的百分数来确定。因此，利用 Ce^{4+}/Ce^{3+} 的电对来计算体系的电极电位比较方便。

当加入的 Ce^{4+} 过量 0.1%（20.02mL）时，体系的电极电位为

$$\varphi = \varphi^{\theta'}(Ce^{4+}/Ce^{3+}) + 0.59\lg\frac{0.1\%}{100\%} = 1.26V$$

当加入的 Ce^{4+} 过量 10%（22.00mL）时，体系的电极电位为

$$\varphi = \varphi^{\theta'}(Ce^{4+}/Ce^{3+}) + 0.59\lg\frac{10\%}{100\%} = 1.38V$$

用同样的方法，计算滴定曲线上任意一点的电极电位，具体可见表4-2，由此可得如图4-1所示的滴定曲线。滴定突跃范围根据化学计量点前、后 0.1% 时的电极电位确定为 $0.86\sim1.26V$。

表4-2　在 1.0mol/L H_2SO_4 溶液中以 0.1000mol/L Ce^{4+} 标准溶液滴定 0.1000mol/L Fe^{2+} 溶液的电极电位变化

加入 Ce^{4+} 标准溶液的体积/mL	滴定分数/（%）	φ/V
1.00	5.0	0.60
4.00	20.0	0.64
10.00　18.00	50.0　90.0	0.68　0.74
19.80	99.0	0.80
19.98	99.9	0.86
20.00	100.0	1.06（化学计量点）
20.02	100.1	1.26
20.20	101.0	1.32
22.00	110.0	1.38
40.00	200.0	1.44

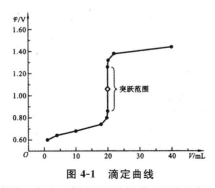

图4-1　滴定曲线

通过上例，可推至一般情况，对于一般的可逆氧化还原反应：

$$n_2 Ox_1 + n_1 Red_2 \Longrightarrow n_1 Ox_2 + n_2 Red_1$$

同理可得,化学计量点时的电极电位的一般公式:

$$\varphi_{sp} = \frac{n_1 \varphi_1^{\theta'} + n_2 \bar{\omega}_2^{\theta'}}{n_1 + n_2} \qquad (4\text{-}10)$$

根据化学计量点±0.1%得到滴定突跃范围为

$$\left(\varphi_1^{\theta'} + \frac{3 \times 0.059}{n_2} \right) \sim \left(\varphi_2^{\theta'} - \frac{3 \times 0.059}{n_1} \right) V \qquad (4\text{-}11)$$

通过式(4-10)和式(4-11)可知,若氧化还原滴定中,两个氧化还原电对的电子转移数相等($n_1 = n_2$),则化学计量点的电极电位 φ_{sp} 恰好位于滴定突跃的正中间,化学计量点前、后的曲线基本对称;若 $n_1 \neq n_2$,则化学计量点的电极电位 φ_{sp} 不在滴定突跃的正中间,而是偏向电子转移数较多的电对一方。

4.2.2 滴定突跃与两个点对条件电位的关系

氧化还原滴定曲线类似与其他类型的滴定曲线,在化学计量点附近溶液电势发生了突跃,而指示剂就是依据此突跃范围加以选择的。

根据滴定曲线和化学计量点附近溶液电势的计算可以看出,氧化还原滴定突跃范围的大小,取决于两电对条件电极电势的差值。两电对的条件电极电势相差越大,滴定突跃范围越大;反之,两电对条件电极电势的差值越小,滴定突跃范围越小。如图 4-2 所示,对于两电对电子转移数相同且等于 1 的滴定反应,当差值大于或等于 0.40V 时,才可选用氧化还原指示剂指示滴定的终点。

此外,如图 4-3 所示,不同介质中,氧化还原电对的条件电极电势不同,滴定曲线的突跃范围大小和化学计量点在曲线的位置就不同。

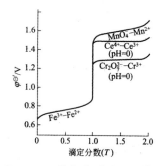

图 4-2 $\Delta \varphi^{\theta \backslash prime}$ 与滴定突跃范围

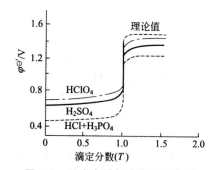

图 4-3 反应介质与滴定突跃范围

并且,根据式(4-11)也可以看出影响氧化还原滴定突跃范围的两个主要因素:①两个氧化还原电对的条件电位之差 $\Delta \varphi^{\theta'}$,$\Delta \varphi^{\theta'}$ 越大,对应突跃范围越大;②两个氧化还原电对的电子转移数 n_1 和 n_2,电子转移数越大,突跃范围越大。

若氧化还原反应有不对称电对参加,例如:

$$n_2 Ox_1 + n_1 Red_2 \Longrightarrow n_1 Ox_2 + n_2 bRed_1$$

则化学计量点时的电极电位为

$$\varphi_{sp} = \frac{n_1 \varphi_1^{\theta'} + n_2 \Phi_2^{\theta'}}{n_1 + n_2} + \frac{0.059}{n_1 + n_2} \lg \frac{1}{b \left[(c_{Red_1})_{sp} \right]^{b-1}}$$

综上可知,若氧化还原反应的两个电对都是可逆的,且没有不对称电对参加,那么氧化还原滴定的化学计量点的电位以及突跃范围大小与两个氧化还原电对相关离子的浓度无关;而若有不对称电对参加,则其化学计量点的电位与该电对相关离子的浓度有关。

4.3　氧化还原滴定指示剂

氧化还原滴定的终点,通常可通过两种方法来确定。一是利用仪器分析法,例如,电位滴定法和永停法;另一种是利用指示剂确定终点。所谓指示剂也就是利用某些物质在计量点附近有明显的颜色改变来指示滴定终点。

(1)自身指示剂

氧化还原滴定中,某些标准溶液或者被滴定的组分本身有颜色,若滴定反应完成后变为无色或浅色物质,则滴定时就不必另加指示剂,这种利用滴定过程中自身的颜色变化来指示滴定的终点,而无须另加指示剂的物质,称为自身指示剂。

常见的自身指示剂,如 $KMnO_4$、I_2 等都属于此类。在高锰酸钾法中,MnO_4^- 本身显紫红色,用它滴定无色或浅色的还原剂溶液时,就无需另加指示剂,这是由于该滴定中,紫红色的 MnO_4^- 被还原成 Mn^{2+},而 Mn^{2+} 几乎是无色的。因此,当滴定到计量点后,只要 MnO_4^- 稍微过量就可使溶液显粉红色。实验证明,当溶液中的 $KMnO_4$ 浓度在 $2 \times 10^{-6}\,mol \cdot L^{-1}$ 时,即可使溶液呈现明显的淡红色;而在 $100ml$ 的溶液中加入 1 滴 $0.05mol \cdot L^{-1}$ 的 I_2 标准溶液,即可使溶液呈现明显的淡黄色。

(2)特殊指示剂

某些物质本身不具有氧化还原性质,但能与某种氧化剂或还原剂发生可逆的显色反应,通过产生的特殊颜色,用作指示剂指示滴定终点,这就是特殊指示剂,也称专属指示剂。

这类指示剂的典型是可溶性淀粉,可溶性淀粉遇 I_2 时即可发生显色反应,生成蓝色的吸附配合物;当 I_2 被还原为 I^- 后,则蓝色的附配合物不复存在,蓝色便消失。因此,可溶性淀粉溶液是碘量法的专用指示剂。可溶性淀粉不仅可逆性好,且非常灵敏,溶液中即使有 $0.5 \times 10^{-5}\,mol \cdot L^{-1}$ 的 I_2,也能与淀粉发生显色反应,使溶液呈现明显的蓝色。温度高,则灵敏度会降低。

(3)不可逆指示剂

有些物质在过量氧化剂存在时,会发生不可逆的颜色变化以指示终点,这类物质称为不可逆指示剂。例如,在溴酸钾法中,过量的溴酸钾液在酸性溶液中能析出溴,而溴能破坏甲基红或甲基橙的呈色结构,以红色消失来指示终点。

(4)氧化还原指示剂

氧化还原指示剂通常是一类复杂的有机化合物,其本身具有氧化还原性质。在氧化还原滴定过程中能发生氧化还原反应,而其氧化态和还原态具有不同的颜色,因而可以指示氧化还原滴定终点。常见氧化还原指示剂如表 4-3 所示。

表 4-3　常见氧化还原指示剂($[H^+ = 1mol \cdot L^{-1}]$)

指示剂	$\varphi^{\theta'}(In_{Ox}/In_{Red})$	颜色变化	
		氧化态	还原态
次甲基蓝	0.36	蓝	无色
二苯胺	0.76	紫	无色
二苯胺磺酸钠	0.84	紫红	无色
邻苯氨基苯甲酸	0.89	紫红	无色
邻二氮菲－亚铁	1.06	浅蓝	红
硝基邻二氮菲－亚铁	1.25	浅蓝	紫红

现以 In_{Ox} 和 In_{Red} 分别表示指示剂的氧化态和还原态,则其氧化还原半反应如下:

$$In_{Ox} + ne^- \Longleftrightarrow In_{Red}$$

25℃时,能斯特方程为:

$$\varphi_{In_{Ox}/In_{Red}} = \varphi^{\theta}_{In_{Ox}/In_{Red}} + \frac{0.059}{n}\lg\frac{c(In_{Ox})}{c(In_{Red})}$$

类似于酸碱指示剂的情况,当溶液中 $\dfrac{c(In_{Ox})}{c(In_{Red})}$ 从 10 变化到 1/10 时,指示剂的颜色将从氧化态的颜色过渡到还原态的颜色,反之亦然。所以,可知氧化还原指示剂变色的电位范围是:

$$\left(\varphi^{In_{Ox}}_{In_{Red}} - \frac{0.059}{n}\right) \sim \left(\varphi^{In_{Ox}}_{In_{Red}} + \frac{0.059}{n}\right)$$

$\varphi(In_{Ox}/In_{Red}) = \varphi^{\theta'}(In_{Ox}/In_{Red})$ 是氧化还原指示剂的理论变色点。

氧化还原指示剂是氧化还原滴定的通用指示剂。选择指示剂时应注意以下两点。

①选择氧化还原指示剂,要求指示剂的变色电位在滴定的突跃范围之内,以保证终点误差不超过 0.1%。例如,用 Ce^{4+} 标准溶液滴定 Fe^{2+} 溶液时,突跃范围为 0.86~1.26V,邻二氮菲－亚铁是合适的指示剂。如果遇到可供选择的指示剂变色范围只有部分落在滴定突跃范围内,则可设法改变滴定突跃范围。例如,若选用二苯胺磺酸钠($\varphi^{\theta'}(In_{Ox}/In_{Red}) = 0.84V$)作为 Ce^{4+} 滴定 Fe^{2+} 的指示剂,则可向溶液中加入少量稀磷酸,H_3PO_4 与 Fe^{3+} 配位生成稳定的配合物,使 Fe^{3+} 的浓度降低,从而降低 Fe^{3+}/Fe^{2+} 电对的电极电位,滴定突跃范围变为 0.78~1.26V,二苯胺磺酸钠即成为合适的指示剂。

②要注意使氧化还原指示剂的条件电极电位尽量与反应的化学计量点的电位一致,以减小滴定的终点误差。

4.4　常用氧化还原滴定法及其在环境分析中的应用

4.4.1　高锰酸钾法

1. 高锰酸钾法滴定原理

高锰酸钾法是以高锰酸钾为滴定剂的氧化还原滴定法,称为高锰酸钾法。$KMnO_4$ 是一种强氧化剂。它在不同酸度的溶液中反应不同。

在强酸性溶液中,$KMnO_4$ 与还原剂反应后,本身被还原为 Mn^{2+}:
$$MnO_4^- + 8H^+ + 5e = Mn^{2+} + 4H_2O \qquad \varphi^\theta = 1.491V$$

在弱酸性、中性或弱碱性溶液中,$KMnO_4$ 被还原为 MnO_2:
$$MnO_4^- + 2H_2O + 3e = MnO_2 + 4OH^- \qquad \varphi^\theta = 0.58V$$

在 $[OH^-] > 2.0 mol \cdot L^{-1}$ 的强碱性条件下,$KMnO_4$ 被还原为 MnO_4^{2-}:
$$MnO_4^- + e = MnO_4^{2-} \qquad \varphi^\theta = 0.56V$$

由于 $KMnO_4$ 在强酸性溶液中有更强的氧化能力,同时生成无色的 Mn^{2+},便于滴定终点的观察,因此一般都在强酸性条件下使用。但在强碱性条件下 $KMnO_4$ 氧化有机物的反应速率,比在酸性条件下更快,所以用高锰酸钾测定有机物时,大都在碱性溶液中进行。

在使用 $KMnO_4$ 法时,根据被测组分的性质,选择不同的酸度条件和不同的滴定方法。

(1)直接滴定法

直接滴定法主要应用于测定还原性较强的物质,如 Fe^{2+}、$Sb(II)$、$As(III)$、H_2O_2、$C_2O_4^{2-}$、NO_2^-、W^{5+}、U^{4+} 等都可用 $KMnO_4$ 标准溶液直接滴定。

(2)返滴定法

某些氧化性物质不能用 $KMnO_4$ 溶液直接滴定,但可用返滴定法测定。例如,MnO_2 等,可在 H_2SO_4 溶液中加入一定量过量的 $Na_2C_2O_4$ 标准溶液,待 MnO_2 与 $Na_2C_2O_4$ 反应完全后,再用 $KMnO_4$ 标准溶液滴定剩余的 $Na_2C_2O_4$。

(3)间接滴定法

某些非氧化还原性物质,如 Ca^{2+},可向其中加入一定量过量的 $Na_2C_2O_4$ 标准溶液,使 Ca^{2+} 全部沉淀为 CaC_2O_4,沉淀经过滤洗涤后,再用稀 H_2SO_4 溶解,最后用 $KMnO_4$ 标准溶液滴定沉淀溶解释放出的 $C_2O_4^{2-}$,从而求出 Ca^{2+} 的含量。

$$5H_2C_2O_4 + 2KMnO_4 + 3H_2SO_4 \Longrightarrow 2MnSO_4 + K_2SO_4 + 10CO_2\uparrow + 8H_2O$$
$$Ca^{2+} + C_2O_4^{2-} \Longrightarrow CaC_2O_4\downarrow$$
$$CaC_2O_4 + H_2SO_4 \Longrightarrow CaSO_4 + H_2C_2O_4$$

并且,某些有机物,如:甲醇、甲醛、甲酸、甘油、乙醇酸、酒石酸、柠檬酸、水杨酸、葡萄糖、苯酚等,亦可用间接法测定。测定时,在强碱性溶液中进行。反应如下:

$$6MnO_4^- + CH_3OH + 8OH^- \Longrightarrow CO_3^{2-} + 6MnO_4^{2-} + 6H_2O$$
$$H_2COHCHOHCH_2OH + 6MnO_4^- + 20OH^- \Longrightarrow 3CO_3^{2-} + 14MnO_4^{2-} + 14H_2O$$

以甲醇、甘油等测定为例,先向试样中加入一定量过量的 $KMnO_4$ 标准溶液,待反应完全后,将溶液酸化,用还原性 $FeSO_4$ 标准溶液滴定溶液中所有的高价锰离子为 Mn^{2+},计算出消耗还原性 $FeSO_4$ 标准溶液的物质的量;用同样的方法,测定出反应前一定量碱性 $KMnO_4$ 标准溶液相当于还原性 $FeSO_4$ 标准溶液的物质的量。根据两次消耗还原性 $FeSO_4$ 标准溶液物质的量之差,即可求出试样中甲醇、甘油等物质的含量。

2. 高锰酸钾标准溶液的配制和标定

(1)高锰酸钾标准溶液的配制

由于市售的 $KMnO_4$ 试剂中常含有少量的 MnO_2 和其他杂质,纯化水中也常含有微量的还原性物质,也与 $KMnO_4$ 发生缓慢反应,使高锰酸钾滴定液的浓度在配制初期有很大的变化。此外,热、光、酸碱均能使 $KMnO_4$ 分解。因此,一般不用直接法配制滴定液,而是先配制成近似浓度的溶液,再进行标定。

一般采用间接配置法。先配成近似需要的浓度,然后再进行标定。为了配制较稳定的 $KMnO_4$ 溶液,常采取以下措施。

①称取稍多于理论量的 $KMnO_4$,溶于一定体积的蒸馏水中。

②将配好的 $KMnO_4$ 溶液加热至沸,并保持微沸约 1 小时,然后放置 2~3 天。

③用垂熔玻璃漏斗过滤,去除沉淀。

④过滤后的 $KMnO_4$ 溶液贮存在棕色瓶中,置阴凉干燥处存放,待标定。

(2)高锰酸钾标准溶液的标定

常见的用于标定 $KMnO_4$ 溶液的基准物质有 $Na_2C_2O_4$、$H_2C_2O_4 \cdot 2H_2O$、As_2O_3、$Fe(NH_4)_2(SO_4)_2 \cdot 6H_2O$、纯铁丝等。因 $Na_2C_2O_4$ 易于提纯、性质稳定,故最为常用。$KMnO_4$ 与 $Na_2C_2O_4$ 在酸性溶液中的反应方程式为

$$2MnO_4^- + 5C_2O_4^{2-} + 16H^+ = 2Mn^{2+} + 10CO_2\uparrow + 8H_2O$$

标定时需控制下列滴定条件。

①温度。该反应在室温下速率缓慢,故需加热至 75~85°C,且滴定过程中应保持溶液温度不低于 60°C。温度也不宜过高,若高于 90°C,会有部分 $H_2C_2O_4$ 分解。

$$H_2C_2O_4 = CO_2\uparrow + CO\uparrow + H_2O$$

②酸度。酸度过低,$KMnO_4$ 易分解为 MnO_2;酸度过高则会促使 $H_2C_2O_4$ 分解。一般开始滴定时的酸度控制在 $0.5~1.0mol \cdot L^{-1}$,滴定结束时为 $0.2~0.5mol \cdot L^{-1}$。

③滴定速度。该反应的初始速率较慢,但一经反应生成 Mn^{2+} 后,Mn^{2+} 可对该反应起催化作用,使反应速率加快。故刚开始滴定时,速度不宜太快,需待紫红色褪去后再继续滴定;也可在滴定前加入少量 Mn^{2+} 作为催化剂,加快初始阶段的反应速率。

3. 高锰酸钾法在环境分析中的应用——高锰酸盐指数的测定

高锰酸盐指数是反映水体被还原性物质污染的重要指标。还原性物质包括有机物、亚硝酸盐、亚铁盐和硫化物等,但多数水受有机物污染极为普遍,因此,高锰酸盐指数可作为有机物污染程度的指标,目前是水环境监测分析的主要项目之一。

高锰酸盐指数是指在一定条件下,以高锰酸钾为氧化剂处理水样时所消耗的氧化剂的量,以氧的 mg/L 表示。国际标准化组织(ISO)建议高锰酸钾法仅限于测定地表水、饮用水和生活污水。

测定方法采用酸性法：水样（100mL）加入 H_2SO_4 使呈酸性后，加入一定量的 $KMnO_4$（10mL），并在沸水浴中加热反应一定时间（30min），剩余的 $KMnO_4$ 用 $Na_2C_2O_4$ 标液（10mL）还原，再用 $KMnO_4$ 标液回滴过量的 $Na_2C_2O_4$，通过计算求出高锰酸盐指数。

当高锰酸盐指数值＞5mg/L 时，水样应稀释后测定。当 Cl^-＞300mg/L 时，应采用碱性法，因为在碱性条件下 $KMnO_4$ 的氧化能力比酸性时稍弱。

4.4.2　碘量法

1. 碘量法滴定原理

碘量法是以 I_2 作为氧化剂或以 I^- 作还原剂的氧化还原滴定法，其主要原理是：由于碘在水中的溶解度很小，室温下仅约为 $0.00133mol \cdot L^{-1}$。在配制碘溶液时，常将固体碘溶于碘化钾溶液中，此时 I_2 与 I^- 结合成 I_3^-，从而增大了溶解度。碘量法中，I_3^-/I^- 的半反应为

$$I_3^- + 2e^- \Longrightarrow 3I^- \qquad \varphi_{I_3^-/I^-}^{\ominus} = 0.535V$$

为了方便，通常可以将 I_3^- 简写为 I_2。

由上可知，I_2 是一种较弱的氧化剂，只能氧化具有较强还原性的物质；而 I^- 是一种中等强度的还原剂，能够还原许多具有氧化性的物质。直接碘量法和间接碘量法的应用使碘量法成为应用广泛的重要的氧化还原滴定法之一。

（1）直接碘量法

直接碘量法也称碘滴定法，是用 I_2 标准溶液直接滴定还原性物质的滴定分析法。该方法可用于测定电极电位比 $\varphi^{\ominus}(I_2/I^-)$ 低的还原性较强的物质，例如，硫化物、硫代硫酸盐、亚硫酸盐、亚砷酸盐及含有烯二醇基的物质等。

例如

$$I_2 + SO_2 + 2H_2O = 2I^- + SO_4^{2-} + 4H^+$$

因此，可用 I_2 标准溶液直接滴定这类还原性物质，但是，直接碘量法不能在碱性溶液中进行，当溶液的 pH＞8 时，部分 I_2 要发生歧化反应：

$$3I_2 + 6OH^- = IO_3^- + 5I^- + 3H_2O$$

这一反应会带来测定误差。在酸性溶液中也只有还原能力强而不受 H^+ 浓度影响的物质才能发生定量反应，又因为碘的标准电极电位不高，所以直接碘量法不如间接碘量法应用广泛。

（2）间接碘量法

间接碘量法也称滴定碘法，电极电位比碘电对的电极电位高的氧化性物质，可在一定的条件下，用 I^- 还原，定量置换出 I_2，然后用 $Na_2S_2O_3$ 标准溶液滴定置换出 I_2，这就是间接碘量法。这种方法的滴定反应方程式为：

$$I_2 + 2S_2O_3^{2-} = 2I^- + S_4O_6^{2-}$$

用 $Na_2S_2O_3$ 滴定 I_2 的反应要求在中性或弱酸性溶液中进行。在碱性溶液中，有以下副反应发生：

$$4I_2 + S_2O_3^{2-} + 10OH^- = 8I^- + 2SO_4^{2-} + 5H_2O$$

强酸性溶液中，$Na_2S_2O_3$ 被酸分解，反应方程式如下：

$$S_2O_3^{2-} + 2H^+ = S\downarrow + SO_2\uparrow + H_2O$$

间接碘量法广为推广和应用,可用于测定 $KMnO_4$、$K_2Cr_2O_7$、$CuSO_4$、KIO_3、H_2O_2 和漂白粉等氧化性物质,也常用于测定葡萄糖、甲醛、焦亚硫酸钠、硫脲等还原性物质。

为了得到准确的结果,在使用碘量法时,需要注意以下两点。

(1)控制溶液的酸度

直接碘量法不能在碱性溶液中进行;间接碘量法应在中性或弱酸性溶液中进行。

(2)防止 I_2 的挥发和 I^- 被空气中的 O_2 氧化

使用碘量瓶,在滴定前密塞、封水,既可防止 I_2 挥发,又可避免空气中的 O_2 对 I^- 的氧化。为了减少 I_2 的挥发,直接碘量法中,用 KI 溶液溶解 I_2 配制碘标准溶液;间接碘量法中也常加入过量的 KI。此外,反应温度不宜高,也不要剧烈摇动溶液。为防止 I^- 的氧化,溶液酸度不能太高,酸度越高,I^- 被 O_2 氧化的反应速率就越大;还应注意消除对 O_2 氧化 I^- 的反应有催化作用的因素,包括避免光线的直接照射以及除去 Cu^{2+}、NO_2^- 等离子。

2. 标准溶液的配置和标定

(1)I_2 溶液的配置和标定

对于用升华法制得的纯 I_2,可用直接法配制 I_2 的标准溶液。但因为 I_2 有挥发性,要获取准确称量有困难,所以一般是用市售的 I_2 与过量 KI 共置于研钵中,加少量水研磨,使 I_2 全部溶解,然后将溶液稀释至一定体积,置棕色玻璃瓶中于暗处保存,要避免 I_2 溶液与橡皮等有机物接触,并防止见光受热。

标定 I_2 溶液的浓度时,可用已知准确浓度的 $Na_2S_2O_3$ 标准溶液比较滴定求得,也可借用基准物 AsO_3(砒霜,剧毒物)来标定。

其中 AsO_3 难溶于水,易溶于碱性溶液中,生成亚砷酸盐:

$$As_2O_3 + 6OH^- = 2AsO_3^{3-} + 3H_2O$$

并且在 pH=8~9 的溶液中标定,其标定反应:

$$AsO_3^{3-} + I_2 + H_2O = AsO_4^{3-} + 2I^- + 2H^+$$

通过 $NaHCO_3$ 来保持溶液的 pH 范围。

(2)$Na_2S_2O_3$ 标准溶液的配制和标定

市售的硫代硫酸钠($Na_2S_2O_3 \cdot 5H_2O$)一般含有少量 S、Na_2SO_3、Na_2CO_3 和 NaCl 等杂质,易风化,潮解,不能直接配制标准溶液,且配好的 $Na_2S_2O_3$ 溶液也不稳定,易分解,这主要是由于:

①空气的氧化作用:

$$Na_2S_2O_3 + O_2 = 2NaSO_4 + 2S\downarrow$$

②水中的 CO_2 促进 $Na_2S_2O_3$ 的分解:

$$Na_2S_2O_3 + H_2CO_3 = NaHCO_3 + NaHSO_3 + S\downarrow$$

③细菌的作用,该作用是 $Na_2S_2O_3$ 分解的主要原因:

$$Na_2S_2O_3 = Na_2SO_3 + S\downarrow$$

另外,如,Cu^{2+} 或 Fe^{3+} 等这些水中微量的离子,也能够加速 $Na_2S_2O_3$ 的分解。

综合以上各种原因,在配制 $Na_2S_2O_3$ 溶液时,①需要用新煮沸并冷却了的蒸馏水(除去

CO_2，杀死细菌）；②加入少量 Na_2CO_3 使溶液呈微碱性，以抑制微生物的再生长，防止 $Na_2S_2O_3$ 的分解；③配制好的 $Na_2S_2O_3$ 溶液储于棕色瓶中，放置暗处，约一周后进行标定。长时间保存的 $Na_2S_2O_3$ 标准溶液应定期加以标定。如发现溶液变浑浊或有硫析出，应过滤后再标定其浓度，或者另配溶液。

常见的标定 $Na_2S_2O_3$ 溶液的基准物质有很多，例如，Cu^2、$KBrO_3$、KIO_3、$K_2Cr_2O_7$ 等。它们都能与 KI 反应析出 I_2，各个反应如下：

$$BrO_3^- + 6I^- + 6H^+ = 3I_2 + Br^- + 3H_2O$$

$$Cr_2O_7^{2-} + 6I^- + 14H^+ = 2Cr^{3+} + 3I_2 + 7H_2O$$

$$IO_3^- + 5I^- + 6H^+ = 3I_2 + 3H_2O$$

$$2Cu^{2+} + 4I^- = I_2 + 2CuI \downarrow$$

析出的 I_2 用待标定的 $Na_2S_2O_3$ 溶液滴定：

$$I_2 + 2S_2O_3^{2-} = 2I^- + S_4O_6^{2-}$$

若使用 $K_2Cr_2O_7$ 标定 $Na_2S_2O_3$ 溶液时，需要注意以下几点：

①速率。$K_2Cr_2O_7$ 与 KI 的反应较慢，应将溶液放置暗处 5min，待反应完全后，以 $Na_2S_2O_3$ 溶液滴定。

②酸度。$K_2Cr_2O_7$ 与 KI 反应的适宜酸度一般为 $0.2\sim0.4mol \cdot L^{-1}$。如果酸度太大，$I^-$ 易被空气中的 O_2 氧化；酸度过低，则 $Cr_2O_7^{2-}$ 与 I^- 反应较慢。

③稀释。用 $Na_2S_2O_3$ 滴定前，应将溶液稀释，这样既能降低酸度防止 I^- 被空气氧化，又能使 $Na_2S_2O_3$ 分解作用减小，且使 Cr^{3+} 的绿色变浅，便于观察滴定终点。

如果滴定至溶液从蓝色转变为无色后，又很快出现蓝色，这表明 $K_2Cr_2O_7$ 与 KI 的反应不完全，应重新标定；若经过 5min 后变蓝，此为空气氧化 I^- 所致，不影响标定结果。

3. 碘量法在环境分析中的应用——水中溶解氧的测定

溶解于水中的氧称为溶解氧，常以 DO 表示。水中溶解氧的含量与大气压力、水的温度有密切关系，大气压力减小，溶解氧含量也减小。温度升高，溶解氧含量将显著下降。溶解氧的含量用 1L 水中溶解的氧气量（O_2，mg/L）表示。

水体中溶解氧含量的多少，反映水体受到污染的程度。清洁的地表水在正常情况下，所含溶解氧接近饱和状态。如果水中含有藻类，由于光合作用而放出氧，就可能使水中含过饱和的溶解氧。但当水体受到污染时，由于氧化污染物质需要消耗氧，水中所含的溶解氧就会减少。因此，溶解氧的测定是衡量水污染的一个重要指标。

清洁的水样一般采用碘量法测定溶解氧。若水样有色或含有氧化性或还原性物质、藻类、悬浮物时将干扰测定，则需采用叠氮化钠修正的碘量法或膜电极法等其他方法测定。

碘量法测定溶解氧的原理是：往水样中加入硫酸锰和碱性碘化钾溶液，使生成氢氧化亚锰沉淀。氢氧化亚锰性质极不稳定，迅速与水中溶解氧化合生成棕色锰酸锰沉淀。

$$MnSO_4 + 2NaOH \rightarrow Mn(OH)_2 \downarrow + Na_2SO_4$$

白色沉淀

$$2Mn(OH)_2 + O_2 \rightarrow 2H_2MnO_3 \downarrow$$

棕色沉淀

$$Mn(OH)_2 + H_2MnO_3 \rightarrow MnMnO_3 \downarrow + 2H_2O$$
$$棕色沉淀$$

加入硫酸酸化,使已经化合的溶解氧与溶液中所加入的 I^- 起氧化还原反应,析出与溶解氧相当量的 I_2。溶解氧越多,析出的碘也越多,溶液的颜色也就越深。

$$MnMnO_3 + 3H_2SO_4 + 2KI \rightarrow 2MnSO_4 + K_2SO_4 + I_2 + 3H_2O$$

最后取出一定量反应完毕的水样,以淀粉为指示剂,用 $Na_2S_2O_3$ 标准溶液滴定至终点。滴定反应为

$$2Na_2S_2O_3 + I_2 \rightarrow Na_2S_4O_6 + 2NaI$$

测定结果按下式计算。

$$DO = \frac{(V_0 - V_1) \times c(Na_2S_2O_3) \times 8.000 \times 1000}{V_水}$$

式中,DO 为水中溶解氧,mg/L;V_1 为滴定水样时消耗硫代硫酸钠标准溶液体积,mL;$V_水$ 为水样体积,mL;$c(Na_2S_2O_3)$ 为硫代硫酸钠标准溶液浓度,mol/L;8.000 为氧 $\left(\frac{1}{2}O\right)$ 摩尔质量,g/mol。

4.4.3 重铬酸钾法

1. 重铬酸钾法滴定原理

重铬酸钾法是以重铬酸钾为标准溶液的氧化还原滴定法。$K_2Cr_2O_7$ 是一种常用的强氧化剂,在酸性介质中与还原性物质作用时,本身被还原为 Cr^{3+}:

$$K_2Cr_2O_7 + 14H^+ + 6e = 2Cr^{3+} + 7H_2O \qquad \varphi^\ominus = 1.33V$$

虽然 $K_2Cr_2O_7$ 的氧化能力比 $KMnO_4$ 稍弱,又只能在酸性条件下测定,应用范围比 $KMnO_4$ 法稍窄,但与 $KMnO_4$ 法相比,$K_2Cr_2O_7$ 具有以下优点。

① $K_2Cr_2O_7$ 易提纯,性质稳定,经 $140℃\sim250℃$ 干燥后可直接配制标准溶液。

② $K_2Cr_2O_7$ 标准溶液非常稳定,只要保持在密闭的容器中,其浓度保持不变,可长期储存。

③ $K_2Cr_2O_7$ 的氧化能力较 $KMnO_4$ 弱,在 $1mol \cdot L^{-1}$ HCl 溶液中 $\varphi^{\ominus\prime} = 1.00V$,室温下不会与 Cl^- 作用($\varphi^\ominus\left(\frac{Cl_2}{Cl^-}\right) = 1.36V$),故可在盐酸介质中进行滴定,并且受其他还原性物质的干扰较 $KMnO_4$ 少。

虽然 $K_2Cr_2O_7$ 本身显橙色,但其还原产物 Cr^{3+} 显绿色,常导致终点时难以辨别稍过量的 $K_2Cr_2O_7$ 的橙色,故不宜用做自身指示剂。故重铬酸钾法常用二苯胺磺酸钠作指示剂。

2. 重铬酸钾法在环境分析中的应用

(1)铁矿石中全铁的测定

反应方程式为

$$Fe_2O_3 + 6H^+ = 2Fe^{3+} + 3H_2O$$
$$2Fe^{3+} + Sn^{2+}(过量) = 2Fe^{2+} + Sn^+$$
$$Cr_2O_7^{2-} + 6Fe^{2+} + 14H^+ = 2Cr^{3+} + 6Fe^{3+} + 7H_2O$$

铁矿石样品用热的浓 HCl 溶解,加入还原剂 $SnCl_2$ 将 Fe^{3+} 还原为 Fe^{2+},过量的 $SnCl_2$ 用

$HgCl_2$ 氧化。近年来,为了保护环境,提倡用无汞法测铁,则预处理步骤改为用 $SnCl_2$ 将大部分 Fe^{3+} 还原,再用 $TiCl_3$ 还原剩余的 Fe^{3+}(与高锰酸钾法测铁的含量类似)。然后,在 $1\sim 2mol\cdot L^{-1}$ 的 H_2SO_4 和 H_3PO_4 混合酸介质中,以二苯胺磺酸钠为指示剂,用 $K_2Cr_2O_7$ 标准溶液滴定 Fe^{2+},溶液由浅绿色变为紫色或蓝紫色即为终点。试液中加入 H_2SO_4 用于调节酸度,这里加 H_3PO_4 主要是使 Fe^{3+} 生成无色稳定的 $[Fe(HPO_4)_2]^-$ 配离子,一来可以消除 Fe^{3+} 的黄色,有利于终点的观察;另一方面,可以降低 Fe^{3+}/Fe^{2+} 电对的条件电位,从而增大滴定突跃范围,使得二苯胺磺酸钠指示剂变色的电位范围较好地落在滴定的电位突跃内,减小滴定误差。

(2)化学需氧量(COD_{cr})的测定

高锰酸盐指数只适用于较为清洁水样的测定。若需要测定污染严重的生活污水和工业废水,则需要用重铬酸钾法测定化学需氧量。化学需氧量(COD_{cr})是指水样在一定条件下,用重铬酸钾处理 1L 水样消耗氧化剂的量,以氧的 mg/L 表示。COD_{cr} 反映了水中受还原性物质污染的程度。水中还原性物质包括有机物和亚硝酸盐、硫化物、亚铁盐等无机物。该指标也作为有机物相对含量的综合指标之一。

重铬酸钾法测定原理是,水样中加入一定量的重铬酸钾标准溶液,在强酸性(H_2SO_4)条件下,以 Ag_2SO_4 为催化剂,加热回流 2h,使重铬酸钾与有机物和还原性物质充分作用。过量的重铬酸钾以试亚铁灵为指示剂,用硫酸亚铁铵标准滴定溶液返滴定,终点为黄→蓝绿→红褐。其滴定反应为

$$Cr_2O_7^{2-}+6Fe^{2+}+14H^+=2Cr^{3+}+6Fe^{3+}+7H_2O$$

由所消耗的硫酸亚铁铵标准滴定溶液的量及加入水样中的重铬酸钾标准溶液的量,便可以按式

$$COD_{Cr}=\frac{(V_0-V_1)\times c(Fe^{2+})\times 8.000\times 1000}{V}$$

计算出水样中还原性物质消耗氧的量。式中,V_0 为滴定空白时消耗硫酸亚铁铵标准溶液体积,mL;V_1 为滴定水样时消耗硫酸亚铁铵标准溶液体积,mL;V 为水样体积,mL;$c(Fe^{2+})$ 为硫酸亚铁铵标准溶液浓度,mol/L;8.000 为氧 $\left(\dfrac{1}{2}O\right)$ 摩尔质量,g/mol。

水样中的少量 Cl^- 在测定条件下会被重铬酸钾氧化,可在水样中先加入少量固体 $HgSO_4$ 形成 $[HgCl_4]^{2-}$ 配合物,使其还原电位发生变化,从而消除对测定结果的影响。当 Cl^- 浓度超过 2000mg/L 时,必须进行 Cl^- 的校正。

(3)土壤中有机质的测定

土壤中有机质含量的高低,是判断土壤肥力的重要指标。土壤中的有机质的含量,是通过测定土壤中碳的含量而换算的,即在浓 H_2SO_4 的存在下,加 $K_2Cr_2O_7$ 溶液,并在一定温度下(170℃~180℃)使土壤里的碳被 $K_2Cr_2O_7$ 氧化成 CO_2,其反应如下。

$$Cr_2O_7^{2-}+8H^++CH_3OH\longrightarrow 2Cr^{3+}+CO_2\uparrow+6H_2O$$

剩余的 $K_2Cr_2O_7$ 以邻苯氨基苯甲酸作为指示剂,再用还原剂 $(NH_4)_2Fe(SO_4)_2$ 滴定。

第5章 滴定分析法之沉淀滴定法

5.1 概述

沉淀滴定法是以沉淀反应为基础的一类滴定分析方法。虽然能形成沉淀的反应很多，但符合滴定分析要求，适用于沉淀滴定法的沉淀反应并不多。目前实际应用最多的是生成难溶银盐的反应。

5.1.1 沉淀滴定法基础

沉淀滴定法以沉淀反应为基础，在众多的能生成沉淀的反应中，真正能够适用于沉淀滴定分析的非常少，这主要是由于很多反应生成沉淀的组成不恒定，或溶解度较大，或容易形成过饱和溶液，或达到平衡的速度慢，或共沉淀现象严重等。通常能够用于沉淀滴定的反应必须满足以下几点要求。

①生成沉淀的溶解度必须很小（通常是 $\leqslant 10^{-6}\,g/mL$），才能获得敏锐的终点和准确的结果。

②沉淀的吸附作用不影响滴定结果及终点判断。

③沉淀反应必须迅速、定量地进行，并且要求具有确定的计量关系。

④可以用指示剂或其他适当的方法指示滴定终点的到达。

正是由于上述限制条件，能用于沉淀滴定法的沉淀反应就不多。现在运用较多的主要是生成难溶性银盐的反应，对应的沉淀滴定法就是银量法。

银量法根据确定终点所用的指示剂不同，可分为三种，铬酸钾指示剂法、铁铵矾指示剂法和吸附指示剂法，三种方法也分别以创立者的姓名予以命名，亦分别称为，莫尔法、福尔哈德法、法扬斯法。

银量法是利用 Ag^+ 与卤素离子的反应来测定 Cl^-、Br^-、I^-、SCN^- 和 Ag^+。即以 $AgNO_3$ 为标准溶液滴定样品中能与 Ag^+ 生成沉淀的物质或以能与 Ag^+ 形成沉淀的物质为标准溶液滴定样品中的 Ag^+。其反应通式为

$$Ag^+ + X^- = AgX\downarrow\ (X=Cl^-、Br^-、I^-、SCN^- 及 CN^- 等)$$

例如，Ag^+ 离子与 Cl^- 离子或 SCN^- 离子的反应：

$$Ag^+ + Cl^- = AgCl\downarrow$$

$$Ag^+ + SCN^- = AgSCN\downarrow$$

除了上述银量法外，在沉淀滴定法中，还有一些其他沉淀反应，例如，某些汞盐（HgS）、铅盐（PbSO₄）、钡盐（BaSO₄）、锌盐（K₂Zn[Fe(CN)₄]₂）、钍盐（ThF₄）和某些有机沉淀剂参加的反应，也可用于沉淀滴定法：

$$Ba^{2+} + SO_4^{2-} = BaSO_4\downarrow$$

$$Pb^{2+} + SO_4^{2-} = PbSO_4 \downarrow$$

$$Hg^{2+} + S^{2-} = HgS \downarrow$$

$$2K_4[Fe(CN)_6] + 3ZnCl_2 = K_2Zn_3[Fe(CN)_6]_2 \downarrow + 6KCl$$

$$NaB(C_6H_5)_4 + K^+ = KB(C_6H_5)_4 \downarrow + Na^+$$

但以上各种沉淀滴定法在实际应用中都不如银量法广泛。

5.1.2 沉淀滴定法滴定曲线

沉淀滴定法在滴定过程中,溶液中离子浓度变化的情况相似于其他滴定法,可用滴定曲线表示。若以 $AgNO_3$ 溶液滴定 $NaCl$ 溶液,可按下式计算滴定过程中 Ag^+ 离子浓度的变化,

$$[Ag^+] = \frac{1}{2} \{ (C_{Ag^+} - C_{Cl^-}) + [(C_{Ag^+} - C_{Cl^-})^2 + 4K_{sp,AgCl}]^{\frac{1}{2}} \}$$

上式中,C_{Ag^+} 与 C_{Cl^-} 分别为滴定过程中的 Ag^+ 和 Cl^- 离子的浓度。以加入的滴定剂的体积或百分含量为横坐标,分别以 pAg、pCl 为纵坐标作图可得到两条 S 形的滴定曲线,具体如图 5-1 所示。

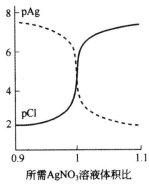

图 5-1 $AgNO_3$ 溶液滴定 $NaCl$ 溶液曲线图

从滴定曲线可知:

①pAg 与 pCl 两条曲线以化学计量点对称。这表示随着滴定的进行,溶液中 Ag^+ 离子浓度增加,而 Cl^- 离子浓度以相同比例减少;化学计量点时,两种离子浓度相等,因此,两条曲线的交点即是化学计量点(化学计量点时的 $pAg = -\frac{1}{2}\lg K_{sp,AgCl}$)。

②滴定开始时,溶液中离子浓度较大,滴入 Ag^+ 所引起的 Cl^- 浓度改变不大,曲线比较平坦;接近化学计量点时,溶液中 Cl^- 浓度已经很小,再滴入少量 Ag^+ 即可使浓度产生很大变化而产生突跃。

③突跃范围的大小取决于沉淀的溶度积常数与溶液的浓度。溶度积常数越小,突跃范围越大;溶液的浓度越小,突跃范围越小。

当溶液中同时存在 Cl^-、Br^-、I^- 三种离子时,由于它们的银盐溶度积常数相差较大($K_{sp,AgCl} = 1.56 \times 10^{-10}$,$K_{sp,AgBr} = 5.0 \times 10^{-13}$,$K_{sp,AgI} = 1.5 \times 10^{-16}$),若浓度差别不大时,则可通过溶液连续滴定,测出三者各自含量。并且最先沉淀的是溶度积常数最小的 AgI,然后依次是 $AgBr$、$AgCl$。反映在滴定曲线上就会出现三个突跃。

图 5-2 表示相应的理论滴定曲线,和个别卤化物纯溶液滴定曲线的形状。图中,虚线表示溶液中单独含有碘化物和溴化物时的理论滴定曲线。碘化物和溴化物的终点,由滴定曲线上的两次突跃表示,突跃的位置比此二卤化物单独滴定时的计量点要高。这个滴定平衡受三个溶度积的支配,所以即使在共沉淀可忽略不计的情况下,在前一种卤化物尚未完全沉淀之前,后一种卤化银的沉淀就已开始出现。而且由于卤化银沉淀的吸附和生成混晶的作用,也常常会引起误差。因此,实际的滴定结果并不理想。

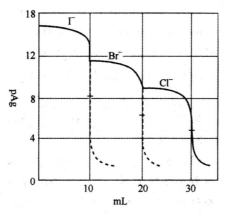

图 5-2 $AgNO_3$ 溶液(0.1000mol/L)连续滴定 Cl^-、Br^-、I^-(0.1000mol/L)等体积混合液的滴定曲线

5.2 银量法确定终点的方法

5.2.1 莫尔法

1. 莫尔法基本原理

以铬酸钾为指示剂的银量法称为铬酸钾指示剂法。主要用于以 $AgNO_3$ 为标准溶液,直接测定氯化物或溴化物的滴定方法。在这个滴定中,产生白色或浅黄色的卤化银沉淀;在加入第一滴过量的 $AgNO_3$ 溶液时,即产生砖红色的 Ag_2CrO_4 沉淀指示终点的到达。莫尔法依据的是 $AgCl$(或 $AgBr$)与 Ag_2CrO_4 溶解度和颜色有显著差异。

滴定反应为:

$$Ag^+ + Cl^- \rightarrow AgCl\downarrow（白色）$$

指示终点反应为:

$$2Ag^+ + CrO_4^{2-} \rightarrow Ag_2CrO_4\downarrow（砖红色）$$

其中,

$$K_{sp}(AgCl) = 1.8 \times 10^{-10}$$
$$K_{sp}(Ag_2CrO_4) = 2.0 \times 10^{-12}$$

因为 $AgCl$ 和 Ag_2CrO_4 不是同一类型的沉淀,所以不能用溶度积直接进行比较和计算,需要用它们的溶解度进行讨论。

设 $AgCl$ 的溶解度为 x,则沉淀平衡中 $[Ag^+] = [Cl^-] = x$,代入溶度积:

$$K_{sp}^{\theta}(AgCl) = [Ag^+][Cl^-] = 1.56 \times 10^{-10}$$
$$x^2 = 1.56 \times 10^{-10}$$
$$x = \sqrt{1.56 \times 10^{-10}} = 1.25 \times 10^{-10} \, mol/L$$

因此，AgCl 的溶解度为 $1.25 \times 10^{-5} \, mol/L$。

设 Ag_2CrO_4 的溶解度为 y，则 $[Ag^+] = [CrO_4^{2-}] = 2y$，代入溶度积：

$$[Ag^+]^2[CrO_4^{2-}] = K_{sp}^{\theta}(Ag_2CrO_4) = 2.0 \times 10^{-12}$$
$$y^3 = 0.5 \times 10^{-12}$$
$$y = \sqrt[3]{0.5 \times 10^{-12}} = 7.94 \times 10^{-5} \, mol/L$$

因此，Ag_2CrO_4 的溶解度为 $7.94 \times 10^{-5} \, mol/L$。

根据分步沉淀的原理，在滴定过程中，随着 $AgNO_3$ 标准溶液的滴加，溶液中首先形成白色的 AgCl 沉淀，溶液中 Cl^- 浓度不断减小，当 Cl^- 浓度降到一定程度接近化学计量点时，即 Cl^- 近乎于完全沉淀时，稍过量的 $AgNO_3$ 与 CrO_4^{2-} 生成砖红色的 Ag_2CrO_4 沉淀，从而指示滴定终点的到达。

2. 滴定条件及应用范围

(1)指示剂用量

用 $AgNO_3$ 标准溶液滴定 Cl^-，指示剂 K_2CrO_4 的用量对于终点指示有较大的影响，CrO_4^{2-} 浓度过高，终点出现过早，且溶液颜色较深，对终点观察有影响；浓度过低，终点出现过迟，都会产生一定的终点误差。所以，要求 Ag_2CrO_4 沉淀应该正好在滴定反应的化学计量点时出现。

化学计量点时，c_{Ag^+} 为

$$c(Ag^+) = c(Cl^-) = \sqrt{K_{sp}^{\theta}(AgCl)} = \sqrt{1.8 \times 10^{-10}} = 1.34 \times 10^{-5} \, mol/L$$

此时要求正好析出铬酸银沉淀以指示终点，溶液中 $c_{CrO_4^{2-}}$ 为

$$c(CrO_4^{2-}) = \frac{K_{sp}^{\theta}(AgCrO_4)}{[c(Ag^+)]^2} = \frac{1.12 \times 10^{-12}}{(1.34 \times 10^{-5})^2} = 6.24 \times 10^{-3} \, mol/L$$

由上可知，化学计量点时，析出 Ag_2CrO_4 沉淀时，要求 $c(CrO_4^{2-})6.24 \times 10^{-3} \, mol/L$。但在实际工作中，如此大浓度的铬酸钾溶液颜色很深，会影响微量的砖红色 Ag_2CrO_4 沉淀的观察，影响终点的判断。为了能观察到明显的终点，指示剂的浓度要略低一些。实验证明，滴定溶液中 $c(K_2CrO_4) = 5 \times 10^{-3} \, mol/L$ 是确定滴定终点的适宜浓度。

并且，K_2CrO_4 浓度降低后，若要使 Ag_2CrO_4 析出沉淀，必须多加些 $AgNO_3$ 标准溶液，终点将在化学计量点后出现，但由此产生的终点误差一般都小于 0.1%，没有超出滴定分析的允许范围，不会影响分析结果的准确度。但是如果溶液较稀，如用 0.01000mol/L 的 $AgNO_3$ 标准溶液滴定 0.01000mol/L 的 Cl^- 溶液，滴定误差可达 0.6%，将会影响分析结果的准确度，这时便需要做指示剂空白实验进行校正。具体就是在不含 Cl^- 的同量的溶液中，加入同量的指示剂，滴入 $AgNO_3$ 呈现砖红色，记录其用量，即为指示剂空白值。在滴定 Cl^- 时，应该从 $AgNO_3$ 总量中减去空白值。

(2)溶液的酸碱度

莫尔法需要在中性或弱碱性(pH 为 6.5～10.5)溶液中进行。若溶液酸性较强，CrO_4^{2-} 会

转化为 $Cr_2O_7^{2-}$,即:

$$2H^+ + 2CrO_4^{2-} \rightleftharpoons 2HCrO_4^- \rightleftharpoons CrO_7^{2-} + H_2O$$

从而导致 CrO_4^{2-} 浓度减小,Ag_2CrO_4 沉淀出现过迟,甚至不出现沉淀。若溶液酸性太强,可用 $NaHCO_3$ 或 $Na_2B_4O_7 \cdot 10H_2O_4$ 进行中和。

如果溶液碱性较强,将出现 Ag_2O 沉淀,即:

$$2Ag^+ + 2OH^- = Ag_2O \downarrow (黑) + H_2O$$

析出的 Ag_2O 沉淀会影响分析结果。若溶液碱性太强,可用稀 HNO_3 溶液中和。滴定时不应含有氨,因为 NH_3 易使 Ag^+ 生成 $[Ag(NH_3)_2]^+$,而使 $AgCl$ 和 Ag_2CrO_4 溶解。溶液中有氨存在时,必须用酸中和成铵盐,滴定的 pH 应控制在 $6.5 \sim 7.2$。

(3)干扰因素

凡是能够和 Ag^+ 生成微溶性沉淀或络合物的阴离子,都干扰测定,常见的例如,CO_3^{2-}、$C_2O_4^{2-}$、SO_3^{2-}、AsO_4^{3-}、S^{2-} 和 PO_4^{3-} 等离子。凡是能够与 CrO_4^{2-} 生成沉淀的阳离子也都会干扰滴定,常见的例如 Ba^{2+}、Pb^{2+} 和 Hg^{2+} 等,其中 Ba^{2+} 的干扰可通过加入过量的 Na_2SO_4 消除;此外,Cu^{2+}、Fe^{3+}、Al^{3+}、Ni^{2+} 和 Co^{2+} 等有色离子以及一些在中性或碱性溶液中易发生水解的离子也会干扰滴定。

(4)沉淀吸附作用

通过莫尔法可直接滴定 Cl^- 或 Br^-,生成的卤化银沉淀将优先吸附溶液中的卤离子,使卤离子浓度下降,终点提前到达,因此,滴定时必须剧烈摇动。

但莫尔法不能测定 I^- 和 SCN^-,这是由于 AgI、$AgSCN$ 沉淀强烈吸附 I^- 或 SCN^-,即使剧烈摇动也不能解吸,导致终点过早出现,测定结果偏低。

莫尔法主要用于以 $AgNO_3$ 标准溶液直接滴定 Cl^-、Br^-、CN^-—,但不适用于滴定 I^- 和 SCN^-,也不适用于以 $NaCl$ 为标准溶液直接滴定 Ag^+。因为 Ag_2CrO_4 转化为 $AgCl$ 十分缓慢而使测定无法进行。

如用莫尔法测定 Ag^+,必须采用返滴定,即先加入一定过量的 $NaCl$ 标准溶液与其充分反应,然后加入指示剂,用 $AgNO_3$ 标准溶液返滴定。

例 5-1 某观赏植物不适宜在含过量 Cl^- 的土壤中生长,农业上盐土中 Cl^- 的测定可采用莫尔法。取经预处理后的土壤试液 20.00mL,加入 K_2CrO_4 指示剂,用 0.1023mol/L $AgNO_3$ 标准溶液滴定,用去 27.00ml,则每升溶液中含 $NaCl$ 多少克?已知 $M(NaCl) = 58.44g/mol$。

解: 由于

$$Ag^+ + Cl^- = AgCl$$

$$n(NaCl) = n(AgNO_3) = 0.1023 \times 27.00 \times 10^{-3} = 0.002762(mol)$$

$$n(Cl^-) = \frac{n(Cl^-)}{V} = \frac{0.002762}{20.00 \times 10^{-3}}$$

$$m(NaCl) = 0.1381 \times 58.44 = 8.07(g/L)$$

则可知每升溶液中含 $NaCl$ 8.07g。

5.2.2 福尔哈德法

1898 年德国科学家福尔哈德提出使用 NH_4SCN 作标准溶液,以铁铵矾 $[NH_4Fe(SO_4)_2 \cdot$

12H$_2$O]为指示剂的银量法,此后该方法以其名字命名。可以通过福尔哈德法测定有机卤化物中的卤素,该方法根据滴定方式的不同,可分为直接滴定法和返滴定法(也称剩余回滴法)两种。

1. 直接滴定法

酸性溶液中,以铁铵钒为指示剂,用 NH$_4$CN(或 KSCN)标准溶液直接滴定溶液中的 Ag$^+$,至溶液中呈现[Fe(SCN)]$^{2+}$ 的红色时表示终点到达。滴定反应为:

终点前:

$$Ag^+ + SCN^- \Longrightarrow AgSCN \downarrow (白色)$$

终点后:

$$Fe^{3+} + SCN^- \Longrightarrow Fe(SCN)^{2+} (红色)$$

为防止指示剂中的 Fe^{3+} 在中性或碱性介质中水解,生成 Fe(OH)$^{2+}$ 和 Fe(OH)$_2^+$ 等深色配合物,其至产生 Fe(OH)$_3$ 沉淀,而影响终点的确定,滴定反应必须在酸性(HNO$_3$)溶液中进行,溶液应控制 c_{H^+} 为 0.2~0.5mol/L。

由于 NH$_4$SCN 溶液滴定 Ag$^+$ 溶液时,生成的 AgSCN 沉淀能吸附溶液中的 Ag$^+$,Ag$^+$ 浓度降低,导致红色的出现略早于化学计量点。因此在滴定过程中需剧烈摇动,释放被吸附的 Ag$^+$。

直接滴定法的优点在于可用来直接测定 Ag$^+$,并可在酸性溶液中进行滴定。

2. 返滴定法

在运用福尔哈德法测定卤素离子(如 Cl$^-$、Br$^-$、I$^-$)和 SCN$^-$ 时应采用返滴定法。该方法是首先向试液中加入已知量且过量的 AgNO$_3$ 标准溶液,使卤离子或硫氰根离子定量生成银盐沉淀后,然后加入铁铵矾指示剂,用 NH$_4$SCN 标准溶液返滴定剩余的 AgNO$_3$,计量点时,稍微过量的 SCN$^-$ 与 Fe^{3+} 反应生成红色的[Fe(SCN)]$^{2+}$,便表示到达滴定终点。具体滴定反应如下:

终点前:

$$Ag^+ + X^- \Longrightarrow AgX \downarrow$$
$$(过量)$$
$$Ag^+ + SCN^- \Longrightarrow AgSCN \downarrow$$
$$(剩余量) \qquad (白色)$$

终点时:

$$Fe^{3+} + SCN^- \Longrightarrow Fe(SCN)^{2+} \downarrow$$
$$(红色)$$

用福尔哈德法测定 Cl$^-$,滴定到临近终点时,经摇动后形成的红色会褪去,这是由于 AgSCN 的溶解度(1.0×10^{-6} mol/L)小于 AgCl 的溶解度(1.2×10^{-5} mol/L),稍过量的 SCN$^-$ 与 AgCl 沉淀发生沉淀的转化:

由于转化反应使溶液中 SCN$^-$ 的浓度降低,使已生成的[Fe(SCN)]$^{2+}$ 配离子又分解,使红色褪去。根据平衡移动原理,溶液中存在下列关系时,沉淀转化才会停止:

$$\frac{[Cl^-]}{[SCN^-]} = \frac{K_{sp,AgCl}}{K_{sp,AgSCN}} = \frac{1.56 \times 10^{-10}}{1.0 \times 10^{-12}} = 156$$

$$AgCl \rightleftharpoons Ag^+ + Cl^-$$
$$+$$
$$Fe(SCN)^{2+} \rightleftharpoons SCN^- + Fe^{3+}$$
$$\Downarrow$$
$$AgSCN \downarrow$$

于是在计量点之时为了得到持久的红色,就必须继续滴入 NH_4SCN,直至 Cl^- 与 SCN^- 之间建立新的平衡关系为止。这样将引起很大的误差。为了避免上述现象的发生,可以采取下列措施。

①试液中加入一定过量的 $AgNO_3$ 标准溶液之后,将溶液煮沸,使 $AgCl$ 沉淀凝聚,以减少 $AgCl$ 沉淀对 Ag^+ 的吸附。滤去 $AgCl$ 沉淀,并用稀 HNO_3 充分洗涤沉淀,然后用 NH_4SCN 标准溶液滴定滤液中过量的 Ag^+。该方法需要过滤、洗涤等操作,手续较繁。

②在用 NH_4SCN 标准溶液回滴前,向待测 Cl^- 的溶液中加入 $1\sim2mL$ 的硝基苯(或邻苯二甲酸二丁酯、1,2-二氯乙烷)等有机溶剂,并充分振摇,使硝基苯等有机溶剂包裹于 $AgCl$ 的沉淀表面上,降低 $AgCl$ 沉淀与溶液中的 SCN^- 的接触,防止沉淀的转化。该法操作简便易行。但需要注意硝基苯有毒。

③提高 Fe^{3+} 的浓度以减小终点时 SCN^- 的浓度,从而减小上述误差。实验证明,一般溶液中 $c_{Fe^{3+}} = 0.2mol/L$ 时,终点误差将小于 0.1%。

用本法测定 Br^- 或 I^- 时,因为 $AgBr$ 和 AgI 的溶解度($8.8\times10^{-7}mol/L$ 和 $1.2\times10^{-6}mol/L$)都比 $AgSCN$ 的溶解度小,所以不存在沉淀转化问题。

3. 滴定条件及应用范围

(1)溶液的酸度

福尔哈德法滴定必须在酸性溶液(多为 HNO_3)中进行,溶液的 pH 值通常控制在 $0\sim1$ 之间。此时 Fe^{3+} 主要以 $Fe(H_2O)_6^{3+}$ 的形式存在,颜色较浅。如果酸度较低,则会造成 Fe^{3+} 水解,形成颜色较深的棕色的 $Fe(H_2O)_5OH^{2+}$ 或 $Fe(H_2O)_4OH_2^+$ 等物质,十分影响终点的观察。此外,在强酸性介质中进行滴定,许多弱酸根离子,例如,CO_3^{2-}、SO_3^{2-} 和 AsO_4^{3-} 等不能与 Ag^+ 生成沉淀,不干扰测定,这点优于莫尔法。

(2)指示剂用量

指示剂铁铵矾的用量能影响滴定终点,指示剂浓度越高,终点越提前;反之,终点越拖后。在化学计量点时,SCN^- 的浓度为

$$c(SCN^-) = c(Ag^+) = \sqrt{K_{sp,AgSCN}} = \sqrt{1.0\times10^{-12}} = 1.0\times10^{-6}mol/L$$

要求此时刚好生成 $FeSCN^{2+}$ 以确定终点。故此时 Fe^{3+} 的浓度应为:

$$c(Fe^{3+}) = \frac{[Fe(SCN)^{2+}]}{K_1[SCN^-]} \quad K_1 = 138$$

通常而言,$Fe(SCN)^{2+}$ 的浓度要达到 $6\times10^{-6}mol/L$ 左右,才能明显观察到 $Fe(SCN)^{2+}$ 的红色,所以

$$c(Fe^{3+}) = \frac{6\times10^{-6}}{138\times1.0\times10^{-6}} = 0.04(mol/L)$$

实际上这样高的 Fe^{3+} 浓度使溶液呈较深的橙黄色,影响终点的观察,故通常保持 Fe^{3+} 的浓度为 0.015mol/L,此时引起的终点误差实际上很小,可以忽略不计。

(3)测定碘化物注意事项

在测定碘化物时,应先加入准确过量的 $AgNO_3$ 标准溶液后,才能加入铁铵矾指示剂,否则 Fe^{3+} 可氧化 I^- 而使生成 I_2,造成误差,影响测定结果。其反应为:

$$Fe^{3+} + 2I^- \Longrightarrow Fe^{2+} + \frac{1}{2}I_2$$

福尔哈德法的选择性很高,适用的范围比莫尔法要广泛,不仅可以用来测定 Ag^+、Cl^-、Br^-、I^- 和 SCN^-,还可以用来测定 AsO_4^{3-} 和 PO_4^{3-},在农业上也常用此法测定有机氯农药,如六六六和滴滴涕等。

例 5-2　水果、蔬菜中氯化物含量测定,通常采用福尔哈德法。将待测样品中的氯化物用沸水提取,浓缩后冷却至室温,加入 0.1121mol/L 的 $AgNO_3$ 标准溶液 30.00mL。过量的 Ag^+ 用 0.1185mol/L 的 NH_4SCN 标准溶液滴定,用去 6.50mL,计算试样中氯的物质的量。

解:由于

$$Ag^+ + Cl^- = AgCl \downarrow (白色)$$
$$Ag^+(剩余) + SCN^- = AgSCN \downarrow (白色)$$

终点时

$$Fe^{3+} + SCN^- = [Fe(SCN)]^{2+} (白色)$$
$$n(Cl^-) = n(AgNO_3) - n(NH_4SCN)$$
$$= 0.1121 \times 30.00 \times 10^{-3} - 0.1185 \times 6.50 \times 10^{-3}$$
$$= 0.002593(mol)$$

5.2.3　法扬斯法

1923 年美国科学家法扬斯提出利用吸附指示剂指示滴定终点的银量法,该法被后人称为法扬斯法,亦称吸附指示剂法。通常可用法扬斯法测定一些有机药物(如氯烯雌醚、溴米那和碘解磷定等)中卤原子。

1. 法扬斯法基本原理

胶状沉淀(如 AgCl)具有强烈的吸附作用,能够选择性地吸附溶液中的离子,首先是构晶离子。如 Cl^- 在过量时沉淀优先吸附 Cl^- 离子,使胶粒带负电荷;在 Ag^+ 过量时,首先吸附 Ag^+ 离子,使胶粒带正电荷。

而吸附指示剂是一种有机染料,在溶液中能部分解离,其阴离子很容易被带正电的胶状沉淀所吸附。当阴离子被吸附在胶体微粒表面后,分子结构发生变形,引起吸附指示剂颜色变化,故可以指示滴定终点,由于这种指示剂在滴定过程中有吸附和解吸的过程,因此称为吸附指示剂。

吸附指示剂是在接近计量点时能够突然被吸附到沉淀表面层上的物质,在吸附时伴随有颜色(双色吸附指示剂)或荧光(荧光吸附指示剂)的明显变化。指示剂离子的突然吸附,是由在沉淀表面层上的电荷的改变而引起的。

可将吸附指示剂分为两类:一类是酸性染料,例如,荧光黄及其衍生物,这类物质是有机弱酸,解离出指示剂阴离子;另一类是碱性染料,常见的如甲基紫、罗丹明 6G 等,解离出指示剂阳离子。

例如,以荧光黄作指示剂,用 $AgNO_3$ 标准溶液滴定 Cl^-。

作为一种有机弱酸荧光黄在溶液中部分电离产生阴离子,易被带正电荷的胶态沉淀所吸附,通常用 HFIn 代表荧光黄,FIn^- 代表荧光黄阴离子。该溶液中存在如下离解平衡:

$$HFIn^{3+} \Longrightarrow FIn^- \text{(黄绿色)} + H^+$$

整个溶液呈黄绿色。

胶状 AgCl 沉淀能够选择性地吸附溶液中的离子。在理论终点前,溶液中的 Cl^- 过量,AgCl 胶粒选择吸附与其结构有关的 Cl^- 形成带负电荷的 $AgCl \cdot Cl^-$,荧光黄阴离子受排斥而不被吸附,溶液呈现 FIn^- 的黄绿色。理论终点后,AgCl 胶粒选择吸附 Ag^+,形成带正电荷的 $AgCl \cdot Ag^+$,它强烈吸附 FIn^-,使其结构发生改变而呈淡红色。滴定过程中溶液由黄绿色变为粉红色,指示滴定终点的到达。

		沉淀表面	被吸附离子
终点前,Cl^- 过量	$(AgCl)\ Ag^+ + FI^- \Longrightarrow$	$(AgCl)\ Cl^-$	M^+
终点时,Ag^+ 稍过量		$(AgCl)\ Ag^+$	FI^-
颜色变化	黄绿色	微红色	

一般来说,用于沉淀滴定的吸附指示剂的种类很多,包括用于银量法和其他滴定法常用的吸附指示剂,常用的几种如表 5-1 所示。但这些指示剂吸附能力不同,有很多不是在计量点附近变色,而是超前或拖后,造成较大的滴定误差,在实际应用中要严格控制试剂用量和操作步骤,进行空白试验以校正误差。因此,现在多用仪器分析法。

表 5-1 常用的吸附指示剂

指示剂名称	待测离子	滴定剂	适用的 pH 范围	颜色变化
荧光黄	Cl^-(Br^-、I^-、SCN^-)	Ag^+	7～10	黄绿→微红
二氯荧光黄	Cl^-(Br^-、I^-、SCN^-)	Ag^+	4～6	黄绿→红
曙红	Br^-(I^-、SCN^-)	Ag^+	2～10	橙色→紫红
甲基紫	SO_4^{2-}、Ag^+	Ba^{2+}	酸性溶液	黄→玫瑰红
二甲基二碘荧光黄	I^-	Ag^+	中性	橙红→蓝红

2. 滴定条件及应用范围

(1)溶液的酸度

由于吸附指示剂多为有机弱酸或弱碱,溶液的 pH 和指示剂的 K_a 将决定指示剂存在的形式和离子浓度。将溶液的 pH 应控制在最佳数值,应有利于指示剂离子的存在。即电离常数小的吸附指示剂,溶液的 pH 值就要偏高些;反之,电离常数大的吸附指示剂,溶液的 pH 要偏低些。

例如,荧光黄是有机弱酸($K_a = 10^{-7}$),当溶液的 pH<7 时,其离解会受到很大影响,致使阴离子浓度太低,终点颜色变化不明显,所以用荧光黄作指示剂滴定 Cl^- 时,要在中性或弱碱

性(pH7～10)的溶液中使用。

而荧光黄的卤代物则是较强酸,滴定可在 pH 较低的溶液中进行,例如,二氯荧光黄,其 $K_a = 10^{-4}$,可在 pH4～10 的溶液中使用;曙红(四溴荧光黄),其 $K_a = 10^{-2}$,酸性更强,故溶液的 pH 值小至 2 时,仍可以指示终点。

(2)溶液的浓度

溶液的浓度不能太稀,否则沉淀很少,观察终点比较困难。用荧光黄为指示剂,以 $AgNO_3$ 溶液滴定 Cl^- 时,待测离子的浓度要在 0.005mol/L 以上。滴定 Br^-、I^- 及 SCN^- 时,灵敏度稍高,浓度降至 0.001mol/L 时,仍可看到终点。

(3)胶体保护剂

吸附指示剂不是使溶液发生颜色变化,而是使沉淀的表面颜色发生变化。因此,应尽可能使卤化银沉淀呈胶体状态,具有较大的比表面积。因此,在滴定前应将溶液稀释并加入糊精、淀粉等亲水性高分子化合物形成保护胶体。同时应避免大量中性盐存在,因其能使胶体凝聚。

(4)吸附指示剂

吸附指示剂的电荷与加入的滴定剂离子应带有相反电荷。若采用 $AgNO_3$ 标准溶液滴定卤离子时,应选择阴离子型的吸附指示剂;若用 NaCl 标准溶液滴定 Ag^+,就不能选择阴离子的吸附指示剂,如荧光黄指示剂,应选用阳离子型的吸附指示剂,如甲基紫指示剂。

(5)避免强光照射

应避免在强光照射下进行滴定。这是由于带有吸附指示剂的卤化银胶体对光极为敏感,遇光溶液很快变为灰色或黑色,不利于终点的观察。

(6)吸附指示剂的吸附力

胶体颗粒(卤化银胶状沉淀)对指示剂离子的吸附力应略小于对被测离子的吸附力,否则指示剂将在计量点前变色,提前终点;但对指示剂离子的吸附力也不能太小,否则计量点后不能立即变色。滴定卤化物时,卤化银对卤化物和几种常用的吸附指示剂的吸附力的大小次序如下:

$$I^- > I^- > 二甲基二碘荧光黄 > Br^- > 曙红 > 荧光黄或二氯荧光黄$$

从上述排列顺序来看,在测定 Cl^- 时不选用曙红,而应选用荧光黄为指示剂。若选用曙红则 AgCl 对曙红的吸附力大于对 Cl^- 的吸附力,则使未达到化学计量点就发生颜色变化。同理测定 Br^- 时,应选用曙红或荧光黄,而不能用二甲基二碘荧光黄,测定 I^- 时应选用二甲基二碘荧光黄或曙红而不能用荧光黄,因为碘化银对荧光黄的吸附能力太弱,在化学计量点时不能立即变色。

法扬斯法可用于 Cl^-、Br^-、I^-、Ag^-、Ag^+、SCN^- 以及一些含卤原子的有机化合物。在《中国药典》2005 年版中用银量法滴定的药物多采用此法,如氯烯雌醚、溴米那、碘解磷定。

例 5-3　通过用法扬斯法测定某牲畜饲料添加剂中碘化钾含量,称样 1.6520g,溶于水后,用 0.05000mol/L,$AgNO_3$ 标准溶液滴定,消耗 20.00mL。试计算试样中 KI 的质量分数。已知 $M(KI) = 166.01$g/mol。

解:

$$Ag^+ + I^- = AgI \downarrow$$

$$\omega(KI) = \frac{c(AgNO_3) \cdot V(AgNO_3) \cdot M(KI)}{m(KI)}$$

$$= \frac{0.05000 \times 20.00 \times 10^{-3} \times 166.01}{1.6520}$$

$$= 10.05\%$$

表 5-2 总结上述三种银量法的相关对比。

表 5-2 归纳三种银量法

各项细节	莫尔法	福尔哈德法	法扬斯法
指示剂	铬酸钾	铁铵矾	荧光黄、署红等
标准溶液	$AgNO_3(NaCl)$	$KSCN(AgNO_3)$	$AgNO_3(NaCl)$
酸度(PH)	$6.5\sim10.5$	$0.1\sim1mol/L\ HNO_3$	离子形式存在即可
测定对象	Cl^-、Br^-、CN^-、(Ag^+)	Ag^+(Cl^-、Br^-、I^-、SCN^-)	Cl^-、Br^-、I^-、SCN^-、SO_4^{2-}、(Ag^+)
滴定反应	$Ag^+ + Cl^- = AgCl$	$Ag^+ + SCN^- = AgSCN$	$Ag^+ + Cl^- = AgCl$
指示原理	$2Ag^+ + CrO_4^{2-} = Ag_2CrO_4$	$Fe^{3+} + SCN^- = (FeSCN)^{2+}$	物理吸附导致指示剂结构改变而变色

5.3 沉淀滴定法在环境分析中的应用

银量法广泛应用于环境分析,如烧碱厂食盐水的测定、电解液中 Cl^- 的测定、土壤中 Cl^- 的测定以及天然水中 Cl^- 的测定等。还可以测定经过处理而能定量地产生这些离子的有机物,如敌百虫和二氯酚等有机药物的测定。银量法的标准溶液主要是硝酸银溶液和硫氰化铵溶液。

5.3.1 标准溶液的配置与标定

银量法用的标准溶液为 $AgNO_3$ 和 NH_4SCN 标准溶液。$AgNO_3$ 标准溶液可以采用直接法配制,也可采用间接法配制。对于基准物 $AgNO_3$ 试剂可采用直接法配制,但在配制前应先将 $AgNO_3$ 在 110℃烘干两小时,以除去吸湿水。然后称取一定质量烘干的 $AgNO_3$,溶解后注入一定体积的容量瓶中,加水稀释至刻度并摇匀,即得一定浓度的标准溶液。实际工作中在 $AgNO_3$ 纯度不高,必须采用间接法配制,即先配制近似浓度的溶液,然后用基准物 NaCl 标定。但基准物 NaCl 应先在 $500\sim600$℃下灼烧至不发生爆裂声为止,然后置于密封瓶中,保存于干燥器内备用。标定时可用莫尔法或法扬斯法。选用的方法应和测定待测试样的方法一致,这样可抵消测定方法所引起的系统误差。

氯化钠有基准试剂出售,也可用一般试剂规格的氯化钠精制。氯化钠极易吸潮,应置于干燥器中保存。

NH_4SCN 试剂易吸潮,易含杂质,不能用直接法配制其标准溶液,因此,应先配制近似浓度的溶液,然后再用 $AgNO_3$ 标准溶液按福尔哈德法进行标定。

(1)0.1mol/L $AgNO_3$ 标准溶液的配制与标定

配制：取分析纯的 $AgNO_3$ 17.5g，加蒸馏水适量使溶解，然后稀释至 1000mL，摇匀，置玻璃塞棕色瓶中，密闭保存（因其见光易分解）。$AgNO_3$ 有腐蚀性，注意勿使它接触衣服和皮肤。

由于 $AgNO_3$ 见光易分解，析出金属银：

$$2AgNO_3 \rightarrow 2Ag \downarrow + 2NO_2 \uparrow + O_2 \uparrow$$

标定：精密称取在 270℃（±10℃）干燥至恒重的基准 NaCl 0.2g，置 250mL 锥形瓶中，加蒸馏水 50mL 使溶解，再加入糊精溶液 5mL 与荧光黄指示剂 5 滴，用以上 $AgNO_3$ 标准溶液滴定至混浊液由黄绿色转变为微红色即为终点。

硫氰酸铵（硫氰酸钾）标准溶液可直接用 $AgNO_3$ 标准溶液标定，也可用 NaCl 作基准物质，以铁铵矾指示剂法一次同时标定硝酸银和硫氰酸铵两种溶液的浓度。

(2) 0.1mol/L NH_4SCN 标准溶液的配制与标定

配制：取 NH_4SCN 8g，加蒸馏水使溶解成 1000mL，摇匀。

标定：精密量取 0.1000mol/L $AgNO_3$ 溶液 25.00mL，置于锥形瓶中，加蒸馏水 50mL、HNO_3 2mL 和铁铵矾指示剂 2mL，用 0.1000mol/L NH_4SCN 溶液滴定至溶液呈红色，剧烈振摇后仍不褪色，即为终点。根据 NH_4SCN 溶液的消耗量计算其浓度。

5.3.2　应用示例

1.氯化钠含量的测定

实际应用中利用银量法测定氯化钠的含量的有很多。例如，氯化钠注射液中氯化钠的含量即可用银量法进行测定。精密量取氯化钠注射液 10mL，加水 40mL，再加 2% 糊精溶液 5mL 和荧光黄指示液 5～8 滴，用 0.1mol/L $AgNO_3$ 标准溶液滴定至沉淀表面呈淡红色即为终点。1mL 0.1000mol/L $AgNO_3$ 标准溶液相当于 5.844mg NaCl。试样中 NaCl 的质量浓度 (g/mL) 为

$$\rho(NaCl) = \frac{V(AgNO_3) \times 5.844 \times 10^{-3} \times \dfrac{c(AgNO_3)}{0.1000}}{V(NaCl)}$$

式中，$V(NaCl)$ 是氯化钠注射液试样的体积，mL；$c(AgNO_3)$ 是 $AgNO_3$ 标准溶液的浓度，mol/L；$V(AgNO_3)$ 是滴定至终点时消耗的 $AgNO_3$ 标准溶液的体积，mL。

NaCl 作为人体血液中重要的电解质，人体血清中 Cl^- 的正常值应为 3.4～3.8g/L。通常采用莫尔法测定血清中的 Cl^-，测定时先将血清中的蛋白沉淀，取无蛋白滤液进行 Cl^- 的测定。

例 5-4　称取一定质量的约含 54% NaCl 和 42% KCl 的试样。将试样溶于水后，加入 0.1128mol/L $AgNO_3$ 溶液 30.00mL。过量的 $AgNO_3$ 需用 10.00mL NH_4SCN 标准溶液滴定。已知 1.00mL NH_4SCN 标准溶液相当于 1.1mL $AgNO_3$ 溶液。应称取试样多少克？

解：由题可知，10.00mL NH_4SCN 标准溶液相当于 11.50mL $AgNO_3$ 溶液，故实际与试样中 NaCl 和 KCl 反应的 $AgNO_3$ 的物质的量为

$$n(AgNO_3) = 0.1128 \times (30.00 - 11.50) \times 10^{-3} \ (mol)$$

根据以下关系

$$n(AgNO_3) = n(NaCl) + n(KCl)$$

设取试样 $x(g)$，于是有

$$\frac{54\%x}{58.44}+\frac{42\%x}{74.55}=2.087\times10^{-3}$$

最后可得

$$x=0.14g$$

例 5-5 称取 NaCl 基准试剂 0.1173g，溶解后加入 30.00mL AgNO$_3$ 标准溶液，过量的 Ag$^+$ 需要用 3.20mL NH$_4$SCN 标准溶液滴定至终点。已知 20.00mL AgNO$_3$ 标准溶液与 21.00mL NH$_4$SCN 标准溶液能完全作用，试计算 AgNO$_3$ 和 NH$_4$SCN 溶液的浓度。

解：设与 0.1173g NaCl 反应的 AgNO$_3$ 标准溶液体积为 V(mL)，则有

$$c(\text{AgNO}_3)V=\frac{m(\text{NaCl})}{M(\text{NaCl})}$$

$$c(\text{AgNO}_3)(30-V)=c(\text{NH}_4\text{SCN})V(\text{NH}_4\text{SCN})$$

又由于 20.00mL AgNO$_3$ 标准溶液与 21.00mL NH$_4$SCN 标准溶液能完全作用，即

$$c(\text{NH}_4\text{SCN})=\frac{20.00}{21.00}\times c(\text{AgNO}_3)$$

代入上式可得

$$c(\text{AgNO}_3)\times\left(30-3.2\times\frac{20.00}{21.00}\right)\times10^{-3}=\frac{0.1173}{58.44}$$

解得

$$c(\text{AgNO}_3)=0.07448(\text{mol/L})$$

$$c(\text{NH}_4\text{SCN})=\frac{20.00}{21.00}\times0.07448=0.07093(\text{mol/L})$$

例 5-6 某混合物仅含有纯 NaCl 和 KBr，称取该混合物 0.2076g，溶于水，以 K$_2$CrO$_4$ 为指示剂，用 0.105mol/L AgNO$_3$ 标准溶液滴定，消耗了 28.50mL。计算该混合物中 NaCl 和 KBr 的质量分数分别是多少？

解：设混合物中 NaCl 的质量分数为 x，则 KBr 的质量分数为 $(1-x)$。0.2076g 混合物中 NaCl 的质量为 0.2076xg，KBr 的质量为 0.2076$(1-x)$g。

滴定的沉淀反应为

$$\text{Cl}^-+\text{Ag}^+=\text{AgCl}\downarrow$$

$$\text{Br}^-+\text{Ag}^+=\text{AgBr}\downarrow$$

应有

$$n(\text{AgNO}_3)=n(\text{NaCl})+n(\text{KCl})$$

即

$$\frac{0.2076x}{M(\text{NaCl})}+\frac{0.2076(1-x)}{M(\text{KBr})}=c(\text{AgNO}_3)V(\text{AgNO}_3)$$

$$\frac{0.2076x}{58.44}+\frac{0.2076(1-x)}{119.00}=0.1055\times28.50\times10^{-3}$$

解得

$$x=0.6982$$

因此

$$\omega(NaCl) = 69.82\%$$
$$\omega(KBr) = 30.18\%$$

2.合金中银含量的测定

准确称取银合金试样,将其完全溶解于 HNO_3,对应的反应如下:

$$Ag + NO_3^- + 2H^+ = Ag^+ + NO_2\uparrow + H_2O$$

需要注意的是在溶解样品时,必须煮沸以保证除去氮的低价氧化物,防止它与 SCN^- 作用产生红色化合物,会影响终点的观察:

$$HNO_2 + H^+ + SCN^- \rightarrow H_2O + NOSCN$$
$$\text{红色}$$

在试样溶解后,将铁铵矾指示剂加入,用 NH_4SCN 标准溶液滴定。铁铵矾指示剂的用量最好以控制 Fe^{3+} 浓度在 $0.015mol/L$ 左右。

于是可得合金中银的质量分数为

$$\omega(Ag) = \frac{V(NH_4SCN)c(NH_4SCN) \times M(Ag)}{1000 \times m} \times 100\%$$

式中,m 是银合金试样的质量,g;$c(NH_4SCN)$ 是 NH_4SCN 标准溶液的浓度,mol/L;$V(NH_4SCN)$ 为 NH_4SCN 标准溶液消耗的体积,mL;$M(Ag)$ 是 Ag 的摩尔质量,g/mol。

3.有机卤化物中的卤素的测定

因为有机卤化物中不同的卤素结合方式,它们中大多数不能直接采用银量法进行测定,需要经过适当的处理,使有机卤素转变成卤素离子后再用银量法测定。使有机卤素转变成卤离子的常用方法如下。

(1)Na_2CO_3 熔融法

把试样和无水碳酸钠置于坩埚中,均匀混合,灼烧至内容物完全灰化,冷却,用水溶解,调成酸性,用银量法测定。

Na_2CO_3 熔融法主要用于结合在苯环或杂环上的有机卤素化合物的测定,这是由于其有机卤素都比较稳定,对这些结构较复杂的有机卤化物,通过该法,使有机卤化物转变成无机卤化物后,然后再进行测定。

例如,α-溴-β 萘酚,其结构如下:

通过 Na_2CO_3 熔融法使有机溴以 Br^- 形式转入溶液中再进行相应的测定。

(2)NaOH 水解法

将试样与 NaOH 水溶液加热回流水解,使有机卤素以卤离子形式进入溶液中。反应式表示:

$$R-X + NaOH \rightarrow R-OH + NaX$$

NaOH 水解法常用于脂肪族卤化物或卤素结合于侧链上类似脂肪族卤化物的有机化合物,其卤素比较活泼,在碱性溶液中加热水解,有机卤素即以卤素离子形式进入溶液中。常见的可通过 NaOH 水解法进行测定的化合物如下。

溴米那　　　　　　对硝基-α-溴代苯乙酮

三氯叔丁醇　　　　对-乙酰胺基磺酰氯

例如,溴米那的测定:取样品 0.3g,精密称定,置于锥形瓶中,加入 1mol/L NaOH 溶液 40mL 和沸石 2～3 块,瓶上放一小漏斗,微微加热至沸,并持续 20 分钟,用蒸馏水冲洗漏斗,冷却至室温,加入 6mol/L HNO₃ 10mL,再准确加入 0.1mol/L AgNO₃ 溶液 25mL,铁铵钒指示液 2mL,用 0.1mol/L 的 NH₄SCN 溶液滴定至出现淡棕红色,即为终点。

(3)氧瓶法

将试样裹入滤纸内,夹在燃烧瓶的铂丝下部,瓶内加入适当的吸收液(NaOH、H₂O₂ 或 NaOH、H₂O₂ 的混合液),然后充入氧气,点燃。待燃烧完全后,充分振摇至瓶内白色烟雾完全被吸收为止。有机碘化物可用碘量法测定;有机溴化物和氯化物可用银量法测定。

例如,二氯酚(5,5′-二氯-2,2′-二羟基二苯甲烷)就是通过氧瓶法破坏有机,使有机氯以 Cl⁻ 形式进入溶液中,用 NaOH 和 H₂O₂ 的混合液为吸收液,用银量法测定。

取本品 20mg 精密称定,用氧瓶法进行有机破坏,以 0.1mol/L NaOH 10mL 和 H₂O₂ 2mL 的混合液作为吸收液,等到反应充分后,微微煮沸 10min,除去剩余的 H₂O₂,冷却,加稀 HNO₃ 35mL,0.02mol/L AgNO₃ 溶液 25mL,至沉淀完全后,过滤,用水洗涤沉淀,合并滤液,以铁铵钒为指示剂,用 0.02mol/L NH₄SCN 溶液滴定,同时做一空白试验。

4. 中药中的无机和有机氢卤酸盐

中药中所含的无机卤化物如 NaCl(大青盐)、CaCl₂、NH₄Cl(白硇砂)、KI、NaI、CaI₂ 等以及能与 AgNO₃ 生成沉淀的无机化合物和许多有机碱的盐酸盐,都可用银量法测定。

(1)白硇砂中氯化物的含量测定

精密称取本品约 1.2g,加蒸馏水溶解后,定量转移至 250mL 容量瓶中,用蒸馏水稀释至刻度,摇匀,静置至澄清,吸取上层清液 25.00mL 加蒸馏水 25mL,硝酸 3mL,准确加入 0.1000mol/L AgNO₃ 标准溶液 40.00mL,摇匀,再加硝基苯 3mL,用力振摇,加铁铵钒指示剂 2mL,用 0.1mol/L NH₄SCN 标准溶液滴定至溶液呈红色。

$$NH_4Cl\% = \frac{[V(AgNO_3)c(AgNO_3) - V(NH_4SCN)c(NH_4SCN)] \times M(NH_4Cl)}{S \times \frac{25}{250}} \times 100\%$$

（2）盐酸麻黄碱片的含量测定

本品含盐酸麻黄碱（$C_{10}H_{15}ON \cdot HCl$）应为标示量的 93%～107%。

通过法扬斯法，以溴酚蓝（HBs）为指示剂，用 $AgNO_3$ 为标准溶液。对应的滴定反应如下：

$$\left[\begin{array}{c} \text{（结构式）} \end{array}\right] Cl^- + AgNO_3 \longrightarrow$$

$$\left[\begin{array}{c} \text{（结构式）} \end{array}\right] NO_3^- + AgCl \downarrow$$

终点前，Cl^- 过量　　　　　　　　　　　　（AgCl）Cl^- ┊ M^+

终点时，Ag^+ 过量　　　　　　　　　　　　（AgCl）Ag^+ ┊ X^-

（AgCl）Ag^+ 吸附 Bs^-　　　　　　　　　（AgCl）Ag^+ ┊ Bs^-

溶液颜色变化：黄绿色──→灰紫色

具体，取 15 片试样，精密称定，计算平均片重。将已称重之盐酸麻黄碱片研细，精密称出适量，置于锥形瓶中，加蒸馏水 15mL，振摇，使盐酸麻黄碱溶解。加溴酚蓝指示剂（此时作酸碱指示剂）2 滴，滴加醋酸使溶液由紫色变为黄绿色，再加溴酚蓝指示剂 10 滴与糊精（1→50）5mL，用 0.1000mol/L $AgNO_3$ 溶液滴定至 AgCl 沉淀的乳浊液呈灰紫色即达终点，其中 M（$C_{10}H_{15}ON \cdot HCl$）＝201.7。

$$\text{平均每片被测成分的实测重量} = \frac{c(AgNO_3) \times V(AgNO_3) \times \dfrac{M}{1000}}{S} \times \text{平均片重}$$

$$\text{含量占标示量的百分数（%）} = \frac{\text{平均每片被测成分的实测重量}}{\text{每片被测成分的标示量}} \times 100\%$$

$$= \frac{\dfrac{c(AgNO_3) \times V(AgNO_3) \times \dfrac{M}{1000}}{S} \times \text{平均片重}}{\text{标示量}} \times 100\%$$

5. 亚铁氰化钾容量法测定氧化锌含量

冶金产品中氧化锌的含量可用亚铁氰化钾容量法测定。具体的沉淀反应如下：

$$3Zn^{2+} + 2K^+ + 2[Fe(CN)_6]^{4-} \Longrightarrow K_2Zn_3[Fe(CN)_6]_2 \downarrow$$

在试样以硫酸铵—磷酸氢二钠混合溶剂溶解后，加热至沸，以二苯胺为指示剂，用亚铁氰化钾标准溶液滴定至紫蓝色突然消失并呈现黄绿色即为终点。用氧化锌基准试剂标定亚铁氰化钾标准溶液，便可得亚铁氰化钾标准溶液的滴定度（g/mL）为

$$T(K_4[Fe(CN)_6]/ZnO) = \frac{m(ZnO)}{V(K_4[Fe(CN)_6])}$$

式中，$m(ZnO)$ 是称取的氧化锌的质量，g；$V(K_4[Fe(CN)_6])$ 是标定时消耗的亚铁氰化钾标准溶液的体积，mL。

试样中 ZnO 的质量分数为

$$\omega(ZnO) = \frac{T(K_4[Fe(CN)_6]/ZnO)V(K_4[Fe(CN)_6])}{m} \times 100\%$$

式中，m 是试样的质量，g；$V(K_4[Fe(CN)_6])$ 为滴定试液时所消耗的亚铁氰化钾标准溶液的体积，mL。

6. 溶液中 AsO_4^{3-} 的测定

在 pH 为 7～9 的 AsO_4^{3-} 溶液中，加入过量的 Ag^+，生成沉淀 Ag_3AsO_4，过滤后，将此沉淀溶于 30mL 8mol/L HNO_3 溶液中，稀释至 120mL，用 KSCN 标准溶液滴定，采用铁铵矾指示剂法指示滴定终点。溶液中的 Ge、少量 Sb 和 Sn 都不干扰测定。

试样中 AsO_4^{3-} 的物质的量浓度（mol/L）为

$$c(AsO_4^{3-}) = \frac{c(KSCN) \times V(KSCN)}{3V(AsO_4^{3-})}$$

式中，$V(AsO_4^{3-})$ 是 AsO_4^{3-} 试样溶液的体积，mL；$c(KSCN)$ 为 KSCN 标准溶液的浓度，mol/L；$V(KSCN)$ 为滴定至终点时消耗的 KSCN 标准溶液的体积，mL。

7. 盐酸丙卡巴肼的含量测定

有些游离的有机碱，单独存在时易分解、挥发或氧化变质，为了便于保存，常将其制成能够稳定存在的盐酸盐形式。以盐酸盐形式存在的有机碱可用银量法测定其含量。以抗肿瘤药盐酸丙卡巴肼（$C_{12}H_{19}N_3O \cdot HCl$）为例，利用铁铵矾指示剂法测定其含量可。$C_{12}H_{19}N_3O \cdot HCl$ 的结构图如下：

取盐酸丙卡巴肼试样约 0.25g，精密称定，加水 50mL 溶解后，加稀 HNO_3 3ml，加入 0.1mol/L $AgNO_3$ 标准溶液 20.00mL，再加约 3mL 的邻苯二甲酸二丁酯，充分振摇后，加 2mL 铁铵矾指示剂，用 0.1mol/L NH_4SCN 标准溶液滴定至溶液呈淡棕红色为终点。1mL 0.1000mol/L $AgNO_3$ 标准溶液相当于 $25.78mg C_{12}H_{19}N_3O \cdot HCl$。

试样中盐酸丙卡巴肼的质量分数为

$$\omega(C_{12}H_{19}N_3O \cdot HCl) = \frac{[V^0(NH_4SCN) - V^s(NH_4SCN)] \times 25.78 \times 10^{-3} \times \dfrac{c(NH_4SCN) \times V(KSCN)}{0.1000}}{m} \times 100\%$$

式中，m 是试样的质量，g；$c(NH_4SCN)$ 是 NH_4SCN 标准溶液的浓度，mol/L；$V^0(NH_4SCN)$ 是空白试验时消耗 NH_4SCN 标准溶液的体积，mL；$V^s(NH_4SCN)$ 为试样测定时消耗的 NH_4SCN 标准溶液的体积，mL。

8. 四苯硼钠滴定法快速测定钾

四苯硼钠（$NaB(C_6H_5)_4$）是测定钾的最佳试剂。沉淀反应为

$$NaB(C_6H_5)_4 + K^+ = KB(C_6H_5)_4 \downarrow + Na^+$$

测定时，以四苯硼钠为标准溶液，在水和三氯甲烷的两相介质中，指示剂取溴酚蓝和季铵

盐,滴定钾离子直至三氯甲烷层中蓝色消失,水相呈色即为终点。

　　试样中 K 的质量分数为

$$\omega_K = \frac{c\left[NaB(C_6H_5)_4\right] V\left[NaB(C_6H_5)_4\right] M_K}{1000 \times m} \times 100\%$$

式中,m 是试样的质量,g;$c\left[NaB(C_6H_5)_4\right]$ 是四苯硼钠标准溶液的浓度,mol/L;$V\left[NaB(C_6H_5)_4\right]$ 是四苯硼钠标准溶液消耗的体积,mL;M_K 是 K 的摩尔质量,g/mol。

第6章　原子光谱分析法之原子吸收光谱法

6.1　概述

原子吸收光谱法又称原子吸收分光光度法，是通过测量气态基态原子对其特征谱线的吸收程度而进行定量分析的方法。

待测元素在高温中成为气态基态原子，光源发出的该元素特征谱线通过原子蒸气时被吸收。在一定条件下，吸收程度与元素含量有一定关系。因而，通过测量特征谱线被吸收的程度，即可求得待测元素的含量。原子吸收光谱法具有很多优点。

1. 检出限低

火焰原子吸收光谱法的检出限为 10^{-10} g 数量级，非火焰原子吸收光谱法的检出限一般比火焰法低 1000 倍到 1 万倍，即可达到 10^{-14} g 数量级，是痕量分析常用的一种分析手段。

2. 干扰小

在原子发射光谱分析中，试样元素发射的光谱线不仅有待测元素产生的，还有其他共存元素产生的，加之激发源的激发能量较大、温度较高(与原子吸收光谱分析的光源比较)，并且激发一般是在大气中进行的，因而得到的谱线多而宽，容易产生光谱干扰。而在原子吸收光谱分析中，最常用的空心阴极灯光源其阴极由待测元素的金属或合金做成，且在低电流和低气压下被激发，因而产生的谱线少而窄、光谱干扰小。

此外，由于原子化温度下(一般小于 3000K)达到热平衡状态时，激发态原子数目很少超过总原子数的 1%，基态原子数目则占总原子数的 99% 以上。因而试样基体、共存元素以及原子化温度等因素对原子吸收光谱分析的影响也比较小。

3. 分析速度快

由于原子吸收光谱法干扰小，并且容易克服，因此在复杂样品分析中，有可能制备一份溶液，不经化学分离即能直接测定多种元素。

4. 精密度高

单光束原子吸收光谱法的相对标准偏差一般为 0.5%～2%，若采用双光束原子吸收光谱仪，精密度还可以提高。

5. 应用范围广

能够测定的元素达 70 多个。

6. 可进行微量试样测定

采用无火焰原子吸收光谱法，试液用量仅需 $5\sim100\,\mu L$。

7. 仪器结构简单, 价格较低廉

由于原子吸收分析法具有上述优点, 因而自 1955 年问世以来, 发展相当迅速。它广泛用于冶金、地质、石油、化工、农业、医学和环境保护等部门, 在生产和科研中承担了大量分析任务。

原子吸收光谱法的缺点是多数情况下每分析一种元素需要更换一个光源, 多元素分析仪器结构复杂, 多元素同时检测的能力不及原子发射光谱。

6.2　原子吸收光谱法的基本原理

6.2.1　原子吸收光谱的产生

一个原子可具有多种能态, 在正常状态下, 原子处在最低能态, 即基态。基态原子受到外界能量激发, 其外层电子可能跃迁到不同能态, 因此有不同的激发态。电子吸收一定的能量, 从基态跃迁到能量最低的第一激发态时, 由于激发态不稳定, 电子会在很短的时间内跃迁返回基态, 并以光的形式辐射出同样的能量, 这种谱线称为共振发射线。使电子从基态跃迁到第一激发态所产生的吸收谱线称为共振吸收线。共振发射线和共振吸收线都简称为共振线。

根据 $\Delta E = h\upsilon = hc/\lambda$ 可知, 由于各种元素的原子结构及其外层电子排布不同, 核外电子从基态受激发而跃迁到其第一激发态所需能量不同, 同样, 再跃迁回基态时所发射的共振线也就不同, 因此这种共振线就是元素的特征谱线。由于第一激发态与基态之间跃迁所需能量极低, 最容易发生, 因此, 对大多数元素来说, 共振线就是元素的灵敏线。原子吸收分析就是利用处于基态的待测原子蒸气对从光源辐射的共振线的吸收来进行的。

6.2.2　谱线轮廓与谱线变宽

1. 谱线轮廓

原子吸收谱线并非一条严格意义上的几何线, 而是具有一定宽度和轮廓的谱线, 如图 6-1 所示。描述谱线轮廓特征的物理量是中心频率 υ_0 和半宽度 $\Delta\upsilon$, 中心频率 υ_0 是最大吸收系数 K_0 所对应的频率, 其能量等于产生吸收的两量子能级间真实的能量差, 中心频率 υ_0 由原子的能级分布特征决定。半宽度 $\Delta\upsilon$ 是峰值辐射强度 1/2 处所对应的频率范围, 用以表征谱线轮廓变宽的程度。半宽度除本身具有的自然宽度外还受多种因素的影响。

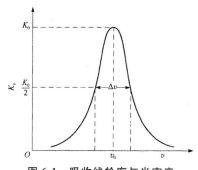

图 6-1　吸收线轮廓与半宽度

2. 吸收线的变宽

造成谱线变宽的原因很多,主要有原子内部因素引起的自然宽度和外部因素引起的热变宽、碰撞变宽、场变宽等。

(1)自然宽度 Δv_N

这是指无外界条件影响时谱线所具有的宽度。它与激发态原子的有限寿命有关,寿命越长,谱线越窄。吸收线的自然宽度通常约为 10^{-5} nm 数量级,与其他因素引起的变宽相比要小得多,故可忽视不计。

(2)多普勒变宽 Δv_D

多普勒变宽又称为热变宽,在原子吸收分析中的原子蒸气内,气态的原子总是处于无序的热运动状态,其速度和方向都是杂乱无章的,有的原子跑向光源,有的原子背离光源。如果和光源相对静止的基态原子吸收光谱的中心频率为 v_0,那么跑向光源的原子的吸收光的频率就会略低于 v_0;反之,背离光源的原子的吸收光的频率就会略高于矶,于是检测器便接收到许多频率略有差异的光,这种运动着的原子的多普勒效应便引起了吸收谱线的总体变宽。多普勒变宽由式(6-1)决定:

$$\Delta v_D = 7.162 \times 10^{-7} v_0 \sqrt{\frac{T}{M}} \tag{6-1}$$

式中,v_0 微吸收谱线的中心频率;T 为体系的绝对温度(K);M 为吸光原子的相对原子质量。

由此可知,多普勒变宽 Δv_D 随温度升高,吸光原子的相对质量减小而增宽。对于大多数元素来说,在原子吸收分析的条件下,Δv_D 约为 10^{-3} nm 数量级,它是谱线变宽的主要原因。

(3)碰撞变宽

蒸气中的吸光原子与其他原子或分子相互碰撞时,会引起能级的微小变化,使发射或吸收光量子频率改变,由此而导致的谱线变宽称为碰撞变宽。

当吸光原子与异种元素的原子或分子相碰撞时所引起的谱线变宽称为洛伦兹变宽,用 Δv_L 表示。与此同时,还会引起谱线中心频率的频移和谱线的非对称性。Δv_L 随着其他元素的原子或分子的蒸气浓度的增加而增大,当浓度相当高时,Δv_L 与 Δv_D 有相同的数量级。

当吸光原子与同种元素原子相碰撞时所引起的谱线变宽称为赫尔兹马克变宽,又称为压力变宽,以表示 Δv_H 表示。Δv_H 随试样原子蒸气浓度的增加而增加,在一般原子吸收测定的条件下,由于试样原子蒸气压较小,Δv_H 完全可以忽略不计。

除了以上因素外,蒸气外部的电场和磁场也会引起谱线的变宽,分别称为斯塔克变宽和塞曼变宽,但在原子吸收测定的条件下,这两种场变宽均可不予考虑,在通常的原子吸收分析的实验条件下,吸收线达到轮廓主要受多普勒变宽和洛伦兹变宽的影响。在 2000~3000K 的温度范围内,Δv_D 与 Δv_L 有相同的数量级($10^{-3} \sim 10^{-2}$ nm),当采用火焰原子化装置时,Δv_L 是主要的,但由于 Δv_L 与蒸气中其他原子或分子的浓度(压强)有关,当蒸气中异种元素原子或分子的浓度较小时,特别在采用无火焰原子化装置时,多普勒变宽 Δv_D 将占主要地位。但是不论是哪一种因素,谱线的变宽都将导致原子吸收分析灵敏度的下降。

6.2.3　原子吸收光谱测量方法

1. 积分吸收测量法

积分吸收测量法依据的是吸收线所包括的总面积,即气态基态原子吸收共振线的总能量,它代表真正的吸收程度。对于一条原子吸收线,由于谱线有一定的宽度,所以可看成是极为精细的许多频率相差甚小的光波组成。在图 6-1 中,吸收线轮廓内的总面积即为吸收系数对频率的积分。根据光的吸收定律和爱因斯坦辐射量子理论,谱线的积分吸收与基态原子密度的关系由式(6-2)表示:

$$\int K\upsilon \mathrm{d}\upsilon = \frac{\pi \mathrm{e}^2}{mc}fN_0 \tag{6-2}$$

式中,e 为电子电荷;m 为电子质量;c 为光速;f 为振子强度,即每个原子中能被入射光激发的平均电子数;N_0 为基态原子密度。

对绎定的元素,在一定条件下,$\frac{\pi \mathrm{e}^2}{mc}f$ 项为一常数,设为 k,则

$$\int K\upsilon \mathrm{d}\upsilon = kN_0 \tag{6-3}$$

式(6-3)表明,积分吸收与原子密度在一定条件下成正比。如果能求得积分吸收,便可求得待测定元素的浓度,这种关系与产生吸收线轮廓的方法以及与被测元素原子化的手段无关。

然而,在实际工作中,积分吸收值的测定很难实现,主要是由于大多数元素吸收线的半宽度为 10^{-3} nm,需要高分辨率色散仪测量其积分吸收,这是长期以来未能实现积分测量的原因,阻碍了原子吸收法的应用。目前仍然采用低分辨率的色散仪,以峰值吸收测量法代替积分吸收测量法进行定量分析。

2. 峰值测量法

1955 年,沃尔什提出采用锐线光源作为辐射源测量谱线峰值吸收的新见解,锐线光源就是能发射出谱线半宽度很窄的发射线的光源。沃尔什证明了当使用很窄的锐线光源作原子吸收测量时,在一定条件下,峰值吸收同被测定元素的原子数也呈线性关系,因此,解决了原子吸收光谱分析法的实际测量问题。

实验证明,当原子化条件控制适当并且稳定时,试样中待测元素的浓度 c 和单位体积蒸气中待测原子总数 N 成正比,这样,便得到了原子吸收分析的定量式(6-4):

$$A = kc \tag{6-4}$$

式中,A 为吸光度;k 为在一定条件下为常数;c 试样中待测元素浓度。

此式说明,在一定条件下,待测元素的吸光度和浓度的关系符合比尔定律,我们只要用仪器测得试样的吸光度,就能求出待测元素的浓度。

6.3　原子吸收分光光度计

6.3.1　仪器的基本结构

原子吸收分光光度计主要由光源、原子化器、分光系统和检测系统四部分组成,见图 6-2。

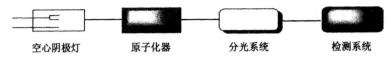

图 6-2　原子吸收分光光度计结构示意图

光源(空心阴极灯)发射待测元素的谱线,其强度为 I_0,通过原子化器被基态原子吸收后谱线强度为 I,谱线经过分光系统分出并投射到检测系统测量,由测得的吸光度求得试样中待测元素的含量。下面具体讨论仪器各部分的构造原理。

1. 光源

光源的作用是发射待测元素的特征谱线(一般是共振线)。原子吸收光谱分析对光源的要求是:

①谱线窄。光源发射线的半宽度窄,有利于提高分析灵敏度和改善标准曲线的线性关系。

②谱线强度大,背景小。光源发射线的强度大,背景小,有利于提高信噪比,改善检出极限。

③谱线强度稳定。有利于提高测量精度。

可作为原子吸收光谱分析的光源有空心阴极灯,高频无极放电灯,蒸气放电灯等。下面介绍应用最广泛的空心阴极灯光源。

(1)空心阴极灯的构造

空心阴极灯是一种阴极呈空心圆柱形的气体放电管,图 6-3 是其结构图。灯的阴极和阳极固定在硬质玻璃管中,管内充入一定压强的惰性气体,一般是氖气或氩气。灯的前部装有透光窗口,窗片材料视元素的波长而定。波长大于 350.0nm 的可用玻璃片,小于 350.0nm 的用石英片。

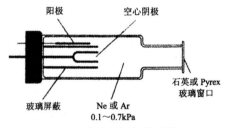

图 6-3　空心阴极灯的结构

阳极为一钨棒,其上装有钽片或钛丝作为吸气剂。阴极制成空心圆柱形状,是为了在一定的气体压强下,使放电集中在阴极的凹部进行。为了防止阴极外部发光,使发光集中在阴极凹部,阴极管常带有屏蔽罩(一般采用云母片、瓷套管或玻璃管为屏蔽罩)。根据阴极材料的不同,分为单元素灯和多元素灯。

单元素灯的阴极由某一种分析元素的金属或合金制成,发射的谱线强度大,干扰少,但只能用于一种元素的测定。

多元素灯的阴极由几种分析元素的混合金属或合金制成,能同时发射出几种元素的特征谱线。多元素灯可避免每测一种元素换一个灯,但发射强度低于单元素灯,容易产生光谱干扰。

(2)空心阴极灯的作用原理

当阳极和阴极间施加一定的电压时,阴极发出的电子在电场作用下,高速射向阳极,在此过程中电子与载气(惰性气体)碰撞并使其电离而放出二次电子。在电场的作用下,一方面电子继续向阳极输送而将载气电离;另一方面,正离子向阴极输送,经过高电位梯度的克洛克斯暗区(位于阴极表面极小区域)时,正离子被大大加速而获得很大的能量轰击阴极表面,使阴极表面的元素从其晶格中溅射出来。溅射出来的原子大量积聚在阴极表面并与电子和离子等碰撞而激发出阴极元素的光谱。

空心阴极灯的发光强度取决于阴极溅射(或蒸发)过程和阴极区内的激发过程,这两个过程是互相联系的。增大灯电流,可使阴极的溅射程度加剧而提高激发效率,导致灯的发光强度增大,光强度稳定性好,信噪比较高,谱线强度 I 和电流 i 的关系,可用以下经验公式表示:

$$I = ai^n \tag{6-5}$$

式中,a、n 常数,其中 n 与阴极材料、载气性质和谱线性质有关。对于氖和氩,n 值一般为 $2 \sim 3$。在四种惰性气体中,氦的刀值最大,其次为氖、氩、氪。

由此可见,灯电流的变化会引起谱线强度的显著变化,因此,在进行原子吸收光谱分析时,必须保持灯电流恒定,才能得到重现性好的分析结果。

空心阴极灯内气压很低,一般只有几百帕,电场强度和磁场强度也很小,因此,压力变宽、斯塔克变宽和塞曼效应变宽均很小,发射线半宽度主要取决于多普勒变宽和自吸变宽。不同灯电流下放电(空心阴极灯的灯电流一般为几毫安到几十毫安),阴极温度便不同,发射线具有不同的多普勒宽度和自吸宽度。当灯电流较低时,多普勒变宽和自吸变宽小,空心阴极灯发射的谱线半宽度窄。提高灯电流,一方面,阴极温度增高,多普勒变宽随之增大;另一方面,阴极元素的溅射增强,灯中基态原子蒸气密度增加,自吸变宽增大,从而使谱线变宽。

(3)空心阴极灯的供电

空心阴极灯发射的谱线特性除与灯本身的结构有关外,还与其供电线路有关。由式(6-5)可知,灯的发射线强度与其供电电流有很大关系。供电电流微小变化,将会引起谱线强度的显著变化。所以空心阴极灯的供电线路,应当是一种稳流装置。一般要求灯电流的稳定度为 $0.05\% \sim 0.1\%$。此外,为了消除原子化器中待测元素发射光谱对原子吸收测量的影响,需要将光源调制到一定频率。

2. 原子化器

原子吸收的本质是气态基态原子对光的吸收。原子化器的作用是提供能量使待测试样成为气态基态原子的形式。试样的原子化技术,是原子吸收光谱分析的一个关键问题,它直接影响到分析的灵敏度、干扰程度和准确度。用于原子吸收分析的原子化技术主要有火焰原子化法、石墨炉原子化法、汞冷原子化法和氢化物发生原子化法。

(1)火焰原子化法

1)火焰原子化器的结构及作用原理。

火焰原子化法是利用化学火焰产生的高温使试样成为气态基态原子。原子吸收光谱分析通常采用预混合型火焰原子化器,即使燃气和助燃气预先混合,并与雾化试液充分混合后导入火焰。它由喷雾器、雾化室和燃烧器三部分构成,见图 6-4。

①喷雾器。喷雾器是火焰原子化装置的核心部件,其作用是将试液变成细雾。雾滴越细、越多,在火焰中生成的基态原子就越多,分析的灵敏度就越高。原子吸收光谱分析对喷雾器主要有以下三个要求。

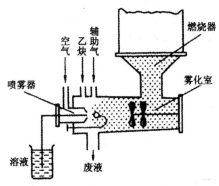

图 6-4 预混合型火焰原子化器装置

雾化效率高:雾化效率是指在一定的气体压强和流量下,喷雾溶液中有多少被雾化成细小的雾滴,进入火焰参与原子化反应。例如,当空气压强为 2kg/cm²,流量为 5L/min 时,喷雾溶液的体积 100mL,其中 90mL 喷雾溶液由雾化室的排泄管中排出,其余的 10mL 雾液进入火焰参与原子化反应,那么,喷雾器的雾化效率为 10%。喷雾器的雾化效率一般可达到 10%~15%,若采用一些特殊的措施,雾化效率能达到 30%。

雾滴细:雾滴大小是不均匀的,其直径一般是微米数量级。雾滴越小,蒸发效率越高,产生的基态原子就越多。此外,元素的干扰情况也与雾滴大小有关,颗粒较小的雾滴,在火焰中容易分解,元素间干扰小。

喷雾稳定:喷雾稳定才能获得较好的精密度。

在原子吸收光谱分析中,应用最广的是气动同轴型喷雾器,见图 6-5。当压缩气体(空气或其他助燃气体)通入喷雾器时,由于高速气流的作用,在毛细管上端形成负压,导致毛细管两端产生压强差,从而使溶液沿着毛细管上升,并在毛细管出口处,将溶液分散成直径很小的雾滴喷出。

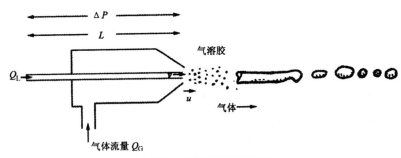

图 6-5 气动同轴型喷雾器

试样的提升量 Q_L(溶液的流量,用 mL/min 表示)由式(6-6)决定:

$$Q_L = \frac{\pi R^4 \Delta P}{8\eta L} \tag{6-6}$$

式中,R 为毛细管半径,cm;ΔP 为压强差,Pa;η 为黏度,Pa·s;L 为毛细管长度,cm。

由式(6-6)可知影响试样提升量的各种因素。当喷雾器的毛细管压强差一定时,溶液的流量与毛细管半径的 4 次方成正比,与毛细管的长度和溶液的黏度成反比;当喷雾器一定时,溶液的流量与压强差成正比。实际上,毛细管的压强差随气体的流量或流速增大而增大,所以在实际操作中,可通过控制压缩气体的流量来控制喷雾器的提升量。若提升量太小,由于进入火焰的溶液少,测量灵敏度低;提升量太大,则由于较大雾滴进入火焰,未能得到完全蒸发,反而使原子化效率低,测量灵敏度降低,同时溶液消耗过多。提升量一般以 3～8mL/min 为宜。

影响雾滴大小的因素则很复杂,除了溶液的表面张力、黏度和密度等物理性能外,还有喷雾器本身的结构和喷雾条件的影响。

②雾化室。雾化室的作用一是进一步细化雾滴,二是使燃料气体与助燃气体混合均匀,得到一个平稳的火焰。为了细化雾滴,通常采用两种方法。一种是在雾化器前方安装碰撞球;另一种是在雾化室后半部加装扰流器,亦称"挡板"。

碰撞球对细化雾滴效果是很明显的。毛细管喷出的雾滴撞击碰撞球,直径较大的雾滴被进一步"破碎",形成更多的小雾滴。扰流器由几个叶片组成,由于扰流器的阻挡作用,一方面使雾滴粒度减小;另一方面可阻挡粒度较大的雾滴进入火焰,降低由于大粒度雾滴进入火焰带来的噪声。同时,扰流器能使燃气和助气得到充分混合,使火焰更加稳定。

性能良好的雾化室,应具有"记忆"效应小(指从喷雾样品转为吸喷去离子水时仪器读数返回零点或基线的时间短),噪声低的特性。为了减小"记忆"效应,应使与喷雾器连接的废液排气管排泄畅通。为了防止燃气通过排泄管溢出空间,引起火灾,废液排泄管应有"水封"。

③燃烧器。燃烧器的用途是通过火焰产生的高温使试样原子化。燃烧器多用不锈钢制成。最常用的是单缝、长狭缝燃烧器。

不同类型的火焰具有不同的燃烧速度。气流速度大于燃烧速度,才不至于发生"回火"现象。但气流速度过大,火焰会被吹灭。在给定的压力下,由燃烧器狭缝喷出的气流速度取决于狭缝的宽度和长度。缝隙窄而短时,气流速度大;缝隙宽而长时,气流速度小。通常设计燃烧器是使气流速度几倍于火焰的燃烧速度。

在实际分析中,应当根据火焰气体的燃烧速度来选用不同缝宽的燃烧器。如空气—乙炔火焰所用的燃烧器缝宽 0.5mm,缝长 10cm;而燃烧速度大的氧化亚氮—乙炔火焰则用宽为 0.4mm,缝长为 5cm 的燃烧器。

燃烧器高度应能上下调节,以便选取适宜的火焰部位测量。改变燃烧器的长度,可改变原子吸收的灵敏度,在实际测量中,为了降低灵敏度,可将燃烧器旋转一定角度。

2)火焰中试样的原子化过程。

火焰原子化过程是一个极复杂的物理化学过程。为了便于讨论,我们可将预混合式火焰(由预混合式原子化器提供的)大致划分为干燥、蒸发、原子化、电离化合四个作用区域(图 6-6)。

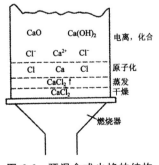

图 6-6　预混合式火焰的结构

干燥区是靠燃烧器最近的一条宽度不大、亮度较小的光带。由于燃烧不充分，干燥区的温度不高，试液在这里去溶剂成为固态颗粒。

蒸发区亦称第一反应区，温度比干燥区高，固体颗粒在这里被熔化，蒸发成为气态分子。

原子化区是紧靠蒸发区的一个小薄层，燃烧完全，温度较高，气态分子在这里被高温离解，产生大量基态原子。原子吸收光谱主要利用这个区域。

电离化合区亦称第二反应区，由于助燃气充足，火焰气体得到充分燃烧，温度很高。但再往外层，由于热扩散加剧，温度下降。因此，在这个区域，既有原子的电离，也有原子的化合。

3）火焰的状态和类型。

根据燃料气体和助燃气体的比例不同，可将火焰分为三种状态：

化学计量火焰（中性焰）：这种火焰的燃气与助燃气的比例和它们之间化学反应当量关系相近。它具有温度高、干扰小、背景低、稳定等特点，适用于许多元素的测定。

贫燃火焰：燃气与助燃气比例小于化学计量的火焰叫贫燃火焰。这种火焰的氧化性较强，温度较低，适用于易解离、易电离元素（如碱金属）的测定。

富燃火焰：燃气与助燃气比例大于化学计量的火焰称为富燃火焰，这种火焰层次模糊，呈黄色亮光。其特点是还原性强，温度低于化学计量焰，背景高，不如化学计量火焰稳定。但它有利于氧化物解离能较大的元素的原子化，如 Mo、Cr、Ca 等。金属氧化物在火焰中的还原作用过程，可表示为：

$$2MO+C \longrightarrow 2M+CO_2$$
$$5MO+2CH \longrightarrow 5M+2CO_2+H_2O$$

用于原子吸收光谱分析的火焰有空气－乙炔焰和氧化亚氮－乙炔焰两种类型。最常用的是空气－乙炔焰，氧化亚氮－乙炔焰用得较少。这两种火焰中，乙炔是燃气，空气和氧化亚氮均为助燃气。

空气－乙炔火焰能测定 Ag、As、Au、Ca、Cd、Cu、Fe、Mg、Mn、Na、Pb 等 30 多种元素，在短波紫外区有较大吸收。由于温度（2300℃左右）不及氧化亚氮－乙炔高，因此不能用于化合物分子解离能很大的元素的分析。

氧化亚氮.乙炔焰的温度可达到 3000℃，惯常分析倾向于应用富燃性。富燃焰中，除了 CH、CO、C 蒸气等还原物质外，还有强还原性的 CN 和 NH 基团，能有效地与氧化物分子反应，提高原子化效率。使用氧化亚氮火焰使原子吸收可分析的元素扩增到近 70 个，知 Al、Si、B 及稀土元素。但这种火焰易产生"回火"，操作者须高度注意。

4）火焰原子化法的特点。

火焰原子化法的应用最普遍，这是因为它具有结构简单、造价低廉、操作简便快速、分析精度高等优点。

火焰原子化法的局限性是：第一，样品利用率低。由于火焰法的雾化效率低，被喷雾的试样溶液只有 5%～15% 进入火焰参与原子化反应。第二，火焰气体的稀释作用与高速燃烧一方面使原子浓度降低；另一方面使原子在吸收区停留时间很短（约 10^{-3} s 数量级）。第三，火焰法不能直接测定固体试样，也难以分析哪些来源困难，或数量很少的样品。

（2）石墨炉原子化法

为了弥补火焰法的不足，发展了多种非火焰原子化器。比如石墨炉、石墨棒（条）、金属舟

（片）、阴极溅射、等离子喷焰、激光原子化器等。石墨炉原子化器是目前应用最多、发展最快的一种非火焰原子化器。

1）石墨炉原子化器的结构和工作程序。

石墨炉原子化器是一种利用电加热石墨管产生高温使样品原子化的装置，它由以下五部分构成：

①石墨管。是甩高纯度和高密度的热解石墨车制而成，长几十毫米，内径几毫米至 10mm。石墨管中央有一小孔——进样孔，管子两端分别有一小孔，用于通入和排泄惰性气体。

②炉体。用于安放石墨管，炉体上设有水冷装置和惰性气体保护装置。两端装有可卸式的石英窗，中部装有可卸式窗。

③水冷装置。通过水冷却，石墨管温度很快达室温。当水温为 20℃，水的流量为 4～6L/min时，切断电源后 20～30s，炉子即可冷却至室温。

④惰性气体保护装置。惰性气体的作用在于保护石墨管在高温中不被氧化；防止被测元素形成氧化物；同时排除分析过程中出现的烟雾。通常使用纯的氩气或氮气。实验表明，采用氩气灵敏度一般比用氮气高，有人认为是由于氩气原子量大，扩散迁移速度比氮气小的原因。有些元素在高温下易与氮形成金属氮化物而使原子浓度减少；有些元素的分析线靠近或者位于 N_2 在高温石墨管中形成的 CN 分子吸收带中。因此，这类元素的测定必须使用氩气。而在满足测量灵敏度以及待测元素分析线不在 CN 带范围的情况下，可用价格便宜的氮气。

气体流量随元素和工作条件不同而异。通常，对于易挥发元素，宜用小流量；对难熔元素流量适当用大些；对某些元素（如钛），采用大的流量，往往能有效地降低"记忆"效应。另一方面，流量小，石墨管寿命短；流量大，可延长石墨管寿命。

目前，保护气体大多改用从石墨管两端进入，由进样孔排出，并且在原子化阶段切断气体。这样，有助于提高测定灵敏度。

⑤电源。石墨炉电源是一种低压（约 10V）大电流（约 500A）供电装置，能使石墨管迅速达到 2000℃ 以上的高温。

石墨炉原子化器工作时，经历干燥、灰化、原子化和去除残渣四个阶段完成整个分析流程。干燥是为了蒸发样品的溶剂或含水组分；灰化的作用是减少或消除试样在原子化过程中可能带来的干扰，这种干扰主要来自于样品组分的分子吸收和烟雾造成的光散射。在灰化阶段，应尽可能地除去干扰组分而不至于损失被测元素；原子化是将待测元素转化为气态基态原子；去除残渣的目的是净化石墨管，减少和消除"记忆"效应。

2）石墨炉原子化过程。

石墨炉中的原子化过程是很复杂的，有许多问题还未弄清楚。但由于试样的原子化是在高温下，并且有惰性气体和碳存在的气氛中进行的，因此可以认为，试样的原子化主要还是通过热解作用和还原作用。

例如：以硝酸盐或硫酸盐形式存在的元素，它们在灰化阶段先被热分解为 M_xO_y 形式的氧化物，然后按下述过程原子化。

$$M_xO_y\,(s/L) \rightleftharpoons M_xO_y(g) \longrightarrow xM\,(g) + yO\,(g)$$
$$M_xO_y\,(s/L) + yC\,(s) \longrightarrow xM\,(s/L) + yCO\,(g)$$
$$\frac{x}{2}M_2(g) \longrightarrow xM(g)$$

以卤化物形式存在的元素原子化则为：

$$MX_m(s/L) \rightleftharpoons MX_m(g) \longrightarrow M(g) + mX(g)$$

式中,X 为卤素;s 为固态;s/L 为固态或液态;g 为气态。

3)石墨炉原子化法的特点。

石墨炉原子化法的优点是：

①样品的利用率高(几乎达到 100%),气体对待测元素的稀释效应小。因此石墨炉原子吸收分析法检出限低(比火焰法低 3~4 个数量级),适合于痕量和超痕量元素分析。

②能直接分析黏度很大的试液或悬浮液。

③样品用量少,液体试样只需几微升,在微量样品分析中有其独到之处。

石墨炉原子化法的缺点是结构复杂,稳定性较差,背景吸收较严重。

(3)汞冷原子化法

汞冷原子化法是在试液中加入还原剂使 Hg^{2+} 还原成金属汞,然后利用金属汞在常温下具有较高的蒸汽压的性质,将汞蒸汽引入分析区测定其对特征谱线的吸收。

汞冷原子化装置是一个由反应瓶、吸收管、循环泵构成的系统(图 6-7)。吸收管置于汞灯的光路中。试液移取至反应瓶中,加入还原剂 $SnCl_2$ 后迅速盖好瓶塞,启动循环泵;循环泵将空气打入到试液中发生鼓泡,将还原产生的金属汞蒸汽从溶液中驱赶出来导入吸收管中,并均匀分布在系统内;汞灯发出的 Hg253.7nm 特征谱线通过吸收管时,被管内汞蒸汽吸收。

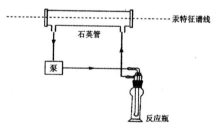

图 6-7　汞冷原子化装置

国内外均有冷原子吸收光谱法测汞的商品仪器,该仪器体积小、结构简单、易操作,检测限可达 $0.05ng \cdot mL^{-1}$,已经广泛用于汞的痕量分析。

(4)氢化物发生原子化法

氢化物发生法是利用还原剂将分析元素转变成氢化物气体,经惰性气体(载气)带入石英管后加热使其分解产生气态原子的一种原子化方法。主要用于能生成氢化物的砷、锑、锡、硒、铋、铅、碲、锗 8 种元素。将这些元素转变成挥发性氢化物,普遍采用的是硼氢化钠(钾).酸还原体系。Robbins 和 Caruso 沿用新生态氢机理给出如下反应式：

$$NaBH_4 + HCl + H_2O \longrightarrow NaCl + H_3BO_3 + 8H\cdot$$

$$\downarrow E^{m+}$$

$$EH_n + H_2 \text{ (过量)}$$

式中,H·为新生态氢,E为氢化元素,m可等于或不等于n。

在原子吸收光谱分析中,通常使用石英管外绕电热丝的电热石英管原子化器。它具有管内原子化温度和气流流速可以调控的优点。已有性能良好的氢化物发生－电热石英管原子化器商品器材作为原子吸收仪器主机的选配附件。

与火焰原子化法相比,氢化物发生法样品利用率大大提高,并且能使待测元素与基体。主成分分离,因此检测限比火焰原子化法低2~3个数量级,干扰小,选择性好。但是操作比火焰法繁琐,精密度没有火焰法好。

3. 分光系统

原子吸收光谱仪通常采用 Gzemy-Tumer 光栅分光系统。利用光栅将待测元素谱线与其他谱线分开后,可通过选择光谱带宽有效地将分析线与最邻近的谱线隔除。

分光系统出射狭缝可通过的波长范围称为光谱带宽,它取决于狭缝宽度和色散率。

对于光栅光谱仪,其光谱带宽可用式(6-7)表示:

$$W = S \cdot \frac{d\lambda}{dl} \tag{6-7}$$

式中,W 为光谱带宽,nm;$\frac{d\lambda}{dl}$ 为倒线色散率,nm/mm;S 为狭缝宽度,mm。

通常仪器的倒线色散率是一定的,调节不同的狭缝宽度即可得到相应的光谱带宽。原子吸收光谱仪的光谱带宽有的是可连续调节的,有的是分档调节的。

4. 检测系统

原子吸收分光光度计的检测系统一般包括检测器、放大器和读数装置。

(1)光电倍增管(检测器)的结构原理

原子吸收光谱仪通常用光电倍增管作为检测器。光电倍增管不仅可将光信号转变为电信号,而且可以将电信号放大。

光电倍增管是由阴极和很多倍增极以及阳极构成的。见图6-8。光阴极和倍增极上涂有光敏性的物质,此物质被光照射后容易放出电子,且每接收一个电了,便可放出2~5个电子。当光线照射阴极时,光量子碰撞阴极而发射出电子。由于第一倍增极的电位高于阴极,使这些电子得到加速而撞击到第一倍增极上。于是在第一倍增极上产生2~5倍的电子。这些电子又在第二倍增极上产生2~5倍的电子。这样继续下去,在第n个倍增极上就产生$2^n \sim 5^n$倍于阴极的电子。假若阴极在光照下产生一个电子,则在第10个倍增极上将产生$2^{10} \sim 5^{10}$个电子,即$10^3 \sim 10^7$个电子,相当于将微电流放大了$10^3 \sim 10^7$倍。

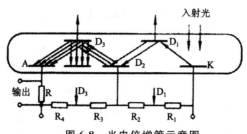

图 6-8　光电倍增管示意图

K—光阴极；D_1、D_2、D_3—倍增极；A—阳极；R_1、R_2、R_3、R_4—电阻

光电倍增管对微电流的放大作用，取决于倍增极数目和倍增极之间的电压。倍增极越多，放大倍数越大，一般有 9、11 或 13 个倍增极。倍增极的电压愈高，放大倍数愈大，光电倍增管的灵敏度就愈高。但过高时会产生不稳定现象，而且暗电流也相应增大。倍增极之间的电压一般为 $50\sim100\mathrm{V}$。

由于光电倍增管具有灵敏度高（电子放大系数可达 $10^8\sim10^9$），线性响应范围宽（光电流在 $10^{-9}\sim10^{-3}\mathrm{A}$ 内与光通量成正比），响应时间短（约 $10^{-9}\mathrm{s}$）等特性，因此广泛用于原子吸收分析仪和其他测量仪器。

光电倍增管的供电电压一般为 $-200\sim-2000\mathrm{V}$。因为光电倍增管的灵敏度很高，所以光电倍增管的供电电压的微小变化，必将引起光电流的极大变化。因此光电倍增管的供电电压必须十分稳定，通常需要达到 $0.01\%\sim0.05\%$ 稳定度。

（2）放大器

放大器的作用是进一步提高测量灵敏度和消除原子化器中待测元素发射光谱的影响。

原子吸收光谱仪广泛采用的是同步检波放大器，这种放大器的信号频率与光源的调制频率相同，只放大光源辐射的与其频率相同的交流信号，而对直流信号不予以响应，因此，可以消除待测元素发射光谱对待测元素吸收信号测量的影响。

（3）读数装置

表头、数字显示器和记录器都可作为读数装置。表头是最简单和最普遍的读数装置，其缺点是反应迟钝，容易产生读数和记录上的误差。表头不能用于石墨炉原子吸收信号的记录，因为石墨炉原子化的峰值信号是瞬时的，大多数元素的峰值信号时间不到 1s。

数字显示器反应快，无读数误差，但数据不能保存。

记录器反应较快，可作永久性记录，便于保存和核对测量结果。由于记录器能够连续地记录测量结果和准确地测定噪声，因此，它能记录突然变化的信号和测定信噪比，从而测量检出限。当对波长扫描时，采用记录器也是最适宜的。

此外，现代商品仪器已与计算机联用，能够快速准确地存贮、处理大量数据并打印出来。

6.3.2　仪器类型

原子吸收分光光度计的型号很多，但依其结构原理划分不过是几种类型。按光束数划分有单光束与双光束型；按分光、检测系统数划分有单道、双道和多道型。

1. 单道单光束型

单道单光束仪器结构简单、灵敏度较高，能满足日常原子吸收分析要求。其缺点是，光源或检测器的不稳定性可引起吸光度零点漂移——基线漂移。因此,使用单光束仪器时,为了克服零点漂移现象,往往要使光源预热 20～30min,并且在测量过程中,要时刻注意校正零位。其光路如图 6-9 所示。

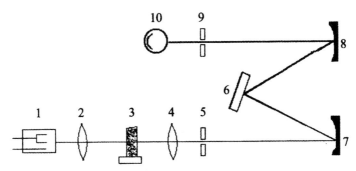

图 6-9　单道单光束原子吸收分光光度计光路图

1—空心阴极灯;2、4—透镜;3—原子化器 5—入射狭缝 6—光栅;

7、8—反射物镜;9—出射狭缝;10—光电倍增管

2. 单道双光束型

图 6-10 单道是双光束仪器的光路图。光源发出的共振线,被切光器分解成两光束一样品光束(S 光束)和参比光束(R 光束)。样品光束经反射镜 M_1 反射通过原子化器,被基态分子所吸收。参比光束从原子化器旁侧通过。两光束通过半透半反射镜 M_2,交替进入分光系统和检测器。

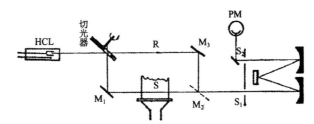

图 6-10　单道双光束原子吸收分光光度计光路图

HCL—空心阴极灯;R—参比光束;S—样品光束 M_1、M_3—反射镜;

M_2—半透镜半反射镜;PM—光电倍增管

由于两个光束均由同一光源发出,并且共用一个检测器,因此消除了光源和检测器不稳定的影响,但不能消除原子化器不稳定的影响。双光束仪器的稳定性和检出限比单光束仪器好,光源不需预热就能进行分析,提高了分析速度,延长了灯的使用寿命。现代仪器多采用这种类型。

3. 双道和多道型

双道双光束原子吸收分光光度计采用两个独立的光源、独立的分光系统和检测系统。图 6-11 是这种仪器的光路图。

光源 A 的共振辐射由半透半反射镜 M_0 分成两束光——样品光束 S 和参比光束 R,切光器分别将两光束进行调制,使它们相位差 $180°$。样品光束经 M_2 反射,参比光束经 M_4 反射到达 M_3,交替进入 A 道。光源 B 经 M_5 反射到 M_1,像光源 A 光束一样传播,最后进入 B 道。

双道双光束原子吸收分光光度计具有下列性能。

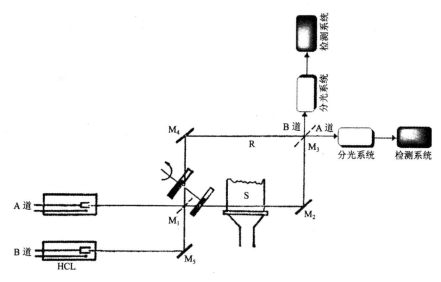

图 6-11　双道双光束原子吸收分光光度计光路图

HCL—空心阴极灯；R—参比光束；S—样品光束；

M_1、M_3—半透镜半反射镜；M_2、M_4、M_5—反射镜

①可以同时测定两个元素。

②将 A 道置被测元素灯，B 道置内标元素灯，使用 A/B 运算方式，可以在一定程度上消除喷雾系统和火焰系统带来的干扰。这种干扰主要是由于试样黏度、火焰漂移和雾化效率的变化而带来的干扰效应。当然，作为内标元素，应当具有与被测元素相似的化学性质和对火焰参数变化的响应特性。例如，Sr 可作 Cu 的内标，但 Cu 不能作 Ca 的内标。因为 Cu 对火焰参数变化响应迟钝，而 Ca 响应灵敏。

③可以进行背景校正。如果将 A 道调节在被测元素共振吸收线处，B 道调节在吸收线邻近的非吸收线波长处，运用 A—B 运算方式，可将背景扣除。B 道亦可用于氘灯连续光源，进行背景扣除。

由此可见，双道双光束型原子吸收分光光度计扩大了原子吸收分析的应用范围，消除了光源漂移、检测器和火焰系统不稳定的影响，测量的稳定性和检出限较好。但是，由于多使用一套分光系统和检测系统，使仪器结构复杂，价格昂贵。

多道型原子吸收分光光度计采用多个独立光源、独立分光系统和检测系统，可进行多元素同时测定。

原子吸收光谱分析普遍使用的是单道单光束和单道双光束原子吸收分光光度计。

6.4　干扰及其消除方法

原子吸收光谱分析中的干扰因素主要有物理干扰、电离干扰、化学干扰和光谱干扰。

6.4.1　电离干扰

中性原子在火焰温度较高时，会失去电子产生带正电的离子，由于部分基态原子的电离，会使吸收强度减弱。这种现象在碱金属和碱土金属中特别显著。为了抑制待测元素本身的电

离,通常可以向标准溶液与样品溶液中加入过量的易电离元素的方法来控制电离干扰。

6.4.2　物理干扰

物理干扰是指试样在转移、蒸发过程中因任何物理因素变化而引起的干扰效应。对于火焰原子化法而言,它主要影响试样喷入火焰的速度、雾化效率、雾滴大小及其分布、溶剂与固体微粒的挥发等。物理干扰是由于试样的物理特性(如粘度、表面张力、密度等)的变化而引起原子吸收强度下降的效应。物理干扰是非选择性干扰,对试样各元素的影响基本是相似的。

配制与被测试样具有相似组成的标准样品,是消除物理干扰的常用方法。若无法确定试样组成或无法匹配试样时,可采用标准加入法或稀释法来克服物理干扰。

6.4.3　化学干扰

化学干扰是指在试样溶液转化为自由基态原子的过程中,待测元素和其他组分之间发生化学作用而引起的干扰效应。化学干扰是一种选择性干扰,它不仅取决于待测元素与共存元素的性质,还和火焰的类型、火焰温度、火焰状态等因素有关。引起化学干扰的原因是待测元素不能从它的化合物中全部离解出来,典型的化学干扰是待测元素与共存物质作用生成难挥发的化合物,致使参与吸收的基态原子数减少。在火焰中容易生成难挥发氧化物的元素有铝、硅、硼、钛、钙和钡等。为了控制化学干扰,通常在标准溶液和试样溶液中加入某种试剂,这类试剂有如下几种:

(1)释放剂

当待测元素与干扰元素在火焰中形成稳定的化合物时,加入另一种物质使之与干扰元素结合生成更稳定的化合物,从而将待测元素从干扰元素的化合物中释放出来。这种加入的物质就称为释放剂。例如磷酸盐干扰钙的测定,当加入 La 或 Sr 之后,La^{3+}、Sr^{2+} 与磷酸根离子结合而将 Ca^{2+} 释放出来,从而消除干扰。

(2)保护剂

加入一种试剂使待测元素不与干扰元素生成难挥发的化合物,可保护待测元素不受干扰,这种试剂叫保护剂。例如,加入氯化铵、三氯乙酸、EDTA、乙酰丙酮、甘油、乙二醇、甘露醇、葡萄糖、蔗糖等。

(3)缓冲剂

于试样和标准溶液加入一种过量的干扰元素,使干扰影响不再变化,进而抑制或消除干扰元素对测定结果的影响,这种干扰物质称为缓冲剂。应用这种方法往往可明显地降低灵敏度。

(4)使用合适的火焰

一般情况下,化学干扰会随着温度的提高而减少。在低温火焰中存在的化学干扰,大都在高温火焰中消失。但有时在低温火焰中看不到的干扰,在高温火焰中却呈现出来。此外,火焰位置不同,化学干扰也不相同。例如在乙炔－空气火焰中,火焰上部磷酸对钙的干扰较小,而在火焰下部干扰较大。

(5)络合剂

络合剂也起着释放剂或保护剂的作用,如加入 EDTA、8-羟基喹啉等。

除了上述方法,还可用标准加入法来控制化学干扰。如果这些方法都不能控制化学干扰,可考虑采用沉淀法、离子交换、有机溶剂萃取等预先分离的办法。其中以有机溶剂萃取用得较多,常用的有机溶剂有甲基异丁基酮(MIBK)、二乙基二硫代氨基甲酸钠(DDTC)等。

6.4.4　光谱干扰

光谱干扰可分为谱线干扰和背景干扰两种。

1. 谱线干扰

谱线干扰包括谱线重叠、光谱通带内存在非吸收线等。

被测元素的分析线与共存元素的吸收线相重叠,如用 Ge 的 422.66nm 吸收线测定 Ge 时,Ca 的 422.67nm 线会干扰。由于大多数元素都有几条分析线,可选用其他光谱线测定或用分离手段将干扰元素去除。

与分析线相邻的非吸收线的干扰,如充氖气的铬空心阴极灯,氖的 357.7nm 线干扰铬的 357.9nm 吸收线,这种情况可通过缩小狭缝宽度消除或减小干扰。

2. 背景干扰

严格上讲,背景干扰也是一种光谱干扰,其主要来源是分子吸收和光散射。

(1)分子吸收与光散射

分子吸收是指在原子化过程中生成的气体分子、氧化物及盐类分子对辐射的吸收。分子吸收是带状光谱,会在一定波长范围内形成干扰。如碱金属卤化物在 $200\sim400$nm 范围内有分子吸收谱带,硫酸、磷酸在 250nm 以下有强吸收带等。

光散射是指原子化过程中所产生的微小固体颗粒使光发生散射,造成透过光强减小,吸光度增大。

背景吸收在火焰和石墨炉原子化中均存在,后者情况更加严重,有时背景吸收可导致分析工作无法进行,因此必须加以扣除。

(2)背景校正方法

背景校正的方法很多,下面只介绍最为常用的连续光源(氘灯)校正法和塞曼(Zeeman)效应校正法。

1)连续光源校正背景法。

连续光源校正背景法的光路见图 6-12,旋转反射切光器可使空心阴极灯和氘灯发出的辐射沿同一光路交替通过原子化器、单色器进入检测器。当空心阴极灯辐射通过时所测的是待测元素的吸光度 A 和背景吸收 A_B;氘灯辐射在同一波长处所测的只是背景 A_B(虽然氘灯辐射经单色器后进入检测器的波长与测定波长相同,但是谱带很宽,因此待测元素产生的共振吸收可忽略),两者之差即为校正背景后的待测元素吸光度。

该方法装置简单,价格便宜,很多商品化的火焰原子化吸收光谱仪均配备,但存在以下不足之处:a. 连续光源测定是光谱通带内(约 0.1nm)的平均背景与分析线处(约 10^{-4}nm)的真实背景有差异;b. 原子化器中气相介质和粒子分布不均,对两个光源的排列要求极高;c. 大多仪器装配的氘灯不适于可见光区(强度太小)。

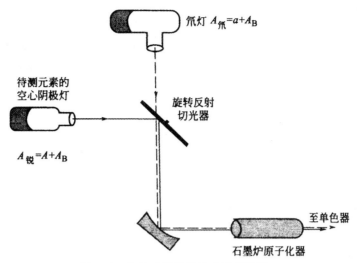

图 6-12　连续光源校正法光路示意图

2)塞曼效应校正背景法。

所谓塞曼效应是指在磁场作用下简并谱线分裂成几条偏振化谱线的现象(分裂后谱线波长差值约为 0.01nm)。对单重线(如 Mg 285.2nm)而言,可分裂成振动方向平行于磁场的 π线(波长不变)和垂直于磁场的 $\sigma^{\pm}$ 线(波长增加或降低,并呈对称分布),根据谱线的偏振特性即可区分被测元素吸收和背景吸收,见图 6-13。

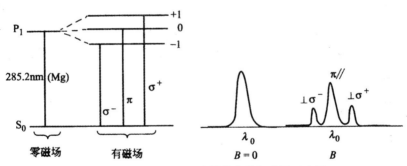

图 6-13　镁(285.2nm)塞曼效应能级分裂示意图

磁场作用下,发射线和吸收线均可发生塞曼效应,因此塞曼效应校正背景可分为光源调制法(光源处于磁场间)与吸收线调制法(原子化器处于磁场间)两大类,其中后者应用较广。吸收线调制法又有恒定磁场调制方式和可变磁场调制方式,下面简单介绍一下有关的原理。

恒定磁场调制方式[见图 6-14(a)]是在原子化器上施加一个垂直于光束方向的恒定磁场,此时,吸收线发生裂分,即只能对频率与π线相同并平行磁场方向的偏振光,或频率与±线相同并垂直磁场方向的偏振光产生吸收。光源发射的是与π线频率相同的自然光,而放置在光源与原子化器间的旋转偏振片只允许某一偏振方向的辐射通过。当偏振片平行于磁场时,入射光被待测元素吸收并同时产生背景吸收(背景吸收来自于分子吸收和散射,不区分自然光或偏振光);当偏振片垂直于磁场时,入射光仅能产生背景吸收。两次吸光度的差值,便是校正背景吸收后待测元素的净吸收值。

可变磁场调制方式[见图 6-14(b)]是在原子化器上加一可产生交变磁场的电磁铁,另外

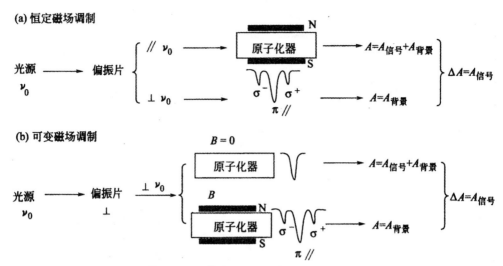

图 6-14 吸收线调制法扣背景原理示意图

偏振片方向是固定垂直磁场的。零磁场时,吸收谱线不发生分裂,此时测的是待测元素吸收和背景吸收;激磁时,吸收谱线发生分裂,垂直于磁场的偏振光只能产生背景吸收。两次吸光度的差值,便是校正背景吸收后待测元素的净吸收值。

塞曼效应背景校正法中仅使用一个光源,且测量光束与参比光束均有完全相同的频率和光斑大小,只是在测量时间上略有差异,因此可适用于全波段及强背景的校正并有很高的准确度。但是由于谱线裂分后光强减弱,使得灵敏度有所下降,若采用可变磁场调制方式,灵敏度基本上接近常规原子吸收法。此外使用该法得到的校正曲线往往会出现"返转"现象,即在高浓度时吸收度反而下降。塞曼效应背景校正法装置较贵,通常用于石墨炉原子吸收光谱仪。

6.5 灵敏度和检出限

6.5.1 灵敏度

原子吸收光谱法的灵敏度有相对灵敏度和绝对灵敏度两种表示方法。

1. 相对灵敏度

相对灵敏度是指在给定条件下待测元素的最小检出浓度,定义为能产生 1% 吸收或吸光度为 0.0044 时试样中待测元素的质量浓度,常以 $\mu g \cdot mL^{-1}/1\%$ 为单位,其表达式如下:

$$S_{相}=\frac{c\times0.0044}{A}\tag{6-8}$$

式中,$S_{相}$ 为相对灵敏度;c 为试样中的待测元素的浓度,$\mu g \cdot mL^{-1}$;A 为试样的吸光度值。

2. 绝对灵敏度

绝对灵敏度是以质量单位表示的待测元素的最小检出量,定义为能产生 1% 吸收或吸光度为 0.0044 时对应的待测元素的质量,常以 g/1% 为单位,其表达式为:

$$S_{绝}=\frac{c\times V\times0.0044}{A}\tag{6-9}$$

式中，$S_绝$ 为绝对灵敏度；c 为试样中的待测元素的浓度，$g \cdot mL^{-1}$；V 为试样体积，mL；A 为试样的吸光度值。

　　显然，灵敏度的数值越小，表示灵敏度越高。原子吸收光谱法的吸光度值在 0.1～0.5 时，测定的准确度较高，相应的待测元素浓度范围大约为灵敏度的 25～125 倍。相对灵敏度常用在火焰原子化吸收光谱法中，而在石墨炉原子吸收光谱法中则常用绝对灵敏度。

6.5.2　检出限

　　检出限（Detection Limit）是指产生一个能够确证在试样中存在某元素的分析信号所需要的该元素的最小含量。在原子吸收光谱法中检出限定义为待测元素所产生的信号强度等于其噪声强度标准偏差 3 倍时所相应的质量浓度或质量分数，单位为 $\mu g \cdot mL^{-1}$ 或 $g \cdot mL^{-1}$。以公式表示如下：

$$D_c = \frac{c}{A} \cdot 3\sigma \qquad (6\text{-}10)$$

或

$$D_c = \frac{m}{A} \cdot 3\sigma \qquad (6\text{-}11)$$

式中，D_c 为试样中待测元素的质量浓度，$\mu g \cdot mL^{-1}$；m 为试样中待测元素的质量，g；A 为吸光度多次测定平均值；σ 为空白溶液吸光度的标准偏差（至少连续测定 10 次求得）。

　　灵敏度和检出限都是衡量分析方法和仪器性能的重要指标，但检出限考虑到了噪声的影响，并明确指出了测定的可靠程度。同一元素在不同仪器上有时灵敏度相同，但由于仪器的噪声水平不同，检出限可相差一个数量级以上。

6.6　原子吸收光谱定量分析

6.6.1　定量分析的基本原理

　　光谱定量分析是根据试样中被测元素的特征谱线的强度来确定其浓度的，元素谱线强度 I 与该元素的浓度浓度 c 的关系如下：

$$I = ac^b \qquad (6\text{-}12)$$

这就是赛伯—罗马金（Schiebe—Lomakin）公式，是原子发射光谱定量分析的基本公式。式中的 a 和 b 在一定条件下都为常数。a 与试样的蒸发、激发过程以及试样的组成有关；b 与试样的含量、谱线的自吸有关，称为自吸系数。对公式两边取对数可得

$$\lg I = b \lg c + \lg a \qquad (6\text{-}13)$$

以 $\lg I$ 为纵坐标，$\lg c$ 为横坐标作图得校准曲线，在一定浓度范围内呈直线。在高浓度时，$b < I$，曲线发生弯曲。

　　激发源中的等离子体有一定的体积，温度及原子浓度在其各部位分布不均匀。中间温度高，边缘温度低，中心区域激发态的原子多，边缘基态或较低能态的原子较多。某元素的原子从中心发射某一波长的电磁辐射，必然要通过边缘到达检测器，这样所发射的电磁辐射就有可

能被处在边缘的同元素基态或较低能态的原子所吸收。因此,检测器接收到的谱线强度就减弱了。这种原子在高温发射某一波长的辐射,被处于边缘低温状态的同种原子所吸收的现象称为自吸。

自吸对谱线中心处的强度影响较大。这是由于发射谱线的宽度比吸收谱线的宽度大的缘故。自吸的程度用自吸系数 b 表示。当试样中元素的含量很低时,不表现出自吸,$b=1$;当含量增大时,自吸现象增强,$b<I$。当达到一定的较大含量时,由于自吸严重,谱线中心的辐射被强烈地吸收,致使谱线中心的强度比边缘更低,似乎变成两条谱线,这种现象称为自蚀,如图6-15所示。基态原子对共振线的自吸最为严重,并且常产生自蚀。激发源中弧焰的厚度越厚,自吸现象越严重。不同光源类型,自吸情况不同,直流电弧的蒸气的厚度大,自吸现象比较明显。

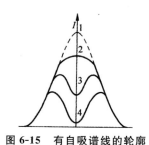

图6-15 有自吸谱线的轮廓
1—无自吸;2—有自吸;
3—自蚀;4—严重自蚀

在光谱分析中,影响谱线强度的主要因素是蒸发参数和激发温度。蒸发参数影响等离子区原子的总浓度,激发温度影响等离子区激发的原子数。试样的蒸发与激发条件,及试样的组成等都会影响谱线的强度。在实际工作中要完全控制这些因素有一定的困难。因此,用测量谱线的绝对强度进行定量分析,难以获得准确结果。

6.6.2 标准曲线法

最常用的分析方法,适用于组分较纯或者共存组分没有干扰的情况。标准曲线法又称三标准试样法,是指在分析时,根据实际样品的情况,配制一系列与样品溶液基体组成相近的不同浓度的标准溶液(不少于三个),在所选定的实验条件下,测量吸收度,绘制 $A-c$ 标准曲线。在相同的实验条件下,测定样品溶液的吸光度,由标准曲线查得对应浓度,求得待测元素的含量。

标准曲线法注意以下几点:
①标准系列的组成要尽可能接近实际试样的组成。
②扣除空白试验值。
③标准曲线具有适当的浓度范围,一般吸光度在 0.2~0.8,这个浓度或者含量约相当于元素检出限的几倍到几十倍。试样的读数应在校正曲线的中段。
④在这个分析过程中操作条件应保持不变。

在实际分析中,有时出现标准曲线弯曲的现象。每次测定都必须绘制校正曲线,在大量试样的测定过程中还要经常用标准溶液与空白溶液检查测试条件的变化和基线的稳定性。

6.6.3　标准加入法

在测定微量元素时,如果不易找到不含被分析元素的物质作为配制标准样品的基体时,可以在试样中加入不同已知量的被分析元素来测定试样中的未知元素的含量,这种方法称为标准加入法。

操作原理:取若干份(例如四份)体积相同的试样溶液从第二份开始按比例加入不同量的待测元素的标准溶液,用溶剂稀释至一定的体积,设试样中待测元素的浓度为 c_x,加入标准溶液后浓度分别为(c_x+c_0、c_x+2c_0、c_x+4c_0),分别测得吸光度(A_x、A_1、A_2 及 A_3),绘制吸光度 A 和加入量的校正曲线,如图 6-16,外延校正曲线与横坐标相交于点 c_x。此点与原点之间的距离是试液的浓度,再根据稀释的程度,计算试样待测元素的浓度。

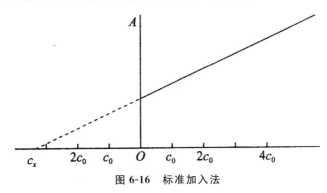

图 6-16　标准加入法

标准加入法注意以下几点:
①待测元素的浓度与对应的吸光度应呈线性关系。
②斜率过大或过小,均可引起较大的误差。
③本法只能消除基体效应带来的影响,不能消除分子吸收、背景吸收等的影响。

6.6.4　内标法

具体操作是:将内标元素的已知确定浓度的相同体积的标准溶液,依次加入到待测元素不同浓度的标准溶液系列和待测试液中。然后在相同的条件下,依次测量每种溶液中待测元素和内标元素的吸光度 A 和 A_0 以及它们的比值 A/A_0,绘制 A/A_0-c 的内标工作曲线,再根据待测元素和内标元素吸光度比值从标准曲线上求得试样中待测元素的浓度。

本法选用的内标元素与待测元素化学性质相近,对锐线吸收也要相近。此法不受测定条件变化的影响,不足之处是需要使用具有双通道原子吸收光谱仪。随着测定条件的不同、试样组成不同,所选择的内标元素也可能不同。

6.7 原子吸收光谱法在环境分析中的应用

6.7.1 火焰原子吸收分光光度法测定环境空气中颗粒 Pb

环境空气中的 Pb,是指酸溶性 Pb 及 Pb 的氧化物。用玻璃纤维滤膜采集的试样,经 HNO_3 —H_2O_2 溶液浸出制备成试料溶液。直接吸入空气－乙炔火焰中原子化,在波长 283.3nm 处测量基态原子对空心阴极灯特征辐射的吸收。在一定条件下,根据吸收光度与待测样中金属浓度成正比。方法检出限为 $0.5\mu g/mL$(1%吸收),当采样体积为 $50m^3$ 进行测定时,最低检出浓度为 $5\times10^{-4}mg/m^3$。

(1)主要试剂

①HNO_3 溶液,1%。

②HNO_3(1+1)溶液。

③HNO_3—H_2O_2 混合液:用 HNO_3 和 H_2O_2 按(1+1)配制,现用现配。

④Pb 标准溶液,$c=100\mu g/mL$。用 1%的 HNO_3 稀释 Pb 贮备液制得。

⑤燃气:乙炔,纯度不低于 99.6%。用钢瓶气或由乙炔发生器供给。

⑥滤膜:聚氯乙烯等有机滤膜。空白滤膜的最大含 Pb 量,要明显低于本方法所规定测定的最低检出浓度。

(2)仪器与工作条件

①原子吸收分光光度计及相应的辅助设备;②Pb 空心阴极灯;③真空抽滤装置;④微波消解装置或电热板;⑤总悬浮颗粒物采样器:中流量或大流量采样器。

工作条件:波长 283.3nm;等电流:4mA;火焰类型:空气－乙炔,氧化型。

(3)样品采集

用总悬浮颗粒物采样器(大流量或中流量采样器),采样 $80\sim150m^3$。采样时应将滤膜毛面朝上,放入采样夹中拧紧。采样后小心取下滤膜尘面朝里对折两次叠成扇形,放回纸袋中,并详细记录采样条件。

(4)分析步骤

试液溶液:

①HNO_3—H_2O_2 溶液浸出法:取试样滤膜,置于聚四氟乙烯烧杯中,加入 10mL HNO_3—H_2O_2 混合溶液浸泡 2h 以上,在电热板上沙浴加热至沸腾,保持微沸 10min。冷却后加入 30% H_2O_2 10mL,沸腾至微干,冷却,加 1% HNO_3 溶液 20mL,再沸腾 10min,热溶液通过真空抽滤装置,收集于试管中,用少量热的 1% HNO_3 溶液冲洗过滤器数次。待滤液冷却后,转移到 50mL 容量瓶中,再用 1% HNO_3 溶液稀释至标线,即为试样溶液。

②微波消解法:取试样滤膜,放入微波消解的溶样杯中,加入浓 HNO_3 5mL、30% H_2O_2 2mL,用微波消解器在 1.5MPa 下消解 5min。取出冷却后用真空抽滤装置过滤,再用 1%热稀 HNO_3 冲洗数次。待滤液冷却后,转移至 50mL 容量瓶中,用 1%的 HNO_3 稀释至标线,即为试样溶液。

取同批号等面积空白滤膜,按上述两种样品预处理方法操作,分别制备成空白溶液。

校准曲线的绘制：

参照表6-1，取6个100mL容量瓶，分别加入Pb标准使用溶液，然后用1%HNO$_3$溶液稀释至标线，配制成工作标准溶液，其浓度范围包括试样中被测Pb浓度。

表6-1　标准溶液系列

项目	序号						
	0	1	2	3	4	5	6
Pb标准液加入体积(mL)	0	0.50	1.00	2.0	4.00	8.00	10.00
工作标准溶液浓度(mg/L)	0	0.50	1.00	2.0	4.00	8.00	10.00

根据选定的原子吸收分光光度计工作条件，测定工作标准溶液的吸光度。以吸光度对Pb浓度(mg/L)，绘制标准曲线。

（注：在测定过程中，要定期地复测空白和标准溶液，以检查基线的稳定性和仪器灵敏度是否发生了变化。）

试料溶液测定：

按校准曲线绘制时的仪器工作条件，吸入1%HNO$_3$溶液，将仪器调"0"，分别吸入空白和试样溶液，记录吸光度值。

（5）结果计算

根据所测的吸光度值，在校准曲线上查出试料溶液和空白溶液的浓度，空气中Pb的含量c(mg/m^3)按式(6-14)计算。

$$c = \frac{V(a-b)N}{V_n \times 1000} \cdot \frac{S_t}{S_a}$$ (6-14)

式中，c为Pb及其无机化合物（换算成Pb）浓度(mg/m^3)；a为试样溶液中Pb浓度(μg/mL)；b为空白溶液中Pb浓度(μg/mL)；V为试料溶液体积(mL)；V_n为换算成标准状态下(0℃、101.325Pa)的采样体积(m^3)；S_t为试料滤膜总面积(cm^2)；S_a为测定时所取滤膜面积(cm^2)。

6.7.2　石墨炉原子吸收光谱法测定地表水和污水中铍

铍在热解石墨管中原子化，成为气态基态原子，对空心阴极灯发射的特征谱线产生吸收。在一定浓度范围内，其吸收强度与试液中铍的含量成正比。该方法的检出限为0.02μg/L；测定范围为0.2～0.5μg/L。石墨炉原子吸收光谱法具有灵敏度高的特点，可直接检测水体中的痕量铍。

（1）主要试剂

除另有说明，测定时均使用符合国家标准或专业标准的分析试剂，去离子水或同等纯度的水。

①硫酸，c=1.84g/mL，优级纯。

②硝酸，c=1.40g/mL。

③硫酸溶液，(1+1)：将硫酸和水等体积混合。

④硝酸溶液，(1+9)：将1体积硝酸和9体积水混合。

⑤铍标准贮备液,0.100mg/mL 称取 0.1966g 四水合硫酸铍(BeSO₄·4H₂O),准确至±0.0002g,置于小烧杯中用水溶解,然后移入 100mL 容量瓶中,加入 1.0mL (1+1)硫酸溶液,用水稀释至标线,摇匀。

⑥铍标准中间液,5.00μg/mL 准确移取铍标准贮备液 5.00mL 至 100mL 容量瓶中,加入 0.4mL (1+1)硫酸溶液,用水稀释至标线,摇匀。

⑦铍标准使用液,0.10μg/mL 准确移取铍标准中间液 2.00mL 至 100mL 容量瓶中,加入 0.4mL (1+1)硫酸溶液,用水稀释至标线,摇匀。

⑧铝溶液,10mg/mL 溶解 13.9g 硝酸铝[Al(NO₃)₃·9H₂O]于水中,定容至 100mL。

(2)仪器

①一般实验室仪器。

②石墨炉原子吸收分光光度计(带有背景扣除装置)。

③铍空心阴极灯。

④热解石墨管。

⑤仪器工作条件。不同型号的仪器最佳测试条件不同。该标准方法通常采用的测量条件见表 6-2。

表 6-2 测量条件

测定波长/nm	234.9
光谱通带/nm	1.3
灯电流/mA	12.5
干燥	80℃~120℃,20s
灰化	800℃,20s
原子化	2600℃,5s
清除	2800℃,3s
氩气流量/(mL/min)	200
进样量/μL	20

(3)样品采集

①采样前,将所用的聚乙烯瓶用洗涤剂洗净,再用 10% 硝酸溶液荡洗,最后用水冲洗干净。

②需测定铍的总量时,样品采集后立即加入硫酸,使样品 pH 为 1~2。

③需测定可滤态铍时,采样后尽快用 0.45μm 滤膜过滤,然后将滤液加硫酸酸化至 pH 为 1~2。

(4)分析步骤

①试液的制备

清洁水样和一般污水可直接进行分析。取适量含铍样品(Be≤0.05μg)置于 10mL 比色管中,加铝溶液 0.5mL,(1+1)硫酸溶液 0.2mL,用水稀释至标线,摇匀备测。

②空白试验

用水代替试样,采用和试样相同的步骤和试剂,制备全程空白溶液。

③测定

按照表 6-2 所列测量条件,测定空白溶液和试液的吸光度。

④校准曲线

准确移取铍标准使用液。0.00mL、0.05mL、0.1 0mL、0.20mL、0.30mL、0.40mL、0.50mL 于 10mL 比色管中,余下操作与试样相同,配制成铍质量浓度为 0.0μg/L、0.5μg/L、1.0μg/L、2.0μg/L、3.0μg/L、4.0μg/L、5.0μg/L 但的标准溶液系列。然后在与试样相同的测量条件下,由低到高顺次测定标准溶液系列的吸光度。

用减去空白溶液吸收值的吸光度与相对应的元素质量浓度(μg/L)绘制铍的校准曲线。

(5)结果计算

水样中铍的质量浓度 c_{Be}(μg/L)按式(6-15)计算。

$$c_{Be} = c' \frac{10}{V}$$ (6-15)

式中,c_{Be} 为水样中铍的含量,μg/L;c' 为由校准曲线上查得的铍的质量浓度,μg/L;10 为定容体积,mL;V 为取样体积,mL。

6.7.3　火焰原子吸收测定被污染土壤中重金属铜、锌、铬

土壤重金属污染是通过污水灌溉、污泥施肥、工业废水排放及大气沉降等途径造成的。土壤中的重金属不仅影响植物的生长发育,还可通过植物对重金属的吸收和累积作用威胁人体健康,因此,分析土壤中重金属的含量对有效治理土壤重金属污染,提高农产品产量和质量,保护人体健康有重要意义。

(1)主要试剂

1.00g/L 铜、锌、铬标准贮备液。

混合标准工作液:吸取 1.00g/L 铬标准贮备液 1.00mL,1.00g/L 铜、锌标准贮备液各 0.5mL 于 10mL 的容量瓶中,以 1%的 HNO_3 溶液定容,此混合标准工作液中铜和锌的质量浓度为 50.0mg/L,铬的质量浓度为 100.0mg/L。

10%和 1%的 HNO_3 气溶液。

(2)仪器与测量条件

火焰原了吸收分光光度计,铜、锌、铬空心阴极灯,高速离心机,超声波清洗器。

该法所用测量条件见表 6-3。

表 6-3　铜、锌、铬测量条件

元素	波长/nm	狭缝/nm	火焰类型	灯电流/mA
Zn	213.9	0.7	空气－乙炔(贫燃)	10
Cu	324.8	0.7	空气－乙炔(贫燃)	8
Cr	359.3	0.7	空气－乙炔(富燃)	8

（3）分析步骤

①样品的预处理

称取烘干后的土壤样品 10g 于 50mL 具塞比色管中,加入 10％硝酸溶液定容,加塞密封后置于超声波清洗器中,调电流为 250mA 使超声波发生功率为 55W,超声提取 20min,浸提上清液,于离心机中离心后备用。

②标准系列溶液的配制

吸取标准工作液 0mL,0.50mL,1.00mL,2.00mL,3.00mL,5.00mL 于 6 个 100mL 容量瓶中,用 1％硝酸溶液定容,此溶液含铜、锌为 0μg/mL,0.25μg/mL,0.50μg/mL,1.00μg/mL,1.50μg/mL,2.50μg/mL;含 Cr 为 0μg/mL,0.50 μg/mL,1.00μg/mL,2.00μg/mL,3.00μg/mL,5.00μg/mL。

③校准曲线的制作及样品的测定

在上述选定的火焰原子吸收工作条件下,分别测定不同标准系列溶液,得到铜、锌、铬的校准曲线。在相同条件下,对待测样品及空白溶液进行测定,便可测得样品中铜、锌、铬的含量（μg/mL）。

测定铜、锌、铬的相对标准偏差分别为 1.2％、2.5％和 1.4％;加标回收率分别为 98.6％、101％和 104％。

第7章 分子光谱分析法之紫外－可见吸收光谱法

7.1 概述

7.1.1 紫外－可见吸收光谱分析法的分类

物质分子的价电子在吸收辐射并跃迁到高能级后所产生的吸收光谱,通常称为电子光谱。由于其波长范围是在紫外、可见光区,所以又称为紫外－可见光谱。

紫外－可见分光光度法属于分子吸收光谱分析法。它是根据物质分子对紫外、可见光区辐射的吸收特性,对物质的组成进行定性、定量及结构分析的方法。

紫外－可见吸收光谱分析法按测量光的单色程度分为分光光度法和比色法。

分光光度法是指应用波长范围很窄的光与被测物质作用而建立的分析方法。按照所用光的波长范围不同,又可分为紫外分光光度法和可见分光光度法两种,合称为紫外－可见分光光度法。紫外－可见光区又可分为 $100\sim200nm$ 的远紫外光区、$200\sim400nm$ 的近紫外光区、$400\sim800nm$ 的可见光区。其中,远紫外光区的光能被大气吸收,所以在远紫外光区的测量必须在真空条件下操作,因此也称为真空紫外区,不易利用。近紫外光区对结构研究很重要,它又称为石英区。可见光区则是指其电磁辐射能被人的眼睛所感觉到的区域。

比色法是指应用单色性较差的光与被测物质作用而建立的分析方法,适用于可见光区。

光的波长范围可借用所呈现的颜色来表征,光的相对强度可由颜色的深浅来区别,所以称为比色法,其中以人的眼睛作为检测器的可见光吸收方法称为目视比色法,以光电转换器件作为检测器的方法称为光电比色法。

7.1.2 紫外－可见吸收光谱分析法的产生及特点

紫外－可见吸收光谱也称电子－振动－转动光谱。分子中电子的能量一般为 $1\sim20eV$,相当于紫外及可见光的能量。当紫外及可见光照射分子时,分子的能级变化更加复杂,在电子能级之间跃迁的同时,不仅伴随着振动能级之间的跃迁,还伴随着转动能级之间的跃迁。因此,紫外－可见吸收光谱是由许多波长非常相近的一系列谱带组成的,有较宽的波长范围。当分子间作用力较弱时(如蒸气状态时),采用高分辨率的仪器才可检测出这些吸收带,在多数场合,观察到的是平滑曲线。

紫外－可见吸收光谱分析法是在仪器分析中应用最广泛的分析方法之一,其优点如下:

①灵敏度高:适于微量组分的测定,一般可测定浓度下限为 $10^{-6}\sim10^{-5}mol/L$ 的物质。

②准确度较高:相对误差一般为 $1\%\sim5\%$。

③设备和操作简单:方法简便,分析速度快。

④应用广泛:大部分无机化合物的微量成分都可以用这种方法进行测定,更重要的是可用

于许多有机化合物的鉴定及结构分析,可鉴定同分异构体。此外,还可用于配合物的组成和稳定常数的测定。

⑤前景广阔:现代科学技术发展向分光光度法提出了高灵敏、高选择、高精度的要求,而分光光度法依靠本身方法及仪器的发展,使新方法、新仪器不断出现,如双波长分光光度法、导数吸收光谱法和光声光谱法等,使光度分析法不仅能分析液样,还能分析固样、混浊样,不仅能分析单一组分还能分析多组分。目前,用微处理机控制的紫外可见分光光度计可自动调零、选波长及自动进行功能检查、故障诊断,已为实验室普遍选用。

7.1.3 有机化合物的紫外-可见吸收光谱

紫外可见吸收光谱的产生虽然包含了振动和转动能级的变化,但主要还是电子能级的变化。因此各种化合物紫外可见吸收光谱的特征体现了分子中电子在各能级间跃迁的内在规律。物质对紫外可见光的特征吸收可用最大吸收波长 λ_{max} 表示,λ_{max} 取决于分子基态和激发态之间的能量差。

有机化合物的紫外可见吸收光谱是由分子中价电子的跃迁产生的。根据分子轨道理论,有机化合物中存在三种类型的价电子:即形成单键的 σ 电子、形成双键的 π 电子和未参与成键的 n 电子(也称孤对电子)。与之相对应的也存在五种分子轨道:即成键轨道 σ、π、非键轨道 n 和反键轨道 σ*、π*,其能量顺序为 σ<π<n<π*<σ*。分子处于基态时,各电子均处在相应的成键轨道上(n 电子处在 n 轨道上)。当入射光能量与能级间隔匹配时,电子就会吸收能量从成键轨道(或 n 轨道)跃迁至反键轨道,从而形成相应的吸收光谱。

分子轨道能量的相对大小和不同类型电子跃迁所需要吸收能量的大小如图 7-1 所示,可以看出跃迁时能量高低顺序为:σ→σ*>σ→π*>π→σ*>n→σ*>π→π*>n→π*。其中 σ→π* 和 π→σ* 两种类型跃迁所需能量较高且属于禁阻跃迁,一般不考虑。

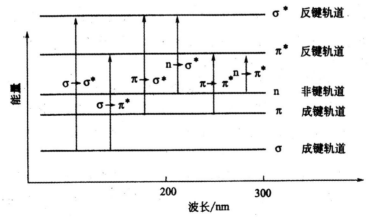

图 7-1 分子中电子能级及跃迁示意图

下面将根据电子跃迁类型来讨论有机化合物中较为重要的一些紫外吸收光谱,由此可以看出紫外吸收光谱和分子结构的关系。

(1)饱和的有机化合物

饱和烃的分子中只有 C—C 键和 C—H 键,显然只能发生 σ→σ* 跃迁,这类跃迁所需的能量最大,相应的吸收波长最短,处于 200nm 以下的远紫外区,如甲烷的 $\lambda_{max}=125nm$,乙烷的 $\lambda_{max}=135nm$。远紫外区又称为真空紫外区,无法利用常规的紫外可见光谱仪进行研究。

含有氧、氮、卤素等杂原子的饱和有机物因为存在 n 电子,还可以发生 $n \rightarrow \sigma^*$ 的跃迁,其吸收峰通常在 200nm 附近,如水的 $\lambda_{max}=167nm$,甲醇的 $\lambda_{max}=183nm$。$n \rightarrow \sigma^*$ 属于禁阻跃迁,因此吸收峰强度不大,摩尔吸光系数 ε 通常为 $100 \sim 3000 L \cdot mol^{-1} \cdot cm^{-1}$。

饱和有机化合物一般不在近紫外区产生吸收,因此较难采用紫外可见吸收光谱法直接对这类物质进行分析。但也正是由于这个特点,紫外可见光谱分析中常采用这类物质作为溶剂。

(2)不饱和脂肪族化合物

$C=C$ 键可以发生 $\pi \rightarrow \pi^*$ 跃迁,λ_{max} 在 170~200nm 左右,该跃迁的 ε 较大,通常为 $5 \times (10^3 \sim 10^5) L \cdot mol^{-1} \cdot cm^{-1}$。类似地,单个 $C \equiv C$ 或 $C \equiv N$ 键 $\pi \rightarrow \pi^*$ 跃迁的 ε 也较大,但 λ_{max} 均小于 200nm。如果分子中存在两个或两个以上双键(包括三键)形成的共轭体系,则随着共轭体系的延长,$\pi \rightarrow \pi^*$ 跃迁所需能量降低,λ_{max} 明显地移向长波长,并伴随着吸收强度的增加。但如果分子中存在的多个双键之间没有形成共轭,其所呈现的吸收仅为所有双键吸收的单纯叠加。

$C=O$、$N=N$、$N=O$ 等基团同时存在 π 电子和 n 电子,因此除可以发生具有较强吸收的 $n \rightarrow \pi^*$ 跃迁外,还可以发生 $n \rightarrow \pi^*$ 跃迁。该跃迁所需能量最低,处在近紫外或可见光区,但属于禁阻跃迁,吸收强度较低,ε 一般为 $10 \sim 100 L \cdot mol^{-1} \cdot cm^{-1}$。例如,丙酮 $\pi \rightarrow \pi^*$ 跃迁的 $\lambda_{max}=194nm$,ε 为 $900 L \cdot mol^{-1} \cdot cm^{-1}$;$n \rightarrow \pi^*$ 跃迁的 $\lambda_{max}=280nm$,ε 仅为 $10 \sim 30 L \cdot mol^{-1} \cdot cm^{-1}$。若处在共轭体系中,$n \rightarrow \pi^*$ 跃迁的 λ_{max} 也会移向长波长,并伴随着吸收强度的增加。

(3)芳香化合物

芳香族化合物为环状共轭体系,通常具有 E_1 带、E_2 带和 B 带三个吸收峰。例如苯的 E_1 带 $\lambda_{max}=184nm(\varepsilon=4.7 \times 10^4 L \cdot mol^{-1} \cdot cm^{-1})$,$E_2$ 带 $\lambda_{max}=204nm(\varepsilon=6900 L \cdot mol^{-1} \cdot cm^{-1})$,B 带 $\lambda_{max}=255nm(\varepsilon=230 L \cdot mol^{-1} \cdot cm^{-1})$(见图 7-2)。$E_1$ 带和 E_2 带是由苯环结构中三个乙烯环状共轭系统的跃迁产生的,吸收强度大,是芳香族化合物的特征吸收;B 带是由 $\pi \rightarrow \pi^*$ 跃迁和苯环的振动重叠引起的,吸收较弱,但经常带有许多精细结构,可用来鉴别芳香族化合物。当苯环上有取代基或处在极性溶剂中时,B 带的精细结构会减弱。对于稠环芳烃,随着苯环的数目增多,E_1、E_2 和 B 带均会向长波方向移动。当芳环上的一CH 基团被氮原子取代后,相应的氮杂环化合物(如吡啶、喹啉)的吸收光谱与相应的碳化合物极为相似,即吡啶与苯相似,喹啉与萘相似。此外,由于引入含有 n 电子的 N 原子,这类杂环化合物还可能产生 $n \rightarrow \pi^*$ 吸收带。

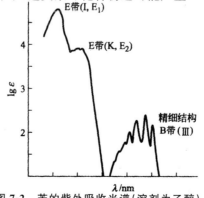

图 7-2　苯的紫外吸收光谱(溶剂为乙醇)

由上面的讨论可知,对有机化合物的分析而言,最有用的是基于 $\pi \rightarrow \pi^*$ 和 $n \rightarrow \pi^*$ 跃迁而产生的吸收光谱。因为实现这两类跃迁所需要吸收的能量相对较小,λ_{max} 一般都处于 200nm 以上的近紫外区,甚至可能在可见光区。除此之外,有机化合物还可以产生电荷转移吸收光谱,即在光能激发下,某一化合物中的电荷发生重新分布,导致电子从化合物的一部分(电子给体)迁移到另一部分(电子受体)而产生的吸收光谱。例如某些取代芳烃可产生这种分子内电荷转移吸收带:

前一例中苯环为电子受体,氮是电子给体;后一例中苯环为电子给体,氧是电子受体。可以看出电荷转移吸收的实质就是一个分子内自氧化还原过程,激发态即是该过程的产物。通常这类吸收光谱的谱带较宽而且强度较大($\varepsilon > 10^4 L \cdot mol^{-1} \cdot cm^{-1}$)。

7.1.4 无机化合物的紫外可见吸收光谱

无机化合物的紫外可见吸收光谱主要有电荷转移光谱和配位体场吸收光谱两种类型。

(1)电荷转移光谱

与有机化合物一样,许多无机配合物也可以在外来辐射的作用下发生类似的电子转移过程,从而产生电荷转移光谱,如:

$$M^{n+} - L^{b-} \xrightarrow{h\nu} M^{(n+1)} - L^{(b-1)-}$$

$$[Fe^{3+} - SCN^-]^{2+} \xrightarrow{h\nu} [Fe^{2+} - SCN]^{2+}$$

其中,M 为中心离子(例中为 Fe^{3+}),是电子受体;L 是配体(例中为 SCN^-),是电子给体。通常中心离子的氧化性越强或配体的还原能力越强(或相反情况),产生电荷转移跃迁所需的能量越小。许多水合离子、不少过渡金属离子与配体作用时都可产生电荷转移吸收光谱。这类吸收光谱处在近紫外或可见区,吸收强度很大($\varepsilon > 10^4 L \cdot mol^{-1} \cdot cm^{-1}$),因此在定量分析中广泛应用。

(2)配位体场吸收光谱

过渡金属配合物除能产生电荷转移吸收外,还能产生配位体场吸收。图 7-3 为 $[Co(NH_3)_5X]^{n+}$ 的紫外可见吸收光谱,其中所示的 $d-d$ 跃迁就是配位体场跃迁的一种形式。可以看出,与电荷转移跃迁相比,配位体场跃迁需要更小的能量,通常处在可见光区,但吸收强度较弱(ε 一般为 $10^{-1} \sim 10^3 L \cdot mol^{-1} \cdot cm^{-1}$),因此较少用于定量分析,主要用于无机配合物的结构及其键合理论的研究。

配位体场吸收光谱有 $d-d$ 跃迁和 $f-f$

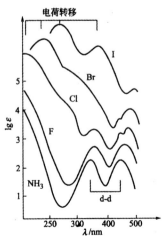

图 7-3 $[Co(NH_3)_5X]^{n+}$ 的紫外可见吸收光谱
($X=NH_3$ 时,$n=3$;$X=F$、Cl、Br、I 时,$n=2$)

跃迁两种类型,下面以 d—d 型跃迁为例解释一下光谱产生的原因,如图 7-4 所示。

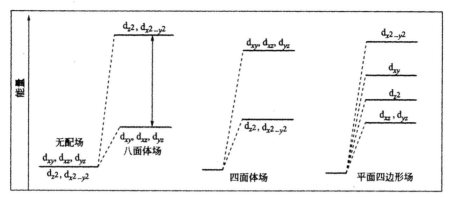

图 7-4　不同配位体场中 d 轨道的分裂

依据配位场理论,在无配位场存在时,五种 d 轨道的能量是简并的;当过渡金属离子处于配位体形成的负电场中时,5 个简并的 d 轨道会分裂成能量不同的轨道。不同配位场,如八面体场、四面体场、平面四边形场中形成的能级分裂不同,但能量间隔都不大。如果轨道是未充满的,低能量轨道上的电子吸收外来能量后,将会跃迁到高能量的轨道,从而产生吸收光谱。由于该光谱必须在配体的配位场作用下才可能产生,因此称为配位体场吸收光谱。

7.1.5　常用术语

如前所述,由于化合物中不同种类电子所发生的不同跃迁,因而产生了不同的吸收光谱。根据电子及分子轨道的种类可将紫外可见光谱中的吸收峰加以分类,一般将吸收峰对应的波长位置称为吸收带。下面将紫外可见光谱中吸收带类型和常用术语分别进行阐明,以便更好地进行光谱解析。

(1)吸收带的类型

紫外可见光谱中常见的吸收带分类见表 7-1。

表 7-1　吸收带的划分

吸收带	跃迁类型	特征	$\varepsilon/L \cdot mol^{-1} \cdot cm^{-1}$
远紫外	$\sigma \rightarrow \sigma^*$	远紫外区测定	—
末端吸收	$n \rightarrow \sigma^*$	紫外区短波长端至远紫外区的强吸收	—
E_1		芳香环的双键吸收	
$K(E_2)$	$\pi \rightarrow \pi^*$	共轭烯(炔)烃、烯酮的吸收	
B		芳香环、芳香杂环的特征吸收	
R	$n \rightarrow \pi^*$	CO,NO_2 等 n 电子基团的吸收	<100

(2)生色团和助色团

生色团是指含有非键或 π 键电子,能吸收外来辐射引发 $\pi \rightarrow \pi^*$ 和 $n \rightarrow \pi^*$ 跃迁的结构单元(如 C=C、C=N、C=O 等)。如果分子中含有数个生色团,但它们彼此之间不发生共轭,则该化合物的吸收光谱理论上是这些个别生色团的简单加和;如果这些生色团发生共轭,则原来各自孤立的生色团吸收带就不再存在,而代之为一个新的吸收带。新吸收带的 λ_{max} 将移向长波长,并通常伴随吸收增强的现象。

助色团是指含有非键电子对的基团。当它们与生色团或饱和烃相连时,能使其吸收峰向长波方向移动,并可提高吸收强度。其助色本质是因为和生色团中的电子发生相互作用,形成非键电子与 π 键的共轭,即 p—π 共轭,降低了 π→π* 跃迁所需的能量。常见助色团的大致助色能力如下:

—F＜—CH$_3$＜—Cl＜—Br＜—OH＜—OCH$_3$＜—NH$_2$＜—NHCH$_3$＜—N(CH$_3$)$_2$＜—NHC$_6$H$_5$＜O$^-$

(3)红移和蓝(紫)移

由于化合物的结构改变(如引入助色团或发生共轭作用)或改变溶剂等而引起的吸收峰向长波方向移动的现象称为红移,反之称为蓝移。

(4)增色和减色效应

由于化合物的结构改变或其他原因而引起的吸收强度增强的现象称为增色效应,反之称为减色效应。

7.1.6 影响紫外—可见吸收光谱的因素

紫外—可见吸收光谱易受分子结构和测定条件等多种因素的影响,其核心是对分子中共轭结构的影响。具体的影响表现为谱带位移、谱带强度的变化、谱带精细结构的出现或消失等,下面将分别进行讨论。

(1)共轭效应

共轭体系增大,λ_{max} 红移,吸收强度增加。由图 7-5 可以看出,形成共轭体系后,π 轨道发生重组,结果使得最高成键轨道能量升高,最低反键轨道能量降低,因此发生 π→π* 跃迁所需能量降低,λ_{max} 红移,吸收强度增加。显然,共轭体系越长,该效应越大。

化合物	乙烯	丁二烯	己三烯	辛四烯
结构式	CH$_2$=CH$_2$			
λ_{max}/nm	185	217	258	296
ε/L·mol^{-1}·cm^{-1}	1.0×10^4	2.1×10^4	3.5×10^4	5.2×10^4

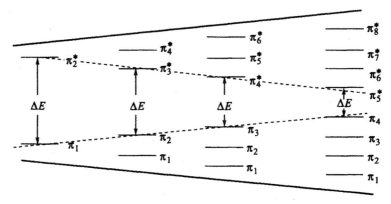

图 7-5 共轭效应对紫外可见吸收光谱的影响

（2）立体化学效应

立体化学效应是指因空间位阻、构象、跨环共轭等因素导致吸收光谱的红移或蓝移，并常伴随着增色或减色效应，其本质是分子共轭程度受到影响所致。

空间位阻会妨碍分子内共轭的生色团同处一个平面，导致共轭效果变差，引起蓝移和减色。跨环共轭是指两个生色团本身不共轭，但由于空间的排列，使其电子云能相互作用产生共轭效果而引起红移和增色。

（3）溶剂的影响

化合物的紫外－可见吸收光谱通常是在溶液中测定的，溶剂的性质可能会对吸收峰位置、形状和强度有所影响，因此必须加以考虑。

首先，化合物溶剂化后分子的自由转动将受到限制，使得由转动引起的精细结构消失；若溶剂的极性较大，化合物的振动也将受到限制，使得由振动引起的精细结构也消失，吸收谱带仅呈现为宽的带状包峰。图 7-6 给出了对称四嗪在不同环境下的吸收光谱，可以看出，若想获得吸收图谱的精细结构，应在气态或非极性溶剂中测定。

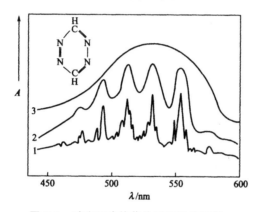

图 7-6　时称四嗪的紫外可见吸收图谱

曲线 1—蒸气态；曲线 2—环己烷中；曲线 3—水中

其次，溶剂极性的增大往往会使化合物中的 $\pi \rightarrow \pi^*$ 跃迁红移，$n \rightarrow \pi^*$ 跃迁蓝移，这种现象称为溶剂效应。如图 7-7 所示，在 $\pi \rightarrow \pi^*$ 跃迁中，由于分子激发态的极性大于基态，与极性溶

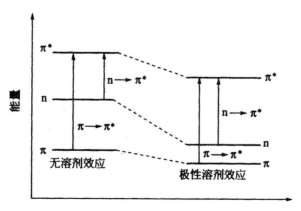

图 7-7　溶剂极性对 $n \rightarrow \pi^*$ 和 $\pi \rightarrow \pi^*$ 跃迁能量的影响

剂间的静电作用更强,能量降低程度也大于基态,因此跃迁时所需能量减小,吸收谱带的 λ_{max} 发生红移;而在 $n \rightarrow \pi^*$ 木跃迁中,由于 n 电子可与极性溶剂形成氢键,使得基态分子能量降低更大,因此跃迁时所需能量增大,吸收谱带的 λ_{max} 发生蓝移。溶剂效应随溶剂极性增大而更为显著,如表 7-2 中的数据所示。

表 7-2　异亚丙基丙酮的溶剂效应

溶剂 跃迁类型	极性由小变大			
	正己烷	氯仿	甲醇	水
$\lambda_{max}(\pi \rightarrow \pi^*)/nm$	230	238	237	243
$\lambda_{max}(n \rightarrow \pi^*)/nm$	329	315	309	305
$\Delta\lambda_{max}/nm$	99	77	72	62

由上面的讨论可知,溶剂对紫外－可见吸收光谱的影响很大。因此在吸收光谱图上或数据表中必须注明所用的溶剂;与已知化合物的谱图作对照时也应注意所用的溶剂是否相同。进行紫外－可见光谱分析时,必须正确地选择溶剂。选择溶剂时应注意下列几点:

①溶剂应能很好地溶解试样且为惰性的,即所配制的溶液应具有良好的化学和光化学稳定性。

②在溶解度允许的范围内,尽量选择极性较小的溶剂。

③溶剂在样品的吸收光谱区应无明显吸收。

(4)pH 值的影响

对于酸碱性的化合物,溶剂 pH 值大小将会影响其解离情况,因此也会对其紫外可见光谱产生影响,例如酸碱指示剂的变色现象,本质就是不同 pH 值下解离不同而进一步影响共结构产生的。

7.2　光吸收定律

7.2.1　透光率和吸光度

当一束平行单色光照射到任何均匀、非散射的介质。例如,溶液时,光的一部分被吸收,一部分透过溶液,一部分被器皿的表面反射。如果入射光的强度为 I_0,吸收光的强度为 I_a,透过光的强度为 I_i,反射光的强度为 I_r,则

$$I_0 = I_a + I_i + I_r \tag{7-1}$$

在吸收光谱分析中,试液和参比液都是采用同样质料和厚度的比色皿,因此,反射光的影响可以互相抵消,于是式(7-1)可简化为:

$$I_0 = I_a + I_i$$

透过光强度 I_i 与入射光强度 I_0 之比称为透光率,用 T 表示,即

$$T = \frac{I_i}{I_0}$$

溶液的透光率越大,说明对光的吸收越小;相反,透光率越小,则溶液对光的吸收越大。常用吸光度来表示物质对光的吸收程度,其定义为:

$$A = \lg \frac{1}{T} = \lg \frac{I_i}{I_0}$$

A 值越大,表示物质对光的吸收越大。

7.2.2　朗伯定律

设有某一波长的单色光,通过液层(光吸收层)厚度为 b 的均匀溶液,如图 7-8 所示。

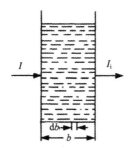

图 7-8　光吸收示意图

如将液层分成无限小的相等的薄层,其厚度为 db。又设照射在薄层上的光强度为 I,当光通过薄层后,光强度减弱 $-\mathrm{d}I$,则 $-\mathrm{d}I$ 应与 db 及 I 成正比,即

$$-\mathrm{d}I \propto I \mathrm{d}b$$

$$-\mathrm{d}I = K_1 I \mathrm{d}b$$

$$\frac{-\mathrm{d}I}{I} = K_1 \mathrm{d}b \tag{7-2}$$

假定入射光强度为 I_0,透过光强度为 I_i,将式(7-2)积分得到:

$$-\int_{I_0}^{I_i} \frac{\mathrm{d}I}{I} = K_1 \int_0^b \mathrm{d}b$$

$$-(\ln I_i - \ln I_0) = K_1 b$$

$$\ln I_0 - \ln I_i = K_1 b$$

根据吸光度的定义,则有

$$A = \ln \frac{I_0}{I_i} = K_1 b \tag{7-3}$$

将式(7-3)中自然对数换为常用对数,则变为:

$$A = \lg \frac{I_0}{I_i} = K_2 b \tag{7-4}$$

在分光光度法中,透过光强度 I_i 一般用 I 表示,则式(5-4)变为:

$$A = \lg \frac{I_0}{I} = K_2 b \tag{7-5}$$

式中,K_2 为比例常数,与入射光波长、溶液的性质、浓度和温度有关。

由式(7-5)可知:当入射光的波长、吸光物质的浓度和溶液的温度一定时,溶液的吸光度与液层厚度成正比,这就是朗伯定律。

7.2.3　比尔定律

当单色光通过液层厚度一定的均匀溶液时,溶液中的吸光质点浓度增加 dc,则入射光通过溶液后减弱$-\mathrm{d}I$,$-\mathrm{d}I$ 应与入射光强度,成正比,也与浓度增加的变化值 dc 成正比,即

$$-\mathrm{d}I \propto I\mathrm{d}c$$
$$-\mathrm{d}I = K_3 I\mathrm{d}c$$
$$\frac{-\mathrm{d}I}{I} = K_3 \mathrm{d}c$$

同样亦可得到:

$$A = \lg \frac{I_0}{I} = K_4 c \qquad (7\text{-}6)$$

式(7-6)称为比尔定律。式中比例常数 K_4 与入射光波长、溶液性质、液层厚度和温度有关。比尔定律表示:当入射光的波长、液层厚度和溶液温度一定时,溶液的吸光度与溶液的浓度成正比。

7.2.4　朗伯-比尔定律

如果要求同时考虑溶液浓度 c 和液层厚度 b 对光吸收的影响,可将朗伯定律和比尔定律合并为朗伯-比尔定律,即

$$A = \lg \frac{I_0}{I} = Kcb \qquad (7\text{-}7)$$

式中,K 与入射光波长、物质的性质和溶液的温度等因素有关的比例常数。

式(7-7)表明,当一束单色光通过均匀溶液时,溶液的吸光度与溶液浓度和液层厚度的乘积成正比。

此定律以下列条件为前提:

①入射光为单色光。

②吸收过程中各物质无相互作用。

③辐射与物质的作用仅限于吸收过程,没有荧光、散射和光化学现象。

④吸收物是一种均匀分布的连续体系。

朗伯-比尔定律是紫外-可见、红外吸收光谱分析法定量分析的依据。实际应用时,式(7-7)中的浓度 c 用 mol/L 单位表示,液层厚度 b 用 cm 为单位表示,则 K 用另一符号 ε 来表示。ε 称为摩尔吸光系数,单位为 L/(mol·cm),它表示物质的浓度为 1mol/L,液层厚度为 1cm 时溶液的吸光度。摩尔吸光系数表示物质对某一特定波长光的吸收能力,ε 越大,说明该物质对某一波长光的吸收能力越强,测量的灵敏度就越高。ε 一般通过测量较稀浓度溶液的吸光度计算求得。

7.2.5　吸光系数

吸光系数的物理意义是:吸光物质在单位浓度及单位液层厚度时的吸光度。当入射光的波长、溶剂的种类、溶液的温度及测量仪器的性能等因素确定时,吸光系数只与吸光物质的性质有关,是物质的特征常数之一。不同物质对同一波长的单色光,有不同的吸光系数;同一物

质对不同波长的单色光,也有不同的吸光系数。吸光系数是物质定性鉴别的重要依据。在吸收定律中,吸光系数是斜率,吸光系数越大,表明吸光物质的吸光能力越强,测定的灵敏度越高,定量分析时一般选择吸光系数最大的波长为测量波长,吸光系数也是定量分析衡量灵敏度的重要参数。

当溶液浓度采用不同单位时,吸光系数可采用两种表示方式。

1. 摩尔吸光系数(molar absorptivity)

摩尔吸光系数是指在一定波长下,溶液浓度为 1mol/L,液层厚度为 1cm 时的吸光度,用 ε 表示,单位为 L/(mol·cm)。

2. 百分吸光系数(percentage absorptivity)

百分吸光系数是指在一定波长下,溶液的质量浓度为 $l\%(W/V)$,液层厚度为 1cm 时的吸光度,用 $E_{1cm}^{1\%}$ 表示,单位为 $100mL/(g·cm)$。

两种吸光系数之间的换算关系是:

$$\varepsilon = E_{1cm}^{1\%} \times \frac{M}{10} \tag{7-8}$$

式中,M 是吸光物质的摩尔质量。ε 和 $E_{1cm}^{1\%}$ 都是通过测定已知准确浓度的稀溶液的吸光度,根据朗伯－比尔定律换算而得。

摩尔吸光系数 ε 在 $1 \times 10^4 \sim 1 \times 10^5$ 为强吸收,小于 100 为弱吸收,介于两者之间为中强吸收。

例 7-1　称取 1.00mg 维生素 B_{12}(其摩尔质量 $M = 1355g/mol$)纯品,配成 25.00mL 的水溶液,吸收池厚度为 0.5cm,在 361nm 波长下,测得吸光度 0.414,计算其百分吸光系数与摩尔邻吸光系数。

解: 已知 $M = 1355g/mol$, $b = 0.5cm$, $A = 0.414$, $m = 1.00mg$, $V = 25.00mL$ 求:B_{12} 在 361nm 波长处的 $E_{1cm}^{1\%}$ 及 ε。

根据　$A = Kcb = E_{1cm}^{1\%} cb$

则　$E_{1cm}^{1\%} = \dfrac{A}{cb} = \dfrac{0.414}{0.5 \times \dfrac{1.00 \times 10^{-3}}{25.00} \times 100} = 207$

根据　$\varepsilon = \dfrac{M}{10} \times E_{1cm}^{1\%}$

则　$\varepsilon = \dfrac{M}{10} \times E_{1cm}^{1\%} = \dfrac{1355}{10} \times 207 = 2.80 \times 10^4 L/(mol·cm)$

或根据:$A = Kcb$

$\varepsilon = \dfrac{A}{cb} = \dfrac{0.414}{0.5 \times \dfrac{1.00 \times 10^{-3}}{1355 \times 25.00 \times 10^{-3}}} = 2.80 \times 10^4 L/(mol·cm)$

7.2.6　吸收曲线

当溶液浓度与液层厚度一定时,测定物质对不同波长单色光的吸光度,以波长 λ 为横坐标,以吸光度 A 为纵坐标所绘制的 $A-\lambda$ 曲线,称为吸收曲线(Absorption Curve),也称吸收光谱(Absorption Spectrum)。测定的波长范围在紫外—可见光谱区,称紫外—可见吸收光谱(Ultraviolet—visible Absorption Spectrum),简称紫外光谱,见图 7-9。

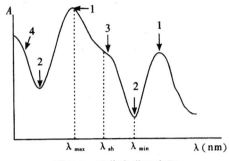

图 7-9　吸收光谱示意图

1—吸收峰;2—谷;3—肩峰;4—末端吸收

图中吸收较大并且成峰形的部分称为吸收峰,凹陷的部分称为谷,它们所对应的波长分别称为最大吸收波长(λ_{max})和最小吸收波长(λ_{min})。在吸收峰的旁边有一个小的曲折称为肩峰(Shoulder Peak),其对应波长为 λ_{ab},在吸收曲线短波端呈现的不成峰形的强吸收,称为末端吸收(End Absorption)。不同的物质有不同的吸收光谱及特征参数,因此,吸收光谱的特征以及整个光谱的形状是物质定性鉴别的依据,是定量分析选择测定波长的依据,也是推断化合物结构的依据之一。

7.2.7　标准曲线与偏离比尔定律的因素

根据光的吸收定律,当液层厚度一定时,吸光物质浓度与吸光度之间呈线性关系。以浓度 c 为横坐标,吸光度 A 为纵坐标绘制的 $A-c$ 曲线,称为标准曲线(Standard Curve),也称工作曲线(Working Curve),是一条通过原点的直线。在实际工作中,很多因素会导致标准曲线发生弯曲或不通过原点,给测量结果带来误差,一般称为偏离比尔定律,见图 7-10。

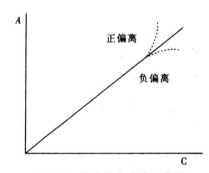

图 7-10　偏离比尔定律示意图

偏离比尔定律的主要因素有光学因素和化学因素两个方面。

1.化学因素

(1)浓度

比尔定律只适用于稀溶液($c<0.01$mol/L),此时,吸光粒子是独立的,相互之间不发生作用。当溶液浓度增高时,吸光粒子间平均距离缩小,粒子相互之间的作用使粒子的吸光能力发

生改变,产生对比尔定律的偏离,使标准曲线向下弯曲。浓度越大,对比尔定律的偏离越大。

（2）溶剂

同一吸光物质在不同种类的溶剂中,其物理性质及化学组成会有所变化,导致吸光系数的变化,产生对比尔定律的偏离。

（3）其他化学作用

当溶液的浓度或 pH 不同时,溶液中吸光物质会因浓度改变而发生离解、缔合、溶剂化以及配合物组成等的变化,使吸光物质存在形式发生变化,从而使吸光物质对光吸收的选择性和吸光强度也发生相应的变化。同时环境条件的改变,如溶剂、酸度、温度等的变化都可能导致偏离 Beer 定律。

例如,重铬酸钾的水溶液存在以下平衡:

$$Cr_2O_7^{2-} + H_2O \rightleftharpoons 2H^+ + 2CrO_4^{2-}$$

水溶液中,$Cr_2O_7^{2-}$ 与 CrO_4^{2-} 对光的吸收不同见图 7-11。

当加水稀释后,水溶液中 CrO_4^{2-} 的相对浓度增大,$Cr_2O_7^{2-}$ 的相对浓度降低。由于两种离子在某一波长的吸光强度相差较大,致使重铬酸钾水溶液吸光度的降低与浓度的降低不成正比。如溶液若稀释 2 倍,$Cr_2O_7^{2-}$ 离子浓度不是减少 2 倍,而是受稀释平衡向右移动的影响,$Cr_2O_7^{2-}$ 离子浓度的减少明显地多于 2 倍,结果偏离 Beer 定律而产生误差。如若控制溶液的酸度,在强酸性条件下测定 $Cr_2O_7^{2-}$,或在强碱条件下测定 CrO_4^{2-},偏离 Beer 定律的现象就可以避免。也可应用等吸收点波长 440nm 处测定,避免了吸光度不随浓度变化而变化的现象,但 $Cr_2O_7^{2-}$ 与 CrO_4^{2-} 在 440nm 波长处的吸光度值较小,测定的灵敏度较低。

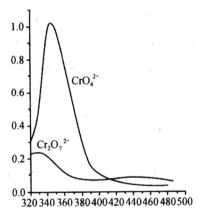

图 7-11　水溶液中 $Cr_2O_7^{2-}$ 与 CrO_4^{2-} 对光的选择性吸收

2. 光学因素

（1）非单色光

Beer 定律仅适用于入射光是单色光的情况,但事实上由于仪器的原因,入射光不是纯粹的单色光,而是具有一定波长范围的复合光,由于同一物质对不同波长的单色光,有不同的吸光系数,所以导致偏离比尔定律,使标准曲线发生弯曲。所需波长的单色光通过单色器从连续光谱中分离出来,其波长宽度决定于棱镜或光栅的分辨率和狭缝的宽度。从单色器中分离出来的单色光,包括所需波长的光和附近波长的光,即是具有一定波长范围的光。波长范围称为谱带宽度,常用半峰宽($W_{1/2}$)来表示,见图 7-12。

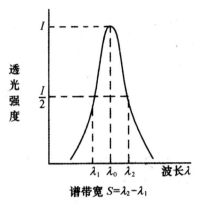

图 7-12　单色光的谱带

单色光谱带宽度 $W_{1/2}$ 愈窄,单色光纯度愈高,单色性愈好。但仍然不是单一波长的光,如图 7-12 所示,设 λ_0 是所需波长的光,λ_1 与 λ_2 为邻近波长的光,吸光物质在 λ_1、λ_0、λ_2 波长处有相应的摩尔吸光系数 ε_1、ε_0、ε_2。如 ε_1、ε_2 与 ε_0 相等,这一单色光谱带下测量的吸光度与浓度呈线性关系,符合 Beer 定律;若 ε_1、ε_2 与 ε_0 不相等,吸光度与浓度的线性关系不能保持,就会偏离 Beer 定律,ε_1、ε_2 与 ε_0 的差值越大,线性关系偏差就越大,偏离 Beer 定律也就越显著。为了减少单色光不纯带来的误差,应使单色光谱带宽度尽可能窄些。

物质对光的吸收大多都有一个较宽的波段范围,在吸收峰附近常有吸收强度相差较小的区域,吸光物质在此区域内各波长的吸光系数比较接近,若选用的单色谱带在此区域内,则可得到良好的线性关系。为了使选用的单色光谱带落在吸光系数差异较小的范围内,应选择吸收峰顶比较平坦的最大吸收波长,以减小单色光不纯带来的误差。这种影响的程度还与两种光的强度比和检测器对两种光灵敏度的差异等因素有关。所以入射光的谱带宽度将严重影响物质的吸光系数值和吸收光谱形状。

(2)非平行光

通过吸收池的光,一般都不是真正的平行光,当非平行的光通过吸收池时,不同方向的光其实际光程(穿过的液层厚度)是不一致的,垂直照射的光光程最短,在测量过程中就不是一个常数,所以导致偏离比尔定律,使标准曲线发生弯曲。这种测量时实际厚度的变异也是同一物质用不同仪器测定吸光系数时,产生差异的主要原因之一。

(3)杂散光

理想的单色器只从出射狭缝中透射出所需波长的谱带,但实际上还有一些不在谱带宽度范围内的与所需波长相隔较远的光,称为杂散光。它主要由仪器、光学系统的缺陷或光学原件受灰尘、腐蚀的影响而引起。

在高吸光度时,也就是透射光很弱的时候,杂散光的影响尤为显著,可从下式看出:

$$A=\lg\frac{I_0+I_\mathrm{S}}{I+I_\mathrm{S}} \tag{7-9}$$

杂散光 I_S 常承受入射光强度 I_0 的增大而增大。若试样不吸收杂散光时,A 变小,为负偏差,这种情况在分析中常会遇到。随着仪器制造工艺的提高,绝大部分波长内杂散光的影响可忽略不计,但在接近紫外末端处,因在短波长光源强度和检测器灵敏度均减弱,杂散光的比例相对增大,而干扰测定,有时还会出现假峰。如用钨灯作为光源时,350～400nm 波长杂散光影响显著;若用紫外光源时,220nm 以下波长的杂散光迅速增大。

(4)散射光和反射光

吸光质点对入射光有散射作用,入射光在通过吸收池内外界面之间时又有反射作用。散射光和反射光均由入射光谱带内的光产生,对透射光强度有直接影响。散射和反射作用致使透射光强度减弱。

光的散射使透射光减弱。真溶液质点小,散射作用较弱,可用空白进行补偿。但混浊溶液质点大,散射作用较强,一般不易制备相同的空白溶液,常使测得的吸光度发生偏差,分析中不容忽视。

反射也使透光强度减弱,使测得的吸光度偏高,一般情况下可用空白对比补偿,但当空白溶液与试样溶液的折射率有较大差异时,可使吸光度值产生偏差,不能完全用空白对比补偿。

7.3　紫外－可见分光光度计

7.3.1　仪器的基本组成

分光光度计(Spectrophotometer)用于测量溶液的透光度或吸光度,其仪器种类、型号繁多,特别是近年来产生的仪器,多配有计算机系统,自动化程度较高,但各种仪器的基本组成不变,均是由图 7-13 所示的几部分构成。

图 7-13　紫外－可见分光光度计组成方框图

光源发射的光经单色器获得测定所需的单色光,再透过吸收池照射到检测器的感光元件(光电池或光电管)上,其所产生的光电流信号的大小与透射光的强度成正比,通过测量光电流强度即可得到溶液的透光度或吸光度。

1. 光源

紫外－可见分光光度计要求有能发射强度足够而且稳定的、具有连续光谱且发光面积小的光源。对分子吸收测定来说,通常希望能连续改变测量波长进行扫描的测定,故紫外－可见分光光度计的理想光源应在整个紫外光区或可见光区可以发射连续光谱,具有不随波长而改变的足够的辐射强度、较好的稳定性和较长的使用寿命。紫外区和可见区通常分别用氢灯和钨灯两种光源。

（1）钨灯和卤钨灯

在可见光区一般用钨灯作为光源,钨灯光源是固体炽热发光的光源又称白炽灯。发射光能的波长范围在 $320\sim2500nm$,覆盖较宽,但紫外区很弱。通常取其波长大于 $350nm$ 的光为可见区光源。辐射强度在各波段的分布与钨丝温度有关。温度升高,辐射总强度增大,且在可见光区的强度分布增大,但同时也会缩短钨灯的寿命。卤钨灯的发光强度比钨灯高,灯泡内含碘和溴的低压蒸气,较好地克服了这一缺点,可延长钨丝的寿命,在近代紫外－可见分光光度计中广泛地用作可见光谱区光源。白炽灯的发光强度与供电电压的 $3\sim4$ 次方成正比,所以供电电压要稳定。

（2）氢灯或氘灯

氢灯是一种气体放电发光的光源,近紫外区光源一般采用氢、氘等在低气压下通过气体放电产生 $150\sim400nm$ 的连续光谱。由于玻璃吸收紫外光,故灯泡必须具有石英窗或用石英灯管制成。氢灯是最早的紫外分光光度计的光源,氘灯比氢灯昂贵,但发光强度和灯的使用寿命比氢灯增加 $2\sim3$ 倍,发射 $185\sim400nm$ 的连续光谱。目前逐渐代替氢灯。气体放电发光需先激发,同时应控制稳定的电流,所以都配有专用的电源装置。

2. 单色器

紫外－可见分光光度计的单色器的作用是将来自光源的连续光谱按波长顺序色散,并从中选出任一波长单色光或进行连续扫描的光学系统。一般由下述部分构成:

①入射狭缝。光源的光由此进入单色器。

②准光装置。一般由透镜或反射镜使入射光成为平行光束。

③色散元件。将复合光分解成单色光。早期的仪器多用棱镜,近年多用光栅,其光路图见图 7-14。

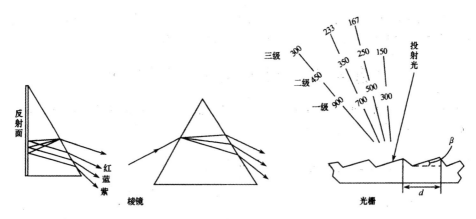

图 7-14 棱镜色散与光栅色散

④聚焦装置。一般由透镜或凹面反射镜,将分光后所得单色光聚焦至出射狭缝。

⑤出射狭缝。分光后的单色光由出射狭缝射出,进入测量室。

色散元件是单色器的核心部分,用于紫外区的光栅,用铝作反射面,在平滑玻璃表面上,每毫米刻槽一般为 $600\sim1200$ 条。近年来采用激光全息技术生产的全息光栅质量更高,已得到普遍采用。在紫外分光光度计中一般用镀铝的抛物柱面反射镜作为准直镜占铝面对紫外光反射率比其他金属高,但铝易受腐蚀,应注意保护。早期多采用棱镜作为色散元件,现代分析仪器通常采用高分辨率的光栅作色散元件。光栅单色器结构如图7-15所示。

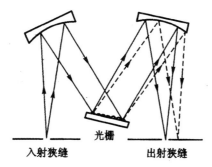

图7-15 光栅单色器示意图

色光的纯度取决于色散元件的色散特性和出射狭缝的宽度,用谱带半宽度(有效带宽)表示。谱带半宽度即指在透光曲线(透光度一波长曲线)上,峰高一半处所对应的波长范围,以纳米为单位。谱带半宽、度愈小,则单色光的纯度愈高。

3.测量室

测量室放置吸收池和相应的池架附件。吸收池主要有石英池和玻璃池两种。在紫外光区须采用石英池可见光区一般用玻璃池。

4.吸收池

吸收池也常称比色皿,有各种规格和类型。用光学玻璃制成的吸收池,只能用于可见光区。用熔融石英(氧化硅)制的吸收池,适用于紫外光区,也可用于可见光区。盛空白溶液的吸收池与盛试样溶液的吸收池应互相匹配,即有相同的厚度与相同的透光性。在测定吸光系数或利用吸光系数进行定量测定时,还要求吸收池有准确的厚度(光程),或用同一只吸收池。吸收池的厚度即吸收光程,有1cm、2cm及3cm等规格,可根据试样浓度大小和吸光度读数范围选择吸收池两光面易损蚀,应注意保护。

5.检测器

作为紫外-可见光区的辐射检测器,一般常用光电效应检测器,利用光电效应将透过吸收池的辐射功率(光信号)变成可测的电信号,如光电池和光电管。最近几年来采用了光多道检测器,在光谱分析检测器技术中,出现了重大革新。

(1)光电池

光电池是最简单的检测器,是一种光敏半导体,光照射时,产生与光强度成正比的光电流,可直接用微电流计测量。光电池结构简单,价格便宜。一般只用于光电比色计或简易型可见分光光度计。有硒光电池和硅光电池两种。其中的硒光电池仅适于在可见光区使用,对光的敏感范围为380~750nm以540~580nm最敏感。硅光电池能同时适用于紫外区和可见区。光电池只能用于谱带宽度较大的低档仪器。

(2)光电管

光电管是一个由中心阳极和一个光敏阴极组成的真空(或充少量惰性气体)二极管,结构如图7-16所示。阴极表面镀有二层碱金属或碱土金属氧化物(如氧化铯等光敏材料)等光敏材料,当它被有足够能量的光照射时,能够发射出电子。当在两极间有电位差时,发射出的电子流向阳极而产生电流,电流大小决定于照射光的强度。当辐射强度一定时,外加电压增大,光电管所产生的电流随之升高,直至一饱和区(电流不再随电压升高),该电压称为饱和电压。光电管在饱和电压下工作时,光电管的响应与辐射强度具有线性关系。不同的阴极材料,其光谱响应的波长范围不同。在镍阴极表面沉积锑和铯时,光谱响应在"紫敏"(或称"蓝敏")区,波长响应范围为210～625nm;当阴极表面沉积银和氧化铯时,光谱响应在"红敏"区,波长范围为625～1000nm。

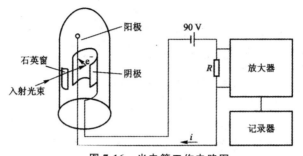

图7-16　光电管工作电路图

光电管产生的光电流虽小(约为10^{-11}A),但可借助于外部放大电路获得较光电池高的灵敏度。另外,光电管还具有响应速度快(响应时间<$1\mu s$),光敏范围广,不易疲劳等优点。

(3)光电倍增管

光电倍增管的原理和光电管相似,结构上的差别是在光敏金属的阴极和阳极之间还有几个倍增级(一般是九个)。光电倍增管的原理与结构如图7-17所示。光电倍增管的外壳由玻璃或石英制成,内部抽成真空,光阴极上涂有能发射电子的光敏物质,在阴极和阳极之间连有一系列次级电子发射极,即电子倍增极,阴极和阳极之间加以约1000V的直流电压,在每两个相邻电极之间有50～100V的电位差。当光照射在阴极上时,光敏物质发射的电子,首先被电场加速,落在第一个倍增极上,并击出二次电子。这些二次电子又被电场加速,落在第二个倍增极上,击出更多的二次电子,以此类推,这个过程一直重复到第九个倍增极。从第九个倍增极发射出的电子已比第一倍增极发射出的电子数大大增加,然后被阳极收集,产生较强的电流,再经放大,由此可见,光电倍增管检测器大大提高了仪器测量的灵敏度。

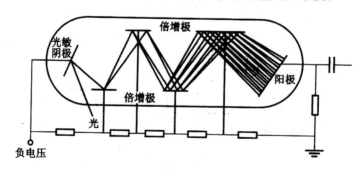

图7-17　光电倍增管的原理与结构示意图

由于光电倍增管具有灵敏度高(电子放大系数可达10^8～10^9),线性影响范围宽(光电流在10^{-8}～10^{-3}A范围内与光通量成正比),响应时间短(约10^{-9}s)等,因此广泛用于光谱分析仪器中。

（4）光二极管阵列检测器

近年来光学多道检测器如光二极管阵列检测器已经装配到紫外－可见分光光度计中。光二极管阵列是在晶体硅上紧密排列一系列光二极管，每一个二极管相当于一个单色仪的出口狭缝。两个二极管中心距离的波长单位称为采样间隔，因此二极管阵列分光光度计中，二极管数目愈多，分辨率愈高。HP 8453 型二极管阵列由 1024 个二极管组成，在 190～820nm 范围内，数字显示周期对应的光照时间为 100ms。在极短时间，可获得全光光谱。

6.讯号处理及显示记录系统

光电管输出的电讯号很弱，需经过放大才能以某种方式将测量结果显示出来，讯号处理过程也会包含一些数学运算，如对数函数、浓度因素等运算乃至微分积分等处理。仪器的自动化程度和测量精度较高。

近年来，分光光度计多采用屏幕显示显示器可由电表指示、数字显示、荧光屏显示、结果打印及曲线扫描等等。显示方式一般都有透光率与吸光度，有的还可转换成浓度、吸光系数等显示。

7.3.2　仪器类型简介

分光光度计从结构上可分为单光束和双光束分光光度计两大类；从测量过程中同时提供的波长数，分光光度计又可分为单波长和双波长分光光度计。

1.单光束分光光度计

单光束分光光度计用钨灯或氢灯作光源，从光源到检测器只有一束单色光，结构简单（见图 7-18），价格便宜，对光源发光强度稳定性的要求较高，适于在给定波长处测量吸光度或透光度，但一般不能作全波段光谱扫描。单光束的仪器主要有国产的 751 型、7516 型和 7520 型，英国的 Unican SP500 型、Hilger H700 型，日本岛津的 QV—50 型，日立的 EPU—2A 型等。单光束的仪器可以满足一般定量分析的要求。单波长单光束的仪器是最简单的紫外分光光度计，对光源的稳定性要求特高，若在测量过程中电源发生波动，则光源的强度不稳定，将对测量产生影响，导致重复性不好。

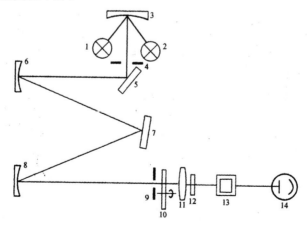

图 7-18　单光束分光光度计光路示意图

1—溴钨灯；2—氘灯；3—凹面镜；4—入射狭缝；5—平面镜；6、8—准直镜；

7—光栅；9—出射狭缝；10—调制器；11—聚光镜；12—滤色片；

13—样品室；14—光电倍增管

2. 双光束分光光度计

双光束分光光度计的特点是能够自动记录,可在较短时间(0.5～2min)内获得全波段扫描吸收光谱。测量过程中试样和参比信号进行反复比较,消除了光源不稳定、放大器增益变化及检测器灵敏度变化等因素的影响,因此它特别适合于结构分析。当然,双光束仪器在设计与制造上较单光束仪器复杂,因而价格较高。

双光束光路是被普遍采用的光路,如图7-19所示。光源发出的光经反射镜反射,通过过滤散射光的滤光片和入射狭缝,经过准直镜和光栅分光,经出射狭缝得到单色光。单色光被旋转扇面镜分成交替的两束光,分别通过样品池和参比池,再经同步扇面镜将两束光交替地照射到光电倍增管,使光电管产生一个交变脉冲讯号,经过比较放大后,由显示器显示出透光率、吸光度、浓度或进行波长扫描,记录吸收光谱。扇面镜以每秒几十转至几百转的速度匀速旋转,使单色光能在很短时间内交替通过空白与试样溶液,可以减免因光源强度平稳而引入的误差。测量中不需要移动吸收池,可毒随枣改变波长的同时记录所测量的光度值,便于描绘吸收光谱。

双光束紫外一可见分光光度计如国产的730型、740型、710型,菲利浦公司的PU8600、PU8800,Perkin－Elmer的Lambda3、5、7型,日本岛津的UV—260、300、365型,日立的U—3400型等均属于这类仪器。

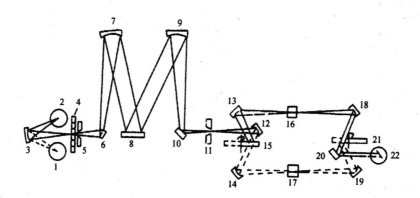

图7-19 双光束分光光度计光路示意图

1—钨灯;2—氘灯;3—凹面镜;4—滤色片;5—入射狭缝;6、10、20—平面镜;
7、9—准直镜;8—光栅;11—出射狭缝;12、13、14、18、19—凹面镜;
15、21—扇面镜;16—参比池;17—样品池;22—光电倍增管

3. 双波长分光光度计

双波长分光光度计是利用切光器,使不同波长的两束单色光(λ_1、λ_2)以一定频率快速交替通过同一吸收池而后到达检测器。由此产生的交流电流经适当方法放大,即获得待测组分在λ_2波长(常称为测量波长)相对于λ_1波长(常称为参比波长)的吸光度。从充分利用仪器设备的潜力角度出发,可将仪器设计成双光束与双波长两用较合理。如国产WFZ800—S型、日本岛津的UV—300型等既可用作双光束仪器,又可用作双波长仪器二与单波长分光光度计相比,双波长分光光度计需要两个单色器,测量过程中使用同一个吸收池(无需参比吸收池),有

效地消除了试样散射、浑浊、吸收池光学性能不同带来的影响。若所选择的两波长之差仅为 $1\sim2nm$,可认为 $\Delta A/\Delta\lambda=dA/d\lambda$,两波长同时扫描即可获得导数光谱。另外,前述的单波长双光束仪器所能消除的光源、、检测系统不稳定等造成的影响,双波长仪器同样可以消除。

7.3.3 紫外－可见分光光度法的应用

1.有机化合物的定性及结构分析

紫外－可见吸收光谱可用于有机化合物的定性及结构分析,但不是主要工具。因为大多数有机化合物的紫外－可见光谱谱带数目不多、谱带宽、缺少精细结构。但它适用于不饱和有机化合物,尤其是共轭体系的鉴定,以此推断未知物的骨架结构。再配合红外光谱、核磁共振波谱、质谱等进行结构鉴定及分析,是一种好的辅助方法。

(1)未知试样的鉴定

一般采用比较光谱法,即在相同的测定条件下,比较待测物与已知标准物的吸收光谱曲线,如果它们的吸收光谱曲线完全相同,则可以初步认为是同一物质。

如果没有标准物,则可以借助汇编的各种有机化合物的紫外可见标准谱图进行比较。与标准谱图比较时,仪器准确度、精密度要高,操作时测定条件要完全与文献规定的条件相同,否则可靠性差。

(2)物质纯度检查

利用紫外吸收光谱法来检查物质的纯度是非常简便可行的方法。例如,无水乙醇中常含有少量的苯,因苯的 λ 为 $256nm$,而乙醇在此波长处无吸收。可通过绘制样品的紫外吸收光谱图来判断是否含有杂质。

(3)推测化合物的分子结构

绘制出化合物的紫外可见吸收光谱,根据光谱特征进行推断。如果该化合物在紫外可见光区无吸收峰,则它可能不含双键或共轭体系,而可能是饱和化合物;如果在 $210\sim250nm$ 有强吸收带,表明它含有共轭双键;在 $260\sim350nm$ 有强吸收带,可能有 $3\sim5$ 个共轭单位。如在 $260nm$ 附近有中吸收且有一定的精细结构,则可能有苯环;如果化合物有许多吸收峰,甚至延伸到可见光区,则可能为一长链共轭化合物或多环芳烃。

按一定的规律进行初步推断后,能缩小该化合物的归属范围,但还需要其他方法才能得到可靠结论。

紫外吸收光谱除可用于推测所含官能团外,还可用来区别同分异构体。例如,乙酰乙酸乙酯在溶液中存在酮式与烯醇式互变异构体:

$$CH_3\overset{O}{\overset{\|}{C}}-CH_2-\overset{O}{\overset{\|}{C}}-OC_2H_5 \rightleftharpoons CH_3\overset{OH}{\overset{|}{C}}=CH-\overset{O}{\overset{\|}{C}}-OC_2H_5$$

酮式　　　　　　　　　　烯醇式

酮式没有共轭双键,它在波长 $240nm$ 处仅有弱吸收;而烯醇式由于有共轭双键,在波长 $245nm$ 处有强的 K 吸收带[$\varepsilon=18000L/(mol\cdot cm)$]。故根据它们的紫外吸收光谱可判断其存在与否。

2.定量分析

紫外—可见吸收光谱法是进行定量分析最有用的工具之一。定量分析的依据是比尔定律,即在一定波长处被测定物质的吸光度与它的浓度呈线性关系。因此,通过测定溶液对一定波长入射光的吸光度,即可求出溶液中物质的浓度和含量。该法不仅可以直接测定那些本身在紫外—可见光区有吸收的无机和有机化合物,而且还可以采用适当的试剂与吸收较小或非吸收物质反应生成对紫外和可见光区有强烈吸收的产物,即"显色反应",从而对它们进行定量测定。例如,金属元素的分析。

(1)单组分体系

标准曲线法 先配制一系列已知浓度的标准溶液,在 λ_{max} 处分别测得标准溶液的吸光度,然后,以吸光度为纵坐标,标准溶液的浓度为横坐标作图,得 $A-c$ 的校正曲线,在相同条件下测出未知试样的吸光度,就可以从标准曲线上查出未知试样的浓度。

比较法 在相同条件下配制样品溶液和标准溶液,在相同条件下分别测定吸光度 A_x 和 A_s,然后进行比较,利用式(7-10),求出样品溶液中待测组分的浓度。

$$c_x = A_x \cdot \frac{c_s}{A_s} \tag{7-10}$$

使用这种方法的要求:c_x 和 c_s 应接近,且符合光吸收定律。因此,比较法只适用于个别样品的测定。

(2)多组分体系

对于含两个以上待测组分的混合物,根据其吸收峰的互相干扰情况分为 3 种,如图 7-20 所示,对于前两种情况,可通过选择适当的入射光波长,按单一组分的方法测定。

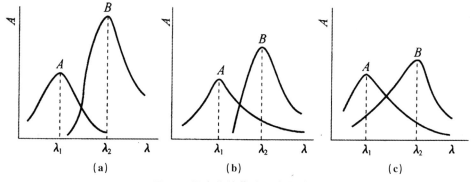

图 7-20 混合物的紫外吸收光谱

(a)不重叠;(b)部分重叠;(c)相互重叠

测定波长时一般要尽量靠近吸收峰,这样可提高灵敏度。对于最后一种情况,由于两组分的吸收曲线相互重叠严重,此时可根据吸光度加合性原理,通过适当的数学处理来进行测定。具体方法是:在 A 和 B 最大吸收波长 λ_1 及 λ_2 处分别测定混合物的总吸光度 A_{λ_1} 和 A_{λ_2},然后通过解下列二元一次方程组,求得各组分浓度:

$$A_{\lambda_1} = \varepsilon_{\lambda_1}^A bc^A + \varepsilon_{\lambda_1}^B bc^B$$

$$A_{\lambda_2} = \varepsilon_{\lambda_2}^A bc^A + \varepsilon_{\lambda_2}^B bc^B$$

上两式中仅 c^A 和 c^B 为未知数,解方程可以求出 c^A 和 c^B。如果有 n 个组分的吸收曲线相互重叠,就必须在 n 个波长处测定其吸光度的加合值,然后解 n 元一次方程组,才能分别求得各组分含量。但是,随着待测组分的增多,实验结果的误差也将增大。

对于吸收光谱相互重叠的多组分混合物,除用上述解联立方程式的方法测定外,还可利用双波长分光光度法进行定量分析。

在测定组分 a、b 的混合样品时,通常采用双波长法,如图 7-21 所示。

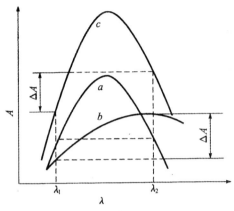

图 7-21 双波长法示意图

如要测定 b 含量,选择它的最大吸收波长 λ_2 为测定波长,而参比波长的选择应考虑能消除干扰物质的吸收,就是使组分 a 在 λ_1 处的吸光度等于它在 λ_2 处的吸光度,即选择 λ_2 为参比波长,$A\dfrac{a}{\lambda_1}=A\dfrac{b}{\lambda_2}$。利用吸光度的加合性,混合物在 λ_1、λ_2 处的吸光度分别为:

$$A_{\lambda_1}^{a+b}=A_{\lambda_1}^{a}+A_{\lambda_1}^{b}$$
$$A_{\lambda_2}^{a+b}=A_{\lambda_2}^{a}+A_{\lambda_2}^{b}$$

由双波长分光光度计测得:

$$\Delta A=A_{\lambda_1}^{a+b}-A_{\lambda_2}^{a+b}$$

由于 $A_{\lambda_1}^{b}-A_{\lambda_2}^{b}$,所以

$$\Delta A=A_{\lambda_1}^{1}-A_{\lambda_2}^{a}=(\varepsilon_{\lambda_1}^{a}-\varepsilon_{\lambda_2}^{a})bc^{a} \tag{7-11}$$

式(7-11)中,$\varepsilon_{\lambda_1}^{a}$、$\varepsilon_{\lambda_2}^{a}$ 乏可由组分口的标准溶液在 λ_1、λ_2 处的吸光度求得,一次可求出 a 的浓度。同理,也可测得组分 b 的浓度。

双波长分光光度法还可用于测定混浊样品、吸光度相差很小而干扰又多的样品及颜色较深的样品,测定的灵敏度和准确度都很高。

(3)差示分光光度法

吸光度 A 在 0.2～0.8 范围内误差最小。超出此范围,如高浓度或低浓度溶液,其吸光度测定误差较大。尤其是高浓度溶液,更适合用差示法。一般分光光度法测定选用试剂空白或溶液空白作为参比,差示法则选用一已知浓度的溶液作参比。该法的实质是相当于透光率标度放大。

差示分光光度法与一般分光光度法区别仅仅在于它采用一个已知浓度与试液浓度相近的标准溶液作参比来测定试液的吸光度,其测定过程与一般分光光度法相同,如图 7-22 所示。然而正是由于使用了这种参比溶液,才大大提高了测定的准确度,使其可用于测定过高或过低含量的组分。

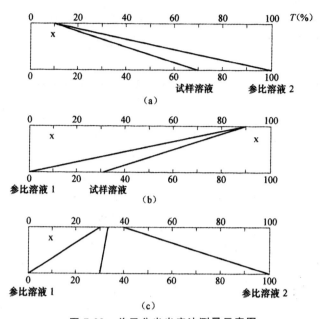

图 7-22　差示分光光度法测量示意图

(a)高吸收法；(b)低吸收法；(c)最精密法

由实验测得的吸光度用式(7-12)计算。

$$\Delta A = A_s - A_x = \varepsilon b \Delta c \tag{7-12}$$

差示分光光度法常用工作曲线法来定量。以标准溶液的浓度为横坐标，以相对吸光度为纵坐标作工作曲线。测试样时，再以 c_s 为参比溶液，测得相对吸光度 ΔA，即可从曲线上找出试样的浓度 c_x。

7.4　紫外一可见吸收光谱法在环境分析中的应用

1. 水中砷的测定——乙胺基二硫代甲酸银分光光度法

本法适用于生活饮用水及其水源中 Ag 的测定，最低检测质量为 $0.5\mu g$。若取 50mL 水样测定，则最低检测质量浓度为 0.01mg/L。

Co、Ni、Ag、Pt、Cr 和 Mo 可干扰砷化氢的发生，但饮用水中这些离子通常存在的量不产生干扰。水中锑的含量超过 0.1mg/L 时对测定有干扰。用本法测定砷的水样不宜用硝酸保存。

(1)原理

Zn 与酸作用产生新生态的氢。在 KI 与 $SnCl_2$ 存在下，五价砷被还原为三价砷。三价砷与新生态氢生成砷化氢气体。通过用乙酸铅棉花去除硫化氢的干扰，然后与溶于三乙醇胺—三氯甲烷中的二乙胺基二硫代甲酸银作用，生成棕红色的胶态银，于 510nm 处比色定量。装置图如图 7-23 所示。

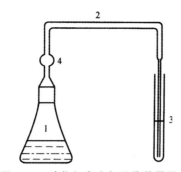

图7-23　砷化氢发生与吸收装置图

1—砷化氢发生瓶；2—导气管

3—吸收管；4—乙酸铅棉花

（2）试剂

①三氯甲烷。

②无砷锌粒。

③H_2SO_4（1＋1）溶液。

④KI溶液（150mg/L）：称取15g KI，溶于纯水中并稀释至100mL，贮于棕色瓶内。

⑤$SnCl_2$溶液（400g/L）：称取40g $SnCl_2$，溶于40mL盐酸中，并加纯水稀释至100mL，投入数粒金属锡粒。

⑥乙酸铅棉花：将脱脂棉浸入乙酸铅溶液（100mg/L）中，2h后取出，让其自然干燥。

⑦吸收溶液：0.25g二乙胺基二硫代甲酸银（$C_5H_{10}NS_2 \cdot Ag$），研碎后用三氯甲烷溶解，加入1.0mL三乙醇胺[$N(CH_2CH_2OH)_3$]，再用三氯甲烷稀释至100mL。用力振荡使其尽量溶解。静置暗处24h后，倾出上清液或用定性滤纸过滤，贮于棕色玻璃瓶中，于2～5℃冰箱中保存。本试剂溶液中二乙胺基二硫代甲酸银浓度以2.0～2.5g/L为宜，浓度过低将影响测定的灵敏度及重现性。溶解性不好的试剂应更换。实验室制备的试剂具有很好的溶解度。制备方法是：分别溶解1.7g硝酸盐、2.3g二乙胺基二硫代甲酸银溶于100mL纯水中，冷却到20℃以下，缓缓搅拌混合。过滤生成的柠檬黄色银盐沉淀，用冷的纯水洗涤沉淀数次，置于干燥器中，避光保存。

⑧砷标准贮备液[$\rho(As)=1000$mg/L]：称取0.6600g经105℃干燥2h后的三氧化二砷（As_2O_3）溶于5mL NaOH溶液（200g/L）中。用酚酞作指示剂，以H_2SO_4（1＋17）溶液中和到中性溶液后，再加入15mL H_2SO_4（1＋17）溶液，转入500mL容量瓶中，加水至刻度。

⑨砷标准中间溶液[$\rho(As)=100$mg/L]：吸取10mL砷标准贮备液于100mL容量瓶中，用蒸馏水稀释至标线，摇匀。

⑩砷标准使用溶液[$\rho(As)=1$mg/L]：吸取砷标准中间溶液10mL，置于1000mL容量瓶中，加纯水至刻度，混匀。

（3）仪器

①可见分光光度计。②1cm比色皿。③砷化氢发生装置，此仪器由下述部件组成：

砷化氢发生瓶：容量为150mL、带有磨口玻璃接头的锥形瓶；

导气管：一端带有磨口接头，并有一球形泡（内装乙酸铅棉花）；一端拉成毛细管，管口直径不大于 1mm；

吸收管：内径为 8mm 的试管，带有 5.0mL 刻度。

(4)分析步骤

吸取 50mL 水样，置于砷化氢发生瓶中。另取砷化氢发生瓶八个，分别加入砷标准使用溶液 0、0.5mL、1mL、2mL、3mL、5mL、7mL 和 10mL，各加纯水至 50mL。

向水样和标准系列中各加 4mL H_2SO_4 溶液、2.5mL KI 溶液及 2mL $SnCl_2$ 溶液，混匀，放置 15min。

于各吸收管中分别加入 5mL 吸收溶液，插入塞有乙酸铅棉花导气管。迅速向各发生瓶中倾入预先称好的 5g 无砷锌粒，立即塞紧瓶塞，防止漏气。在室温(低于 15℃时可置于 25℃温水浴中)反应 1h，最后用三氯甲烷将吸收液体积补充至 5mL。在 1h 内于 510nm 波长处，用 1cm 比色皿，以三氯甲烷为参比，测定吸光度。绘制工作曲线，从曲线上查出水样管中砷的质量。

(5)结果计算

水样中砷(以 As 计)的质量浓度 c (mg/L)按式(7-13)计算：

$$c(As) = \frac{m}{V} \tag{7-13}$$

式中，$c(As)$ 为水样中砷(以 As 计)的质量浓度(mg/L)；m 为从工作曲线上查得的水样中砷(以 As 计)的质量(μg)；V 为水样体积(mL)。

(6)注意事项

颗粒大小不同的锌粒在反应中所需酸量不同，一般为 4～10mL，需在使用前用标准溶液进行预试验，以选择适宜的酸量。

2. 水中硫化物的测定——N,N-二乙基对苯二胺分光光度法

本法适用于生活饮用水及其水源中质量浓度低于 1mg/L 的硫化物测定，最低检测质量为 1.0μg，若取 50mL 水样测定，则最低检测质量浓度为 0.02mg/L。

亚硫酸盐超过 40mg/L，硫代硫酸盐超过 20mg/L，对本方法有干扰；水样有颜色或者混浊时亦有干扰，应分别采用沉淀分离或曝气分离法消除干扰。

(1)原理

硫化物与 N,N-乙基对苯二胺及氯化铁作用，生成稳定的蓝色，于 665nm 波长处测定吸光度定量。

(2)试剂

盐酸($\rho_{20} = 1.19$g/mL)；盐酸(1+1)溶液；乙酸溶液($\rho_{20} = 1.06$g/mL)；NaOH 溶液(40g/L)；H_2SO_4 (1+1)溶液。

①220g/L 乙酸锌溶液：称取 22g 乙酸锌[$Zn(CH_3COO)_2 \cdot 2H_2O$]，溶于纯水并稀释至 100mL。

②N,N-乙基对苯二胺溶液：称取 0.75g N,N-乙基对苯二胺硫酸盐[$(C_2H_5)_2NC_6H_4NH_2H_2SO_4$，简称 DPD，也可用盐酸盐或草酸盐]，溶于 50mL 纯水中，加 H_2SO_4 (1+1)溶液至 100mL 混匀，贮于棕色瓶中，如发现颜色变红，应予重配。

③1000g/L $FeCl_3$ 溶液：称取 100g $FeCl_3 \cdot 6H_2O$，溶于纯水，并稀释至 100mL。

④20g/L 抗坏血酸溶液，此试剂现用现配。

⑤EDTA－Na$_2$ 溶液：称取 3.7g 乙二胺四乙酸二钠（C$_{10}$H$_{12}$Na$_2$·2H$_2$O）和 4.0g NaOH，溶于纯水，并稀释至 1000mL。

⑥碘标准溶液[$c(1/2I_2)=0.01250mol/L$]：称取 40gKI，置于玻璃乳钵内，加少许纯水溶解，加入 13g 碘片，研磨使碘完全溶解，移入棕色瓶内，用纯水稀释至 1000mL，用 Na$_2$S$_2$O$_3$ 标准溶液标定后保存在暗处，临用时将此碘液稀释为 $c(1/2I_2)=0.01250mol/L$ 碘标准溶液。

⑦Na$_2$S$_2$O$_3$ 标准溶液[$c(Na_2S_2O_3)=0.1mol/L$]：称取 26g Na$_2$S$_2$O$_3$·5H$_2$O，溶于新煮沸放冷的纯水中，并稀释至 1000mL，加入 0.4g NaOH 或 0.2g 无水碳酸钠（Na$_2$CO$_3$），贮于棕色瓶内，放置 1 个月，过滤，按下述方法标定其准确浓度。

准确称取 3 份各 0.11～0.13g 在 105℃ 干燥至恒量的 KIO$_3$，分别放入 250mL 碘量瓶中，加 100mL 纯水，待 KIO$_3$ 溶解后，各加 3g KI 及 10mL 乙酸，在暗处静置 10min，用待标定的 Na$_2$S$_2$O$_3$ 溶液滴定，至溶液呈淡黄色时，加入 1mL 淀粉溶液，继续滴定至蓝色褪去为止。记录 Na$_2$S$_2$O$_3$ 溶液的用量，并按式（7-14）计算 Na$_2$S$_2$O$_3$ 溶液的浓度：

$$c=\frac{m}{V\times0.03567} \tag{7-14}$$

式中，c 为 Na$_2$S$_2$O$_3$ 溶液的浓度（mol/L）；m 为 KIO$_3$ 的质量（g）；V 为 Na$_2$S$_2$O$_3$ 溶液的用量（mL）；0.03567 为与 1mL Na$_2$S$_2$O$_3$ 溶液[$c(Na_2S_2O_3)=1.000mol/L$]相当的以克（g）表示的 KIO$_3$ 质量。

⑧淀粉溶液（5g/L）：称取 0.5g 可溶性淀粉，用少量纯水调成糊状，用刚煮沸的纯水稀释至 100mL，冷却后加 0.1g 水杨酸或 0.4g 氯化锌。

⑨Na$_2$S$_2$O$_3$ 溶液[$c(Na_2S_2O_3)=0.01250mol/L$]：准确吸取经过标定的 Na$_2S_2O_3$ 标准溶液，放在容量瓶内，用煮沸放冷却的纯水稀释为 0.01250mol/L。

⑩硫化物标准储备溶液：取硫化钠晶体（Na$_2$S·9H$_2$O），用少量纯水清洗表面，并用滤纸吸干，称取 0.2～0.3g，用煮沸放冷的纯水溶解并定容到 250mL（临用前制备并标定），此溶液 1mL 约含 0.1mg 硫化物（以 S^{2-} 计），标定方法如下：

取 5mL 乙酸锌溶液置于 250mL 碘量瓶中，加入 20mL 硫化物标准储备溶液及 25mL 0.01250mol/L 碘标准溶液，同时用纯水作空白试验，各加 5mL 盐酸溶液，摇匀，于暗处放置 15min，加 50mL 纯水，用 Na$_2$S$_2$O$_3$ 标准溶液滴定，至溶液呈淡黄色时，加 1mL 淀粉溶液，继续滴定至蓝色消失为止。每毫升硫化物溶液含 S^{2-} 的毫克数按式（7-15）计算：

$$c(S^{2-})=\frac{(V_0-V_1)\times c\times16}{20} \tag{7-15}$$

式中，$c(S^{2-})$ 为硫化物（以 S^{2-} 计）的质量浓度（mg/mL）；V_0 为空白所消耗的 Na$_2$S$_2$O$_3$ 标准溶液的体积（mL）；V_1 为 Na$_2$S 溶液所消耗的 Na$_2$S$_2$O$_3$ 标准溶液的体积（mL）；c 为 Na$_2$S$_2$O$_3$ 标准溶液的浓度（mol/L）；16 为与 1.00mL Na$_2$S$_2$O$_3$ 标准溶液[$c(Na_2S_2O_3)=1.000mol/L$]相当的以毫克（mg）表示的硫化物质量。

硫化物标准使用溶液：取一定体积新标定的 Na$_2$S 贮备溶液，加 1mL 乙酸锌溶液，用新煮沸放冷的纯水定容至 50mL，配成 $\rho(S^{2-})=10.00\mu g/mL$。

（3）仪器

①碘量瓶：250mL；②具塞比色管：50mL；③磨口洗气瓶：125mL；④高纯氮气钢瓶；⑤可见分光光度计。

（4）采样

由于硫化物（S^{2-}）在水中不稳定，易分解，采样时尽量避免曝气。在 500mL 硬质玻璃瓶中，加入 1mL 乙酸锌溶液和 1mL NaOH 溶液，然后注入水样（近满，留少许空隙），盖好瓶塞，反复摇动混匀，密塞、避光，送回实验室测定。

（5）分析步骤

直接比色法（适用于清洁水样） 取均匀水样 50mL，含 S^{2-} 小于 $10\mu g$，或取适量用纯水稀释至 50mL。另取 50mL 比色管 8 支，各加纯水约 40mL，再加硫化物标准使用溶液 0、0.1mL、0.2mL、0.3mL、0.4mL、0.6mL、0.8mL 及 1mL，加纯水至刻度，混匀。

临用时取氯化铁溶液和 N,N-乙基对苯二胺溶液按 1+20 混匀，作显色液。向水样管和标准管各加 1mL 显色液，立即摇匀，放置 20min。用 3cm 比色皿，以纯水作参比，于波长 665 nm 处测量样品和标准系列溶液的吸光度。

绘制标准曲线，从曲线上查出样品中硫化物的质量。水样中硫化物（S^{2-}）的质量浓度按式（7-16）计算：

$$c(S^{2-}) = \frac{m}{V} \tag{7-16}$$

式中，$c(S^{2-})$ 为水样中硫化物（S^{2-}）的质量浓度（mg/L）；m 为从标准曲线上查得样品中硫化物（S^{2-}）的质量（μg）；V 水样体积（mL）。

沉淀分离法 本法适用于含 SO_3^{2-} 或其他干扰物质的水样。将采集的水样摇匀，吸取适量置于 50mL 比色管中，在不损失沉淀的情况下，缓缓吸收出尽可能多的上层清液，加纯水至刻度，以下按照直接比色法步骤进行测定。

曝气分离法 本法适用于混浊、有色或存在其他干扰物质的水样。用硅橡胶管（或用内涂有一薄层磷酸的橡胶管），照图 7-24 将各瓶连接成一个分离系统。

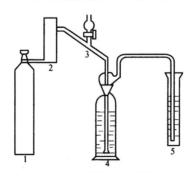

图 7-24 硫化物分离装置

1—高纯氮气钢瓶；2—流量计；3—分液漏斗；
4—125mL 洗气瓶；5—吸收管（50mL 比色管）

取 50mL 均匀水样，移入洗气瓶中，加 2mL EDTA—Na_2 溶液、2mL 抗坏血酸溶液。经分液漏斗向样品中加 5mL 盐酸溶液，以 0.25～0.3L/min 的流速通氮气 30min，导管出口端带多孔玻砂滤板。吸收液为约 40mL 煮沸放冷的纯水,内加 1mL EDTA－Na₂ 溶液。

取出并洗净导管,用纯水稀释至刻度,混匀后按照直接比色法测定。

3. 空气中二氧化硫的测定——甲醛吸收－副玫瑰苯胺分光光度法

本方法适用于空气中二氧化硫的测定。当使 10mL 吸收液,采样体积为 30L 时,测定空气中二氧化硫的检出限为 0.007mg/m³,测定下限为 0.028mg/m³,测定上限为 0.667mg/m³。当使用 50mL 吸收液,采样体积为 288L,试样为 10mL 时,测定空气中二氧化硫的检出限为 0.004mg/m³,测定下限为 0.014mg/m³,测定上限为 0.347mg/m³。

(1)原理

二氧化硫被甲醛缓冲溶液吸收后,生成稳定的羟甲基磺酸加成化合物,在样品溶液中加入 NaOH 使加成化合物分解,释放出的二氧化硫与副玫瑰苯胺、甲醛作用,生成紫红色化合物,用分光光度计在波长 577nm 处测量吸光度。

(2)干扰及消除

本方法的主要干扰物为氮氧化物、臭氧及某些重金属元素。采样后放置一段时间可使臭氧自行分解;加入氨磺酸钠溶液可消除氮氧化物的干扰;吸收液中加入磷酸及环己二胺四乙酸二钠盐可以消除或减少某些金属离子的干扰。10mL 样品溶液中含有 50μg Ca、Mg、Fe、Ni、Cd、Cu 等金属离子及 5μg 二价锰离子时,对本方法测定不产生干扰。当 10mL 样品溶液中含有 10μg 二价锰离子时,可使样品的吸光度降低 27%。

(3)试剂和材料

除非另有说明,分析时均使用符合国家标准的分析纯试剂,实验用水为新制备的蒸馏水或同等纯度的水。

①碘酸钾(KIO_3):优级纯,经 110℃ 干燥 2h。

②氢氧化钠溶液[$c(NaOH)=1.5mol/L$]:称取 6.0g NaOH,溶于 100mL 水中。

③环己二胺四乙酸二钠溶液[$c(CDTA－Na_2)=0.05mol/L$]:称取 1.82g 反式-1,2-环己二胺四乙酸(CDTA－Na₂),加入 1.5mol/L NaOH 溶液 6.5mL,用水稀释至 100mL。

④甲醛缓冲吸收贮备液:吸取 36%～38% 的甲醛溶液 5.5mL,0.05mol/L CDTA－Na₂ 溶液 20mL;称取 2.04g 邻苯二甲酸氢钾,溶于少量水中;将 3 种溶液合并,再用水稀释至 100mL,贮于冰箱可保存 1 年。

⑤甲醛缓冲吸收液:用水将甲醛缓冲吸收贮备液稀释 100 倍。现用现配。

⑥氨磺酸钠溶液[$c(NaH_2NSO_3)=6.0g/L$]:称取 0.60g 氨磺酸(H_2NSO_3H)置于 100mL 烧杯中,加入 4mL 1.5mol/L NaOH,用水搅拌至完全溶解后稀释至 100mL,摇匀。此溶液密封可保存 10d。

⑦碘贮备液[$c(1/2I_2)=0.10mol/L$]:称取 12.7g 碘(I_2)于烧杯中,加入 40g KI 和 25mL 水,搅拌至完全溶解,用水稀释至 1000mL,贮于棕色细口瓶中。

⑧碘溶液[$c(1/2I_2)=0.010mol/L$]:量取碘贮备液 50mL,用水稀释至 500mL,贮于棕色细口瓶中。

⑨淀粉溶液($\rho=5.0g/L$):称取 0.5g 可溶性淀粉置于 150mL 烧杯中,用少量水调成糊状,慢慢倒入 100mL 沸水,继续煮沸至溶液澄清,冷却后贮于试剂瓶中。

⑩KIO₃ 基准溶液[$c(1/6KIO_3)=0.1000mol/L$]:准确称取 3.5667g KIO₃ 溶于水,移入 1000mL 容量瓶中,用水稀至标线,摇匀。

⑪盐酸溶液[$c(HCl)=1.2mol/L$]:量取 100mL 浓盐酸,用水稀释 1000mL。

⑫Na₂S₂O₃ 标准贮备液[$\rho(Na_2S_2O_3)=0.10mol/L$]:称取 25.0g Na₂S₂O₃·5H₂O,溶于 1000mL 新煮沸但已冷却的水中,加入 0.2g 无水 Na₂CO₃,贮于棕色细口瓶中,放置 1 周后备用。如溶液呈现混浊,必须过滤。标定方法:吸取 3 份 20mL KIO₃ 基准溶液分别置于 250mL 碘量瓶中,加 70mL 新煮沸但已冷却的水,加 1g KI,振摇至完全溶解后,加 10mL 1.2mol/L 盐酸溶液,立即盖好瓶塞,摇匀。于暗处放置 5min 后,用 0.10mol/L Na₂S₂O₃ 标准溶液滴定溶液至浅黄色,加 2mL $\rho=5.0g/L$ 淀粉溶液,继续滴定至蓝色刚好褪去为终点。Na₂S₂O₃ 标准溶液的摩尔浓度按式(7-17)计算:

$$c_1=\frac{0.1000\times20.00}{V} \qquad (7-17)$$

式中,c_1 为 Na₂S₂O₃ 标准溶液的摩尔浓度(mol/L);V 为滴定所耗 Na₂S₂O₃ 标准溶液的体积(mL)。

⑬Na₂S₂O₃ 标准溶液[$c(Na_2S_2O_3)=0.01mol/L+0.00001mol/L$]:取 50mL Na₂S₂O₃ 贮备液置于 500mL 容量瓶中,用新煮沸但已冷却的水稀释至标线,摇匀。

⑭乙二胺四乙酸二钠盐(EDTA—Na₂)溶液($\rho=0.50g/L$)—称取 0.25g EDTA—Na₂ 溶于 500mL 新煮沸但已冷却的水中。现用现配。

⑮Na₂S₂O₃ 溶液[$\rho(Na_2S_2O_3)=1g/L$]:称取 0.2g Na₂S₂O₃,溶于 $\rho=0.50g/L$ 200mL ED-TA—Na₂ 溶液中,缓缓摇匀以防充氧,使其溶解。放置 2～3h 后标定。此溶液每毫升相当于 320～400μg 二氧化硫。标定方法:a. 取 6 个 250mL 碘量瓶(A1、A2、A3、B1、B2、B3),分别加入 50mL $c(1/2I_2)=0.010mol/L$ 碘溶液。在 A1、A2、A3 内各加入 25mL 水,在 B1、B2 内加入 25mL $\rho(Na_2S_2O_3)=1g/L$ Na₂S₂O₃ 溶液,盖好瓶盖。b. 立即吸取 2mL Na₂S₂O₃ 溶液加到一个已装有 40～50mL 甲醛缓冲吸收贮备液的 100mL 容量瓶中,并用甲醛缓冲吸收贮备液稀释至标线、摇匀。此溶液即为二氧化硫标准贮备溶液,在 4～5℃下冷藏,可稳定 6 个月。c. 紧接着再吸取 25mL Na₂S₂O₃ 溶液加入 B3 内,盖好瓶塞。d. A1、A2、A3、B1、B2、B3 6 个瓶子于暗处放置 5min 后,用 $c(Na_2S_2O_3)=0.01mol/L\pm0.00001mol/L$ Na₂S₂O₃ 溶液滴定至浅黄色,加 5mL 淀粉指示剂,继续滴定至蓝色刚褪去。平行滴定所用 Na₂S₂O₃ 溶液的体积之差应不大于 0.05mL。

二氧化硫标准贮备溶液的质量浓度 $c(\mu g/mL)$ 按公式(7-18)计算:

$$c=\frac{(\bar{V_0}-\bar{V})c_0\times32.02\times10^3}{25.00}\times\frac{2.00}{100} \qquad (7-18)$$

式中,c 为氧化硫标准贮备溶液的质量浓度($\mu g/mL$);$\bar{V_0}$ 为空白滴定所用 Na₂S₂O₃ 溶液的体积(mL);$\bar{V}$ 为样品滴定所用 Na₂S₂O₃ 溶液的体积(mL);c_0 为 Na₂S₂O₃ 溶液的浓度(mol/L)。

⑯二氧化硫标准溶液[$\rho(Na_2S_2O_3)=1.00\mu g/mL$]:用甲醛缓冲吸收液将二氧化硫标准贮备溶液稀释成每毫升含 1.0μg 二氧化硫的标准溶液。此溶液用于绘制标准曲线,在 4～5℃下冷藏,可稳定 1 个月。

⑰盐酸副玫瑰苯胺(pararosaniline,PRA,即副品红或对品红)贮备液($\rho=0.2g/100mL$)。

其纯度应达到副玫瑰苯胺提纯及检验方法的质量要求。

⑱副玫瑰苯胺溶液（$\rho=0.050g/100mL$）：吸取 25mL 副玫瑰苯胺贮备液于 100mL 容量瓶中，加 30mL 85％的浓磷酸，12mL 浓盐酸，用水稀释至标线，摇匀，放置过夜后使用。避光密封保存。

⑲盐酸－乙醇清洗液：由 3 份盐酸（1＋4）溶液和 1 份 95％乙醇混合配制而成，用于清洗比色管和比色皿。

（4）仪器和设备

①可见分光光度计。

②多孔玻板吸收管：10mL 多孔玻板吸收管，用于短时间采样；50mL 多孔玻板吸收管，用于 24 h 连续采样。

③恒温水浴：0～40℃，控制精度为±1℃。

④具塞比色管：10mL。用过的比色管和比色皿应及时用盐酸－乙醇清洗液浸洗，否则红色难以洗净。

⑤空气采样器：用于短时间采样的普通空气采样器，流量范围 0.1～1L/min，应具有保温装置。用于 24h 连续采样的采样器应具备有恒温、恒流、计时、自动控制开关的功能，流量范围 0.1～0.5L/min。

（5）样品采集与保存

①短时间采样：采用内装 10mL 吸收液的多孔玻板吸收管，以 0.5L/min 的流量采气 45～60min。吸收液温度保持在 23℃～29℃范围。

②24h 连续采样：用内装 50mL 吸收液的多孔玻板吸收瓶，以 0.2L/min 的流量连续采样 24h。吸收液温度保持在 23℃～29℃范围。

③现场空白：将装有吸收液的采样管带到采样现场，除了不采气之外，其他环境条件与样品相同。

（注：样品采集、运输和贮存过程中应避免阳光照射。放置在室（亭）内的 24h 连续采样器，进气口应连接符合要求的空气质量集中采样管路系统，以减少二氧化硫进入吸收瓶前的损失。）

（6）分析步骤

校准曲线的绘制　取 16 支 10mL 具塞比色管，分 A、B 两组，每组 7 支，分别对应编号。A 组按表 7-3 配制校准系列。

表 7-3　二氧化硫校准系列

管号	0	1	2	3	4	5	6
二氧化硫标准溶液Ⅱ（mL）	0	0.50	1	2	5	8	10
甲醛缓冲吸收液（mL）	10	9.50	9	8	5	2	0
二氧化硫含量（$\mu g/10mL$）	0	0.50	1.00	2.00	5.00	8.00	10.00

在 A 组各管中分别加入 0.5mL 氨磺酸钠溶液和 0.5mL NaOH 溶液，混匀。在 B 组各管中分别加入 1mL PRA 溶液。

将 A 组各管的溶液迅速全部倒入对应编号并盛有 PRA 溶液的 B 管中,立即加塞混匀后放入恒温水浴装置中显色。在波长 577nm 处,用 10mm 比色皿,以水为参比测量吸光度。以空白校正后各管的吸光度为纵坐标,以二氧化硫的质量浓度(μg/10mL)为横坐标,用最小二乘法建立校准曲线的回归方程。

显色温度与室温之差不应超过 3℃。根据季节和环境条件按表 7-4 选择合适的显色温度与显色时间:

表 7-4 显色温度与显色时间

显色温度(℃)	10	15	20	25	30
显色时间(min)	40	25	20	15	5
稳定时间(min)	35	25	20	15	10
试剂空白吸光度 A_0	0.030	0.035	0.040	0.050	0.060

样品测定 样品溶液中如有混浊物,则应离心分离除去。样品放置 20min,以使臭氧分解。

①短时间采集的样品:将吸收管中的样品溶液移入 10mL 比色管中,用少量甲醛吸收液洗涤吸收管,洗液并入比色管中并稀释至标线。加入 0.5mL 氨磺酸钠溶液,混匀,放置 10min 以除去氮氧化物的干扰。以下步骤同校准曲线的绘制。

②连续 24 h 采集的样品:将吸收瓶中样品移入 50mL 容量瓶(或比色管)中,用少量甲醛吸收液洗涤吸收瓶后再倒入容量瓶(或比色管)中,并用吸收液稀释至标线。吸取适当体积的试样(视浓度高低决定取 2～10mL)于 10mL 比色管中,再用吸收液稀释至标线,加入 0.5mL 氨磺酸钠溶液,混匀,放置 10min 以除去氮氧化物的干扰,以下步骤同校准曲线的绘制。

(7)结果计算

空气中二氧化硫的质量浓度 c(mg/m³)按式(7-19)计算:

$$c = \frac{(A - A_0 - a)}{b V_s} \cdot \frac{V_t}{V_a} \tag{7-19}$$

式中,c 为空气中二氧化硫的质量浓度(mg/m³);A 为样品溶液的吸光度;A_0 为试剂空白溶液的吸光度;b 为校准曲线的斜率(吸光度·10mL/μg);a 为校准曲线的截距(一般要求小于0.005);V_t 为样品溶液的总体积(mL);V_a 为 测定时所取试样的体积(mL);V 为换算成标准状态下(101.325kPa,273K)的采样体积(L)。

计算结果准确到小数点后 3 位。

(8)质量保证和质量控制

多孔玻板吸收管的阻力为 6.0kPa+0.6kPa,2/3 玻板面积发泡均匀,边缘无气泡逸出。

采样时吸收液的温度在 23℃～29℃时,吸收效率为 100%。10℃～15℃时,吸收效率偏低5%。高于 33℃或低于 9℃时,吸收效率偏低 10%。

每批样品至少测定 2 个现场空白。即将装有吸收液的采样管带到采样现场,除了不采气之外,其他环境条件与样品相同。

当空气中二氧化硫浓度高于测定上限时,可以适当减少采样体积或者减少试料的体积。

如果样品溶液的吸光度超过标准曲线的上限,可用试剂空白液稀释,在数分钟内再测定吸光度,但稀释倍数不要大于6。

显色温度低,显色慢,稳定时间长;显色温度高,显色快,稳定时间短。操作人员必须了解显色温度、显色时间和稳定时间的关系,严格控制反应条件。

测定样品时的温度与绘制校准曲线时的温度之差不应超过2℃。

在给定条件下校准曲线斜率应为0.042 ± 0.004,试剂空白吸光度A_0在显色规定条件下波动范围不超过$\pm15\%$。

六价铬能使紫红色络合物褪色,产生负干扰,故应避免用硫酸－铬酸洗液洗涤玻璃器皿。若已用硫酸－铬酸洗液洗涤过,则需用盐酸(1+1)溶液浸洗,再用水充分洗涤。

4. 土壤中总铬的测定——二苯碳酰二肼分光光度法

(1)原理

土壤试液中,铬在酸性介质中经$KMnO_4$氧化为六价铬,过量的$KMnO_4$用叠氮化钠还原除去,六价铬与加入的二苯碳酰二肼反应生成紫红色化合物,于波长540nm处进行分光光度测定。

(2)试剂

HNO_3(优级纯);H_2SO_4(1+1)溶液;磷酸(1+1)溶液0.5% $KMnO_4$溶液;0.5%叠氮化钠溶液,临用现配0.25%二苯碳酰二肼乙醇溶液(或丙酮溶液)。

①铬标准贮备液:准确称取0.2829g $K_2Cr_2O_7$(优级纯,预先在110℃烘2h)溶于水中,转移入1000mL容量瓶中,并稀释至标线,摇匀,此溶液每毫升含铬$100\mu g$。

②铬标准使用液:准确吸取铬标准贮备液10mL于1000mL容量瓶中,加水定容,摇匀。此溶液含铬$1.00\mu g/mL$。

(3)仪器

①电热板。

②可见分光光度计。

③离心机。

(4)分析步骤

试液制备　称取土壤样品0.3g于聚乙烯坩埚中,加H_2SO_4(1+1)溶液3mL,HNO_3 3mL。待剧烈反应停止后,移到电热板上加热分解至开始冒白烟。取下稍冷,加HNO_3 3mL,氢氟酸3mL,继续加热至冒浓白烟。取下坩埚稍冷,用水冲洗坩埚壁,再加热至冒白烟以驱除氢氟酸。加水溶解,转入50mL比色管中,定容,摇匀。放置澄清或离心。

显色与测定　准确移取试液5.0mL于25mL比色管中,加磷酸(1+1)溶液1mL,摇匀。滴加1～2滴0.5% $KMnO_4$溶液至紫红色,置水浴中煮沸15min,若紫红色消失,再补加$KMnO_4$溶液。趁热滴加叠氮化钠溶液至紫红色恰好褪去,将比色管放入冷水中迅速冷却。加水至刻度,摇匀。加入二苯碳酰二肼溶液2mL,迅速摇匀。10min后,用30mm比色皿,于波长540nm处,以试剂空白为参比测量吸光度。

校准曲线的绘制　分别移取铬标准使用液0、1mL、2mL、4mL、6mL、8mL于25mL比色管中,加磷酸(1+1)溶液1mL,H_2SO_4(1+1)溶液0.25mL,加水至刻度,摇匀。以下显色和测量与试液的操作步骤相同。

（5）结果计算

样品中铬的含量 $W(mg/kg)$ 按下式计算：

$$W(Cr)(mg/kg) = \frac{W_1 V_总}{W_2 V} \tag{7-20}$$

式中，$W(Cr)$ 为样品中 Cr 的含量（mg/kg）；W_1 为从校准曲线上查得 Cr 的含量（μg）；$V_总$ 为试样定容体积（mL）；W_2 为试样质量（g）；V 为测定时取试样溶液体积（mL）。

（6）说明

①加入磷酸掩蔽铁，使之形成无色络合物，同时也可络合其他金属离子，避免一些盐类析出产生混浊。在磷酸存在下还可以排除硝酸根、氯离子的影响。如果在氧化时或显色时出现混浊可考虑加大磷酸的用量。

②消解后，残渣转移时，多洗几次，尽力洗涤干净，否则会使结果偏低。

③用 $KMnO_4$ 氧化低价铬时，七价锰有可能被还原为二价锰，出现棕色而影响低价铬的氧化完全，因此要控制好溶液的酸度及 $KMnO_4$ 的用量。

④加入二苯碳酰二肼丙酮溶液后，应立即摇动，防止局部有机溶剂过量而使六价铬部分被还原为三价铬，使测定结果偏低。

5. 土壤中总砷的测定——二乙胺基二硫代甲酸银分光光度法

本法的检出限为 0.5mg/kg（按称取 1g 试样计算）。

锑和硫化物对测定有正干扰。锑在 300μg 以下，可用 KI—$SnCl_2$ 掩蔽。在试样氧化分解时，硫已被硝酸氧化分解，不再有影响。试剂中可能存在的少数硫化物，可用乙酸铅脱脂棉吸收除去。

（1）原理

通过化学氧化分解土壤试样中以各种形式存在的砷，使之转化为可溶态砷离子进入溶液。Zn 与酸作用产生新生态的氢。在 KI 与 $SnCl_2$ 存在下，五价砷被还原为三价砷。三价砷与新生态氢生成砷化氢气体。通过用乙酸铅棉花去除硫化氢的干扰，然后与溶于三乙醇胺—三氯甲烷中的二乙基二硫代胺基甲酸银作用，生成红色的胶体银，于波长 510nm 处测定吸收液的吸光度。

（2）试剂

①浓 H_2SO_4：$\rho = 1.84g/mL$。

②H_2SO_4（1+1）溶液。

③HNO_3：$\rho = 1.42g/mL$。

④$HClO_4$：$\rho = 1.67g/mL$。

⑤盐酸：$\rho = 1.19g/mL$。

⑥KI 溶液：将 15g KI 溶于蒸馏水中并稀释至 100mL。

⑦$SnCl_2$ 溶液：将 40g $SnCl_2 \cdot H_2O$ 置于烧杯中，加入 40mL 盐酸，微微加热。待完全溶解后，冷却，再用蒸馏水稀释至 100mL。加数粒金属锡保存。

⑧$CuSO_4$ 溶液：将 15g $CuSO_4 \cdot 5H_2O$ 溶于蒸馏水中并稀释至 100mL。

⑨乙酸铅溶液：将 8g 乙酸铅[$Pb(CH_3COO)_2 \cdot 5H_2O$]溶于蒸馏水中并稀释至 100mL。

⑩乙酸铅棉花：将 10g 脱脂棉浸于 100mL 乙酸铅溶液中，浸透后取出风干。

⑪无砷锌粒（10～20目）。

⑫二乙胺基二硫代甲酸银（$C_5H_{10}NS_2Ag$）。

⑬三乙醇胺（$(HOCH_2CH_2)_3N$）。

⑭三氯甲烷（$CHCl_3$）

⑮吸收液：将 0.25g 二乙胺基二硫代甲酸银用少量三氯甲烷溶成糊状，加入 2mL 三乙醇胺，再用氯仿稀释到 100mL。用力振荡使其尽量溶解。静置暗处 24h 后，倾出上清液或用定性滤纸过滤，贮于棕色玻璃瓶中.，并置于 2～5℃冰箱中。

⑯NaOH 溶液（2mol/L）：贮于聚乙烯瓶中。

⑰砷标准贮备溶液（1.00mg/mL）：称取放置在硅胶干燥器中充分干燥过的 0.1320g 三氧化二砷（As_2O_3）溶于 2mL NaOH 溶液中，溶解后加入 10mL H_2SO_4 溶液，转移到 100mL 容量瓶中，用蒸馏水稀释至标线，摇匀。

⑱砷标准中间溶液（100mg/L）：取 10mL 砷标准贮备液于 100mL 容量瓶中，用蒸馏水稀释至标线，摇匀。

⑲砷标准使用溶液（1.00mg/L）：取 1mL 砷标准中间溶液置于 100mL 容量瓶中，用蒸馏水稀释至标线，摇匀。

（3）仪器

①可见分光光度计；②10mm 玻璃比色皿；③砷化氢发生器。

（4）样品

将采集的土壤样品（一般不少于 500g）混匀后用四分法缩分至约 100g。缩分后的土样经风干（自然风干或冷冻干燥）后，除去土样中石子和动、植物残体等异物，用木棒（或玛瑙棒）研压，过 2mm 尼龙筛（除去 2mm 以上的砂砾），混匀。用玛瑙研钵将通过 2mm 尼龙筛的土样研磨至全部通过 100 目（孔径 0.149mm）尼龙筛，混匀后备用。

（5）分析步骤

试液的制备　称取制备的样品 0.5～2g（精确至 0.0002g）于 150mL 锥形瓶中，加 7mL H_2SO_4 溶液，10mL HNO_3，2mL $HClO_4$，置电热板上加热分解，破坏有机物（若试液颜色变深，应及时补加 HNO_3），蒸至冒白色高氯酸浓烟。取下放冷，用水冲洗瓶壁，再加热至冒浓白烟，以驱尽 HNO_3。取下锥形瓶，瓶底仅剩下少量白色残渣（若有黑色颗粒物应该补加硝酸继续分解），加蒸馏水至约 50mL。

测定　于盛有试液的砷化氢发生瓶中，加 4mL KI 溶液，摇匀，再加 2mL $SnCl_2$ 溶液，混匀，放置 15min。取 5mL 吸收液至吸收管。加 1mL $CuSO_4$ 溶液和 4g 无砷锌粒于砷化氢发生瓶中，并立即将导气管与砷化氢发生瓶连接，保证反应器密闭。在室温下维持反应 1h，使砷化氢完全释出。加三氯甲烷将吸收液体积补充 5mL。用 10mm 比色皿，以吸收液为参比液，在波长 510nm 处测量吸收液的吸光度。

空白试验　每分析一批试样，按相同步骤制备至少两份空白试样，并同步进行测定。

校准曲线分别加入 0.00、1mL、2.5mL、5mL、10mL、15mL、20mL 及 25mL 砷标准使用溶液于 8 个砷化氢发生瓶中，并用蒸馏水稀释至 50mL。加入 7mL H_2SO_4 溶液，以下按试样测定步骤进行分析。以测得的吸光度为纵坐标，对应的砷含量（μg）为横坐标，绘制校准曲线。将试样吸光度减去空白试验所测得的吸光度，从校准曲线上查出试样中的含砷量。

(6)结果计算

土样中总 As 的含量 W(mg/kg)按式(7-21)计算:

$$W(\text{As}) = \frac{W_1}{W_2(1-f)} \tag{7-21}$$

式中,$W(\text{As})$ 为土样中总 As 的含量(mg/kg);W_1 为测得试液中砷量(μg);W_2 为称取土样质量(g);f 为土样水分含量(%)。

(7)注意事项

①三氯化二砷剧毒,小心使用。

②砷化氢剧毒,整个砷化氢发生反应应在通风橱中进行。

③完全释放砷化氢后,红色生成物在 2.5h 内是稳定的,应在此期间内测定吸光度。

第8章 分子光谱分析法之红外吸收光谱法

8.1 概述

红外吸收光谱法也称为红外分光光度法,是基于研究物质分子对红外光的吸收特性来进行定性和定量分析的方法。红外吸收光谱也属于分子光谱的范畴,但与紫外—可见吸收光谱的产生机理有明显的区别,它来源于分子振动和分子转动能级的跃迁,因此红外吸收光谱也被称为分子振动转动光谱。

紫外—可见吸收光谱是电子—振转光谱,常用于研究不饱和有机化合物,特别是具有共轭系统的有机化合物。红外光谱波长长,能量低,物质分子吸收红外光后,只能引起振动和转动能级的跃迁,不会引起电子能级跃迁,因而红外光谱又称为振动—转动光谱。红外光谱主要研究在振动—转动中伴随有偶极矩变化的化合物,除单原子和同核分子之外,几乎所有的有机化合物在红外光区都有吸收。红外吸收带的波长位置与吸收谱带的强度反映了分子结构的特点,可以用来鉴定未知物的结构组成或确定其化学基团,因而红外吸收光谱最重要和最广泛的用途是对有机化合物进行结构分析;而吸收谱带的吸收强度与分子组成或其化学基团的含量有关,可以进行定量分析和纯度鉴定。红外吸收光谱分析对气、液、固样品都适用,具有用量少、分析速度快、不破坏试样等特点。红外光谱法与紫外吸收光谱分析法、质谱法和核磁共振波谱法一起,被称为四大谱学方法,已成为有机化合物结构分析的重要手段。

19世纪初,人们通过实验证实了红外光的存在。20世纪初,人们进一步系统地了解了不同官能团具有不同红外吸收频率这一事实。1947年以后出现了自动记录式红外吸收光谱仪。1960年出现了光栅代替棱镜作色散元件的第二代红外吸收光谱仪,但它仍是色散型的仪器,分辨率和灵敏度还不够高,扫描速度慢。随着计算机科学的进步,1970年以后出现了傅里叶变换红外吸收光谱仪。基于光相干性原理而设计的干涉型傅里叶变换红外吸收光谱仪,解决了光栅型仪器固有的弱点,使仪器的性能得到了极大的提高。近年来,用可调激光作为红外光源代替单色器,成功研制了激光红外吸收光谱仪,扩大了应用范围,它具有更高的分辨率、更高的灵敏度,这是第四代仪器。现在红外吸收光谱仪还与其他仪器联用,更加扩大了应用范围。利用计算机存储及检索光谱,分析更为方便、快捷。因此,红外光谱已成为现代分析化学和结构化学不可缺少的重要工具。

红外光谱在可见光和微波区之间,其波长范围约为 $0.75\sim1000\mu m$。根据实验技术和应用的不同,通常将红外光谱划分为三个区域。其中,中红外区是研究最多的区域,一般说的红外光谱就是指中红外区的红外光谱。

8.2 红外吸收光谱法的基本原理

8.2.1 红外光谱的产生

当分子受到频率连续变化的红外光照射时,分子吸收某些频率的辐射,引起振动和转动能级的跃迁,使相应于这些吸收区域的透射光强度减弱,将分子吸收红外辐射的情况记录下来,便得到红外光谱图。红外光谱图多以波长 λ 或波数 σ 为横坐标,表示吸收峰的位置;以透光率 T 为纵坐标,表示吸收强度。图 8-1 为聚苯乙烯的红外吸收光谱图。

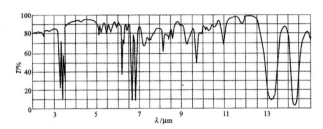

图 8-1 聚苯乙烯的红外光谱

红外光谱是由分子振动能级的跃迁而产生,但并不是所有的振动能级跃迁都能在红外光谱中产生吸收峰,物质吸收红外光发生振动和转动能级跃迁必须满足两个条件:一红外辐射光量子具有的能量等于分子振动能级的能量差;二分子振动时,偶极矩的大小或方向必须有一定的变化,即具有偶极矩变化的分子振动是红外活性振动,否则是非红外活性振动。

由上述可见,当一定频率的红外光照射分子时,如果分子中某个基团的振动频率和它一样,二者就会产生共振,此时光的能量通过分子偶极矩的变化传递给分子,这个基团就会吸收该频率的红外光而发生振动能级跃迁,产生红外吸收峰。

8.2.2 分子振动频率的计算公式

分子是由各种原子以化学键相互联结而成。如果用不同质量的小球代表原子,以不同硬度的弹簧代表各种化学键,它们以一定的次序相互联结,就成为分子的近似机械模型,这样就可以根据力学定理来处理分子的振动。

由经典力学或量子力学均可推出双原子分子振动频率的计算公式为

$$v=\frac{1}{2\pi}\sqrt{\frac{k}{\mu}}$$

用波数作单位时

$$\sigma=\frac{1}{2\pi c}\sqrt{\frac{k}{\mu}}\ (\text{cm}^{-1})$$

式中,k 为键的力常数,$\text{N}\cdot\text{m}^{-1}$;$\mu$ 为折合质量,kg,$\mu=\dfrac{m_1 m_2}{m_1+m_2}$,其中 m_1、m_2 分别为两个原子的质量;c 为光速,$3\times10^8\ \text{m}\cdot\text{s}^{-1}$。

若力常数 k 单位用 $\text{N}\cdot\text{cm}^{-1}$,折合质量 μ 以相对原子质量 M 代替原子质量 m,则有

$$\sigma = 1307\sqrt{k\left(\frac{1}{M_1} + \frac{1}{M_2}\right)}\,(\text{cm}^{-1})$$

根据此式可以计算出基频吸收峰的位置。

由此式可见,影响基本振动频率的直接因素是原子质量和化学键的力常数。由于各种有机化合物的结构不同,它们的原子质量和化学键的力常数各不相同,就会出现不同的吸收频率,因此各有其特征的红外吸收光谱。

8.2.3　多原子分子的振动

双原子分子的振动只有伸缩振动一种类型,而对于多原子分子,其振动类型有伸缩振动和变形振动两类。伸缩振动是指原子沿键轴方向来回运动,键长变化而键角不变的振动,用符号 v 表示。伸缩振动有对称伸缩振动(v_s)和不对称伸缩振动(v_{as})两种形式。变形振动又称弯曲振动,是指原子垂直于价键方向的振动,键长不变而键角变化的振动,用符号 δ 表示。变形振动有面内变形振动和面外变形振动。分子振动的各种形式可以亚甲基为例说明,如图 8-2 所示。

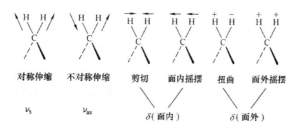

对称伸缩　不对称伸缩　剪切　面内摇摆　扭曲　面外摇摆

v_s　　　　v_{as}　　　　δ(面内)　　　δ(面外)

图 8-2　亚甲基的各种振动形式
＋:运动方向垂直纸面向内;－:运动方向垂直纸面向外

振动数目称为振动自由度,每个振动自由度相应于红外光谱的一个基频吸收峰。一个原子在空间的位置需要 3 个坐标或自由度(x,y,z)来确定,对于含有 N 个原子的分子,则需要 $3N$ 个坐标或自由度。这 $3N$ 个自由度包括整个分子分别沿 x、y、z 轴方向的 3 个平动自由度和整个分子绕 x、y、z 轴方向的转动自由度,平动自由度和转动自由度都不是分子的振动自由度,因此

振动自由度＝3N－平动自由度－转动自由度

对于线性分子和非线性分子的转动如图 8-3 所示。可以看出,线性分子绕 y 和 z 轴的转动,引起原子的位置改变,但是其绕 x 轴的转动,原子的位置并没有改变,不能形成转动自由度。所以,线性分子的振动自由度为 $3N－3－2＝3N－5$。非线性分子绕三个坐标轴的转动都使原子的位置发生了改变,其振动自由度为 $3N－3－3＝3N－6$。

从理论上讲,计算得到的一个振动自由度应对应一个红外基频吸收峰。但是,在实际上,常出现红外图谱的基频吸收峰的数目小于理论计算的分子自由度的情况。

实际测得的基频吸收峰的数目比计算的振动自由度少的原因一般有:

①具有相同波数的振动所对应的吸收峰发生了简并。

②振动过程中分子的瞬间偶极矩不发生变化,无红外活性。

③仪器的分辨率和灵敏度不够高,对一些波数接近或强度很弱的吸收峰,仪器无法将之分

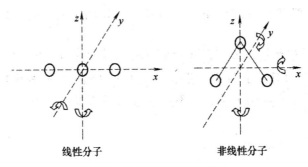

线性分子　　　　　　　　　非线性分子

图 8-3　分子绕坐标轴的转动

开或检出。

④仪器波长范围不够,有些吸收峰超出了仪器的测量范围。

分子吸收红外辐射由基态振动能级($v=0$)向第一振动激发态($v=1$)跃迁产生的基频吸收峰,其数目等于计算得到的振动自由度。但是有时测得的红外光谱峰的数目比振动自由度多,这是由于红外光谱吸收峰除了基频峰外,还有泛频峰存在,泛频峰是倍频峰、和频峰和差频峰的总称。

①倍频峰

由基态振动能级($v=0$)跃迁到第二振动激发态($v=2$)产生的二倍频峰和由基态振动能级($v=0$)跃迁到第三振动激发态($v=3$)产生的三倍频峰。三倍频峰以上,因跃迁几率很小,一般都很弱,常常观测不到。

②和频峰

红外光谱中,由于多原子分子中各种振动形式的能级之间存在可能的相互作用,若吸收的红外辐射频率为两个相互作用基频之和,就会产生和频峰。

③差频峰

若吸收的红外辐射频率为两个相互作用基频之差,就会产生差频峰。

8.2.4　红外吸收峰强度

红外吸收峰的强度一般按摩尔吸收系数 κ 的大小划分为很强(vs)、强(s)、中(m)、弱(w)和很弱(vw)等,具体如表 8-1 所示。由表可知,红外吸收光谱的 ε 要远远低于紫外可见吸收光谱的 κ,说明与紫外可见光谱法相比,红外吸收光谱法的灵敏度较低。

表 8-1　吸收峰强度

峰强度	vs	s	m	w	ws
$\kappa/[\mathrm{L} \cdot \mathrm{mol}^{-1} \cdot \mathrm{cm}^{-2}]$	>200	200~75	75~25	25~5	<5

红外吸收峰的强度主要取决于振动能级跃迁的概率和振动过程中偶极矩变化的大小,影响红外吸收峰强度的因素主要有跃迁的类型、基团的极性和被测物的浓度等。

(1)跃迁的类型

振动能级跃迁的几率与振动能级跃迁的类型有关。因此,振动能级跃迁的类型影响红外吸收峰的强度。一般规律是：由 $v=0 \rightarrow v=1$ 产生的基频峰较强，而由 $v=0 \rightarrow v=2$ 或 $v=0 \rightarrow v=3$ 产生的倍频峰较弱；不对称伸缩振动对应的吸收峰的强度大于对称伸缩振动对应的吸收峰的强度；伸缩振动对应的吸收峰的强度大于变形振动所对应的吸收峰的强度。

（2）基团的极性

一般说来，振动能级跃迁过程中偶极矩变化的大小与跃迁基团的极性有关，基团极性大，偶极矩变化就大，因此极性较强基团吸收峰的强度大于极性较弱基团的吸收峰的强度，如 C＝O 和 C＝C，与 C＝O 对应的吸收峰的强度明显大于与 C＝C 对应的吸收峰的强度。

（3）浓度

吸收峰的强度还与样品中被测物的浓度有关，浓度越大，吸收峰的强度越大。

8.2.5　特征基团吸收频率的分区

（1）特征基团吸收频率

在研究了大量的化合物的红外吸收光谱后，可以发现具有相同化学键或官能团的一系列化合物的红外吸收谱带均出现在一定的波数范围内，因而具有一定的特征性。例如，羰基（C ＝O）的吸收谱带均出现在 $1650 \sim 1870 cm^{-1}$ 范围内；含有腈基的化合物的吸收谱带出现在 $2225 \sim 2260 cm^{-1}$ 范围内。这样的吸收谱带称为特征吸收谱带，吸收谱带极大值的频率称为化学键或官能团的特征频率。这个由大量事实总结的经验规律已成为一些化合物结构分析的基础，而事实证明这是一种很有效的方法。

分子振动是一个整体振动，当分子以某一简正振动形式振动时，分子中所有的键和原子都参与了分子的简正振动，这与特征振动这个经验规律是否矛盾呢？事实上，有时在一定的简正振动中只是优先地改变一个特定的键或官能团，其余的键在振动中并不改变，这时简正振动频率就近似地表现为特征基团吸收频率。例如，对于分子中的 X—H 键（X＝C、O 或 S 等），处于分子端点的氢原子由于质量轻，因而振幅大，分子的某种简正振动可以近似地看做氢原子相对于分子其余部分的振动，当不考虑分子中其他键的相互作用时，该 X—H 键的振动频率就可以像双原子分子振动那样处理，它只决定于 X—H 键的力常数 k，这就表现为特征振动吸收频率。在质量相近的原子所组成的结构中，如—C—C＝O、—C—C≡N 等，其中 C—C、C＝O 及 C≡N 等各个键的力常数 k 相差较大，以致它们的相互作用很小，因而在光谱中也表现出其特征频率。由此可知，键或官能团的特征吸收频率实质上是，在特定的条件下，对于特定系列的化合物整个简正振动频率的近似表示。当各键之间成原子之间的相互作用较强时，特征吸收频率就要发生较大变化，甚至失去它们的"特征"意义。

（2）特征基团吸收频率的分区

在中红外范围（$4000 \sim 400 cm^{-1}$）把基团的特征频率粗略分为四个区对于记忆和对谱图进行初步分析是有好处的，见图 8-4，由图可知：①X—H 伸缩振动区，大约在 $3600 \sim 2300 cm^{-1}$；②三键和累积双键的伸缩振动区在 $2300 \sim 2000 cm^{-1}$；③双键伸缩振动区在 $1900 \sim 1500 cm^{-1}$；④其他单键伸缩振动和 X—H 变形振动区在 $1600 \sim 400 cm^{-1}$。

$4000 \sim 1330 cm^{-1}$ 区域的谱带有比较明确的基团和频率的对应关系，故称该区为基团判别区或官能团区，也常称为特征区。由于有机化合物分子的骨架都是由 C—C 单键构成，在 $1330 \sim 667 cm^{-1}$ 范围内振动谱带十分复杂，由 C—C、C—O、C—N 的伸缩振动和 X—H 变形振动所

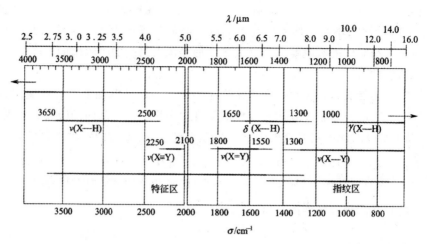

图 8-4　一些基团的振动频率

X—C、N、O，v＝伸缩，δ＝面内弯曲，γ＝面外弯曲

产生，吸收带的位置和强度随化合物而异，每一个化合物都有它自己的特点，因此称为指纹区。分子结构上的微小变化，都会引起指纹区光谱的明显改变，因此，在确定有机化合物结构时用途也很大。

8.2.6　影响特征基团吸收频率的因素

由双原子组成的简单分子，其特征吸收谱带的频率主要取决于原子的质量和力常数。但在复杂分子内某一基团或键的特征吸收谱带的频率还受分子内和分子间的相互作用力影响，因而相同的基团或键在不同分子中的特征吸收频率并不出现在同一位置，而是根据分子结构和测量环境的影响呈现出特征吸收谱带频率的位移。影响特征基团吸收频率的因素主要有以下几种。

（1）分子中原子质量的影响

因为氢原子质量最小，所以 X—H 键伸缩振动频率最高。

（2）原子间键的力常数的影响

由单键、双键到三键，键的强度增加，伸缩振动频率也以 $700 \sim 1400\text{cm}^{-1}$、$1500 \sim 1900\text{cm}^{-1}$、$2000 \sim 2300\text{cm}^{-1}$ 的顺序增加，三键和累积双键伸缩振动频率仅次于 X—H。C＝O 双键伸缩振动频率在 1700cm^{-1} 左右，随着 C 换为 N、P 等重原子，N＝O 和 P＝O 振动分别出现在 1500cm^{-1} 和 1200cm^{-1}。由于 C—C、C—O、C—N、P—O 等单键的力常数和 X—H 变形振动的力常数较小，因此出现在较低频率范围。

（3）测定状态的不同对特征基团吸收频率的影响

①试样状态的不同。试样状态不同，也会影响特征基团吸收谱带的频率、强度和形状。丙酮在气态时的 $v_{C＝O}$ 为 1720cm^{-1}，而在液态时移至 $1718 \sim 1728\text{cm}^{-1}$ 处。因此，在谱图上对样品的状态应加以说明。对结晶形固态物质，由于分子取向是一定的，限制了分子的转动，会使一些谱带从光谱中消失，而在另外一些情况下，则可能出现新谱带。如长直链脂肪酸的结晶体光谱中出现一群主要由次甲基的全反式排列所产生的谱带，可用以确定直链的长度或不饱和脂肪酸的双键位置。

②溶剂效应。由于溶剂的种类不同。同一物质所测得的光谱也不同。一般在极性溶剂中,溶质分子中的极性基团的伸缩振动频率随溶剂的极性增加向低波数移动,强度亦增大,而变形振动频率将向高波数移动。如果溶剂能引起溶质的互变异构,并伴随有氢键形成时,则吸收谱带的频率和强度有较大的变化。此外,溶质浓度也可引起光谱变化。在非极性溶剂中,这种频率移动一般较小。

③氢键。当有氢键时,X—H 伸缩振动频率移向较低波数处,吸收谱带强度增大,谱带变宽,其变形振动频率移向较高波数处,但没有伸缩振动变化显著。形成分子内氢键时,X—H 伸缩振动谱带的位置、强度和形状的改变均较分子间氢键小;对质子接受体,通常影响较小。

(4)分子结构的不同对特征基团吸收频率的影响

①诱导效应。由于取代基具有不同的电负性,通过静电诱导作用,引起分子中电子分布的变化,从而改变了键的力常数,使基团的特征频率发生位移。以羰基为例,若有一电负性大的基团和羰基的碳原子相连,由于诱导效应使电子云由氧原子转向双键的中间,增加了 C＝O 键的力常数,使 C＝O 的振动频率升高,吸收峰向高波数移动,如

$$\nu_{C=O} \quad 1715cm^{-1} \qquad 1800cm^{-1} \qquad 1920cm^{-1}$$

②共轭效应。分子中形成大 π 键所引起的效应叫共轭效应,共轭效应的结果使共轭体系中的电子云密度平均化,使原来的双键略有伸长,力常数减小,吸收峰向低波数移动,如

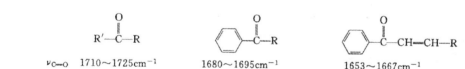

$$\nu_{C=O} \quad 1710\sim1725cm^{-1} \qquad 1680\sim1695cm^{-1} \qquad 1653\sim1667cm^{-1}$$

③空间效应。空间效应主要包括空间位阻效应、环状化合物的环张力等。取代基的空间位阻效应将使 C＝O 与双键的共轭受到限制,使 C＝O 的双键性增强,波数升高,如

$$\nu_{C=O} \quad 1663cm^{-1} \qquad\qquad 1693cm^{-1}$$

对环状化合物,环外双键随环张力的增加,其波数也相应增加,如

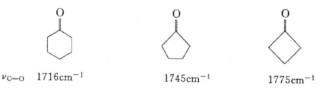

$$\nu_{C=O} \quad 1716cm^{-1} \qquad 1745cm^{-1} \qquad 1775cm^{-1}$$

环内双键随环张力的增加,其伸缩振动峰向低波数方向移动,而 C—H 伸缩振动峰却向高波数方向移动,如

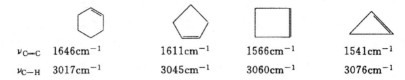

$\nu_{C=C}$	1646cm^{-1}	1611cm^{-1}	1566cm^{-1}	1541cm^{-1}
ν_{C-H}	3017cm^{-1}	3045cm^{-1}	3060cm^{-1}	3076cm^{-1}

④振动的相互作用。当两个振动频率相同或相近的基团连接在一起时,或当一振动的泛频与另一振动的基频接近时,它们之间可能产生强烈的相互作用,其结果使振动频率发生变化。例如,羧酸酐

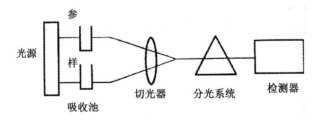

由于两个羰基的振动耦合,使 $v_{C=O}$ 吸收峰分裂成两个峰,波数分别约为 1820cm^{-1}(反对称耦合)和 1760cm^{-1}(对称耦合)。

8.3　红外吸收光谱仪

8.3.1　双光束红外光谱仪

紫外-可见光谱仪可以是双光束的,也可以是单光束的,但是,对于红外光谱仪,一般只能是双光束的,这是为了避免以下因素带来的误差。

①空气中 H_2O 和 CO_2 在红外光谱区有吸收。

②红外测定中溶剂的吸收。

③光源和检测器的不稳定。

双光束红外光谱仪的基本结构如图 8-5 所示。与紫外-可见光谱仪的基本结构最明显的不同的是吸收池的位置不同,紫外-可见光谱仪的吸收池一般位于分光系统的后面,以防止光解作用对测定的影响,而红外光谱仪的吸收池在分光系统之前,以防止样品的红外发射(常温下物质可发射红外光)和杂散光进入检测器。但是,对于傅里叶变换红外光谱仪,吸收池可放在干涉仪之后,发射的红外光和杂散光可作为信号的直流组分被分开。

![双光束红外光谱仪的基本结构图：光源、参、样、吸收池、切光器、分光系统、检测器]

图 8-5　双光束红外光谱仪的基本结构

(1)光源

红外辐射光源是能够发射高强度连续红外光的炽热物体,常见的有硅碳棒和能斯特灯。

(2)分光系统

分光系统位于吸收池和检测器之间,可用棱镜或光栅作为分光元件。现在大多数用傅里

叶变换来进行波长选择。棱镜主要用于早期生产的仪器中,制作棱镜的材料和吸收池一样,应该能透过红外辐射。棱镜易吸水蒸气而使表面透光性变差,其折射率会随温度变化而变化,近年已被光栅取代。

（3）检测系统

①热电偶。如图 8-6 所示,热电偶是将两种不同的金属丝 M_1、M_2 焊接成两个接点,接收红外辐射的一端多焊接在涂黑的金箔上,作为热接点;另一端作为冷接点(通常为室温)。在金属 M_1 和 M_2 之间产生电位,即热点和冷点处的电位分别为 φ_1 和 φ_2,此电位是温度的函数,即随温度而变化。没有红外光照射时,冷点与热点温度相同,所以 $\varphi_1 = \varphi_2$,回路中没有电流通过,而当用红外光照射后,热点升温,冷点仍保持原来温度,φ_1 与 φ_2 不相等,回路中有电流通过放大后得到信号,信号强度与照射的红外光强度成正比。为不使热量散失,热电偶置于高真空的容器中。

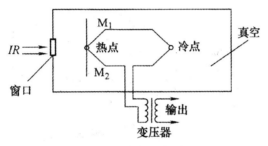

图 8-6　热电偶工作原理

M_1—M_2 的材料有镍-铬镍铝、铜-康铜($Ni:39\%\sim41\%$,$Mn:1\%\sim2\%$,其余为 Cu)、铁-康铜、铂铑-铂等。热电偶的缺点是反应较迟钝,信号输入与输出的时间达几十毫秒,不适于傅里叶变换,用于普通光栅仪器等。

②热释电器件。热释电器件响应速度快(μs),适用于傅里叶变换红外光谱仪,其结构如图 8-7。它是以热释电材料硫酸三苷肽(TGS)为晶体薄片,在它的正面真空镀铬(半透明,可透红外光),背面镀金。TGS 为非中心对称结构的极性晶体,即使在无外电场和应力的情况下,本身也会电极化,此自发电极化强度是温度的函数,随温度上升,极化强度下降,与 P_S 方向垂直的薄片两个表面有电荷存在,且表面电荷密度 $\sigma_s = P_S$。当正面吸收红外辐射时,薄片的温度升高,极化度降低,晶体的表面电荷减少,相当于"释放"了一部分电荷,释放的电荷经过外电路时被检测。电荷密度 σ_s 与温度 T 有关。当红外光强增大,其温度变化率也大,电荷密度变化增加,输出的电流也增加。

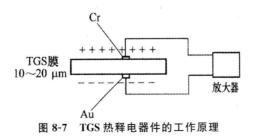

图 8-7　TGS 热释电器件的工作原理

③汞镉碲检测器。汞镉碲检测器(简称 MCT),它是由半导体碲化镉和碲化汞混合制成。此种检测器分为光电导型和光电伏型,前者是利用其吸收辐射后非导电性的价电子跃迁至高能量的导电带,从而降低了半导体的电阻,产生信号;后者是利用不均匀半导体受红外光照射后,产生电位差的光电伏效应而实现检测。MCT 检测器固定于不导电的玻璃表面,置于真空舱内,需在液氮温度下工作,其灵敏度比 TGS 检测器高约 10 倍。

8.3.2 傅里叶变换红外光谱仪

由于以棱镜、光栅为色散元件的第一代、第二代红外光谱仪的扫描速度慢,不适用于动态反应过程的研究,且灵敏度、分辨率和准确度较低,使得其在许多方面的应用都受到了限制。20 世纪 70 年代,第三代红外光谱仪——傅里叶变换红外光谱仪(FTIR)问世了。

傅里叶变换红外光谱仪不使用色散元件,主要由光源(硅碳棒、高压汞灯)、迈克尔逊干涉仪、样品室、检测器(热释电检测器、汞镉碲光电检测器)、计算机和记录仪等组成。它的核心部分是迈克尔逊干涉仪,由光源而来的干涉信号变为电信号,然后以干涉图的形式送达计算机,计算机进行快速傅里叶变换数学处理后,将干涉图变换成为红外光谱图。

如图 8-8 所示,迈克尔逊干涉仪由定镜 M_1、动镜 M_2 和光束分裂器 BS(与 M_1 和 M_2 分别成 45°角)组成。M_1 固定不动,M_2 可沿与入射光平行的方向移动,BS 可让入射红外光一半透过,另一半被反射。当入射光进入干涉仪后,透过光Ⅰ穿过 BS 被 M_2 反射,沿原路返回到 BS(图中绘制成不重合的双线是为了便于理解),反射光Ⅱ被 M_1 反射也回到 BS,这两束光通过BS 经样品室后,经过一反射镜被反射到达检测器 D。光束Ⅰ、Ⅱ到达 D 时,这两束光的光程差随 M_2 的往复运动作周期性变化,形成干涉光。若入射光为 λ,光程差 $= \pm K\lambda (K=0,1,2,\cdots)$ 时,就发生相长干涉,干涉光强度最大;光程差 $= \pm \left(K+\dfrac{1}{2}\right)\lambda$ 时,就产生相消干涉,干涉光强度最小;而部分相消干涉发生在上述两种位移之间。

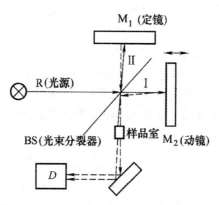

图 8-8 迈克尔逊干涉仪工作原理

测定时,当复色光通过样品室时,样品对不同波长的光具有选择性吸收,所以得到如图8-9(a)所示的干涉图,其横坐标是 M_2 的位移,纵坐标是干涉光强度。从干涉图中很难识别不同波数下光的吸收信号,因此将这种干涉图经计算机的快速傅里叶变换后,就可以获得如图8-9(b)所示的透光率 T 随波数 σ 变化的红外光谱图。

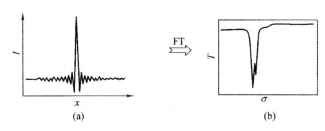

图 8-9　复色光的干涉图和红外光谱图

傅里叶变换红外光谱仪还可与气相色谱、高效液相色谱、超临界流体色谱等分析仪器实现联用,为化合物的结构分析与测定提供更有效的手段。

8.4　红外光谱定性与定量分析

8.4.1　定性分析

将样品的红外光谱与标准谱图或与已知结构的化合物的光谱进行比较,鉴定化合物;或者根据各种实验数据,结合红外光谱进行结构测定,这里仅把红外光谱定性分析的应用范围总结如下。

(1)基团与特征吸收谱带的对应关系

分子中所含各种官能团都可由观察其红外光谱鉴别。

(2)相同化合物有完全相同的光谱

相同化合物有完全相同的光谱,不同物质虽然有一小部分结构或构型的差异必显示出不同的光谱,但要注意物理状态不同造成的谱图变化。例如,同一物质其晶型不同,分子排布不同,对光折射有差别,吸收情况就不一样,利用其可以测高分子物质的结晶度。比较一物质在不同浓度溶液中的光谱,可辨别分子间或分子内的氢键。顺反异构体极易用红外光谱来区别。在鉴定物质是否为同一物质时,为消除物理状态造成的影响,宜设法将样品制成溶液或熔融形式测定红外光谱。

(3)旋光性物质

旋光性物质的左旋、右旋以及消旋体都有完全相同的红外光谱。

(4)物质纯度检查

物质结构测定一般要求物质的纯度在 98% 以上,因为杂质亦有其吸收谱带,可在光谱上出现。不纯物质的红外光谱吸收带较纯品多,或若干吸收线相互重叠,不能分清,可用比较提纯前后的红外光谱来了解物质提纯过程中杂质的消除情况。

(5)观察反应过程

在反应过程中不断测定红外光谱,据反应物的基本特征频率消失或产物吸收带的出现,观察反应过程,测定反应速度,研究反应机理。

(6)在分离提纯方面

在将一复杂混合物用蒸馏法或色谱分离法分离提纯过程中,常用测定红外光谱来追踪提纯的程度,了解分离开的各物质存在何处及其浓度大致如何。

8.4.2 定量分析

1. 红外光谱定量分析原理

(1)吸收定律

$$A = \lg \frac{1}{T} = \lg \frac{I_0}{I} = abc$$

必须注意,透光率 T 和浓度 c 没有正比关系,当用 T 记录的光谱进行定量时,必须将 T 转换为吸光度 A 后进行计算。

(2)基线法

用基线来表示该分析物不存在时的背景吸收,并用它来代替记录纸上的 100%(透光率)坐标。具体做法是:在吸收峰两侧选透射率最高处 a 与 b 两点作基点,过这两点的切线称为基线,通过峰顶 c 作横坐标的垂线,和 0% 线交点为 e,和切线交点为 d(图 8-10),则

$$A = \lg \frac{I_0}{I} = \lg \frac{de}{ce}$$

基线还有其他画法,但确定一种画法后,在以后的测量中就不应该改变。

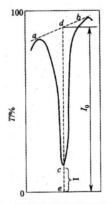

图 8-10 用基线法测量谱带吸光度

(3)积分吸光度法

用基线法测定吸光度受仪器操作条件的影响,从一种型号仪器获得的数据不能运用到另一种型号的仪器上,它也不能反映出宽的和窄的谱带之间的吸收差异。对更精确的测定,可采用积分吸光度法:

$$A = \int \lg \left(\frac{I_0}{I} \right)_v \mathrm{d}v$$

即吸光度为线性波数条件下记录的吸收曲线所包含的面积。

2. 定量分析测量和操作条件的选择

(1)定量谱带的选择

理想的定量谱带应是孤立的,吸收强度大,遵守吸收定律,不受溶剂和样品其他组分干扰,尽量避免在水蒸气和 CO_2 的吸收峰位置测量。当对应不同定量组分而选择两条以上定量谱带时,谱带强度应尽量保持在相同数量级,对于固体样品,因为散射强度和波长有关,所以选择

的谱带最好在较窄的波数范围内。

（2）溶剂的选择

所选溶剂应能很好溶解样品，与样品不发生反应，在测量范围内不产生吸收。为消除溶剂吸收带影响，可采用计算机差谱技术。

（3）选择合适的透光率区域

透光率应控制在 20%～65% 范围之内。

（4）测量条件的选择

定量分析要求 FTIR 仪器的室温恒定，每次开机后均应检查仪器的光通量，保持相对恒定。定量分析前要对仪器的 100% 线、分辨率、波数精度等各项性能指标进行检查，先测参比（背景）光谱可减少 CO_2 和水的干扰。用 FTIR 仪进行定量分析，其光谱是把多次扫描的干涉图进行累加平均得到的，信噪比与累加次数的平方根成正比。

（5）吸收池厚度的测定

采用干涉条纹法测定吸收池厚度的具体做法是，将空液槽放于测量光路中，在一定的波数范围内进行扫描，得到干涉条纹，见图 8-11，利用下式计算液槽厚度 L

$$L = \frac{n}{2(\sigma_2 - \sigma_1)}$$

式中，n 是干涉条纹个数；$(\sigma_2 - \sigma_1)$ 是波数范围。

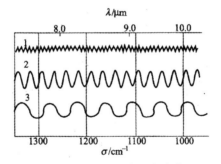

图 8-11　三个池的干涉波纹

3. 红外光谱定量分析方法

（1）标准曲线法

在固定液层厚度及入射光的波长和强度的情况下，测定一系列不同浓度标准溶液的吸光度，以对应分析谱带的吸光度为纵坐标，标准溶液浓度为横坐标作图，得到一条通过原点的直线，该直线为标准曲线。在相同条件下测得试液的吸光度，从标准曲线上可查得试液的浓度。

（2）比例法

标准曲线法的样品和标准溶液都使用相同厚度的液体吸收池，且其厚度可准确测定。当其厚度不定或不易准确测定时，可采用比例法。它的优点在于不必考虑样品厚度对测量的影响，这在高分子物质的定量分析上应用较普遍。

比例法主要用于分析二元混合物中两个组分的相对含量。对于二元体系，若两组分定量谱带不重叠，则

$$R = \frac{A_1}{A_2} = \frac{a_1 b c_1}{a_2 b c_2} = \frac{a_1 c_1}{a_2 c_2} = K \frac{c_1}{c_2}$$

因 $c_1 + c_2 = 1$，故

$$c_1 = \frac{R}{K+R}, \quad c_2 = \frac{K}{K+R}$$

式中，$K = a_1/a_2$，是两组分在各自分析波数处的吸收系数之比，可由标准样品测得；R 是被测样品二组分定量谱带峰值吸光度的比值，由此可计算出两组分的相对含量 c_1 和 c_2。

（3）差示法

该法可用于测量样品中的微量杂质，例如有两组分 A 和 B 的混合物，微量组分 A 的谱带被主要组分 B 的谱带严重干扰或完全掩蔽，可用差示法来测量微量组分 A。很多红外光谱仪中都配有能进行差谱的计算机软件功能，对差谱前的光谱采用累加平均处理技术，对计算机差谱后所得的差谱图采用平滑处理和纵坐标扩展，可以得到十分优良的差谱图。

（4）解联立方程法

在处理二元或三元混合体系时，由于吸收谱带之间相互重叠，特别是在使用极性溶剂时所产生的溶剂效应，使选择孤立的吸收谱带有困难，此时可采用解联立方程的方法求出各个组分的浓度。

8.5　红外吸收光谱法在环境分析中的应用

红外吸收光谱法以其快速、准确和高效的特点，在化合物鉴定上具有独特的优势。在环境分析领域，一氧化碳、二氧化碳、氮氧化物、二氧化硫、甲烷和氯氟烃等具有红外活性的物质都可以使用红外吸收光谱法进行测定。一些经过化学反应最终能够变成红外活性物质的待测物也可以用红外光谱来检测，例如使用 TOC 分析仪测定水中的总有机碳（TOC），水中的含碳有机物经过酸化和加热后，最终生成了 CO_2，在红外检测器上被定量检测。

8.5.1　测定水中的油类物质

利用红外吸收光谱法测定水中的油类物质是该方法的重要应用之一，并且列入了国家标准（红外吸收光谱法测定水中石油类和动植物油 GB/T 16488—1996）。下面就简要的介绍一下该标准方法。

水中的油类物质包括矿物油和动植物油两大类，前者的主要成分为碳氢化合物，来自石油及其炼制产品的加工、运输行业；后者的主要成分为三酰甘油、脂肪酸酯、磷酸酯等，主要来自动植物的分解、居民生活污水等。分散于水中的油类物质可吸附在悬浮微粒上，或以乳化状态存在于水体中，还能少量溶于水中。漂浮于水面的油会形成油膜，阻碍空气与水体氧的交换；油类物质还能被微生物氧化分解，消耗水中的溶解氧，导致水质恶化。

油类物质都能够溶于四氯化碳，而其中的动植物油还能够被硅酸镁吸附。因此，利用四氯化碳萃取水中的油类物质，进行红外吸收光谱法定量检测，然后用硅酸镁吸附脱除萃取液中的动植物油之后再经红外光谱测定石油类。总萃取物和石油类均可在波数 $2930\,cm^{-1}$（CH_2 基团中 C—H 键的伸缩振动）、$2960\,cm^{-1}$（CH_3 基团中 C—H 键的伸缩振动）和 $3030\,cm^{-1}$（芳香环中 C—H 键的伸缩振动)谱带处测定吸光度。

样品经四氯化碳萃取和硅酸镁吸附的步骤在此不再赘述。在测定过程中,不需要使用标准曲线,但要用几种标准试剂来测定校正系数,所起到的也是外标的作用。以四氯化碳为溶剂,分别配制 $100mg \cdot L^{-1}$ 正十六烷、$100mg \cdot L^{-1}$ 姥鲛烷和 $400mg \cdot L^{-1}$,甲苯溶液,使用 1cm 比色皿,分别测定这三种标准试剂在 $2930cm^{-1}$、$2960cm^{-1}$ 和 $3030cm^{-1}$ 处的吸光度。

设正十六烷、姥鲛烷和甲苯标准试剂的浓度分别为 CH、CP 和 CT($mg \cdot L^{-1}$),它们的吸光度分别以 A(H)、A(P) 和 A(T) 表示。X、Y、Z 分别为 $2930cm^{-1}$、$2960cm^{-1}$ 和 $3030cm^{-1}$ 处的校正系数。F 为烷烃对芳香烃的校正因子,由于正十六烷的芳香烃含量为零,因此 F 为正十六烷在 $2930cm^{-1}$ 和 $3030cm^{-1}$ 处的吸光度之比,即 $F = A_{2930}(H)/A_{3030}(H)$。

对于每一种标准试剂来说,都符合下式:

$$C = XA_{2930} + YA_{2960} + Z\left(A_{3030} - \frac{A_{2930}}{F}\right)$$

联立方程式求解,即可得出校正系数 X、Y、Z。

水样中总萃取物的含量 C_1($mg \cdot L^{-1}$)可按下式计算:

$$C_1 = \left[XA_{2930}^1 + YA_{2960}^1 + Z\left(A_{3030}^1 - \frac{A_{2930}^1}{F}\right)\right]\frac{V_0 Dl}{V_w L} \tag{8-1}$$

式中,A_{2930}^1、A_{2960}^1 和 A_{3030}^1 为各波数下测得的总萃取液的吸光度;V_0 为萃取溶剂定容体积,mL;V_w 为水样体积,mL;D 为萃取液稀释倍数;l 为测定校正系数时所用比色皿光程,cm;L 为测定水样时所用比色皿光程,cm。

根据式(8-1),使用在各波数下测得的硅酸镁吸附后滤出液的吸光度,即可计算出水样中石油类的含量 C_2($mg \cdot L^{-1}$)。总萃取物和石油类含量的差值即为动植物油的含量。

该方法的适用范围广,抗干扰能力强。当水样体积为 5L,经过腹肌之后,使用光程为 4cm 的比色皿检测时,方法的最低检出限为 $0.01mg \cdot L^{-1}$。

8.5.2 未知物结构的确定

红外吸收光谱是确定未知物结构的重要手段。在定性分析过程中,首先要获得清晰可靠的图谱,然后就是对谱图做出正确的解析。所谓谱图的解析就是根据实验所测绘的红外光谱图的吸收峰位置、强度和形状,利用基团振动频率与分子结构的关系来确定吸收带的归属,确认分子中所含的基团或化学键,进而推定分子的结构。简单地说,就是根据红外光谱所提供的信息,正确地把化合物的结构"翻译"出来。图谱解析通常经过以下几个步骤。

(1)收集、了解样品的有关数据及资料

如对样品的来源、制备过程、外观、纯度、经元素分析后确定的化学式以及诸如熔点、沸点、溶解性质、折射率等物理性质做较为全面透彻的了解,以便对样品有个初步的认识或判断,有助于缩小化合物的范围。

(2)计算未知物的不饱和度

由元素分析结果或质谱分析数据可确定分子式,并求出不饱和度 U。

$$U = 1 + n_4 + \frac{n_3 - n_1}{2}$$

式中，n_4、n_3 和 n_1 分别为四价(如 C、Si)、三价(如 N、P)和一价(如 H、F、Cl、Br、I)原子的数目。二价原子如 S、O 等不参加计算。如果计算 U＝0，表示分子是饱和的，应为链状烃及不含双键的衍生物；U＝1，可能有一个双键或一个脂环；U＝2，可能有两个双键或两个脂环，也可能有一个三键；U＝4，可能有一个苯环或一个吡啶环，以此类推。

（3）谱图的解析

获得红外光谱图以后，即进行谱图的解析。通常先观察官能团区（4000～1300cm^{-1}），可借助于手册或书籍中的基团频率表，对照谱图中基团频率区内的主要吸收带，找到各主要吸收带的基团归属，初步判断化合物中可能含有的基团和不可能含有的基团及分子的类型。然后再查看指纹区（1300～600cm^{-1}），进一步确定基团的存在及其连接情况和基团间的相互作用。任一基团由于都存在着伸缩振动和弯曲振动，因此会在不同的光谱区域中显示出几个相关峰，通过观察相关峰，可以更准确地判断基团的存在情况。

红外光谱的三要素是吸收峰的位置、强度和形状。无疑三要素中吸收峰位置（即吸收峰的波数）是最为重要的特征，一般用于判断特征基团，但也需要其他两个要素辅以综合分析，才能得出正确的结论。例如 C—O，其特征是在 1780～1680cm^{-1} 范围内有很强的吸收峰，这个位置是最重要的，若有一样品在此位置上有一吸收峰，但吸收强度弱，就不能判定此化合物含有 C—O，而只能说此样品中可能含有少量羰基化合物，它以杂质峰出现，或者可能其他基团的相近吸收峰而非 C—O 吸收峰。另外，还要注意每类化合物的相关吸收峰，例如判断出 C—O 的特征吸收峰之后，还不能断定它属于醛、酮、酯或是酸酐等的哪一类，这时就要根据其他相关峰来做确定。

当初步推断出试样的结构式之后，还要结合其他的相关资料，综合判断分析结果，提出最可能的结构式，然后查找标准谱图进行对照核实。更为准确的方法是同时结合紫外、质谱、核磁共振谱图等数据综合分析。

例 8-1 已知某化合物的元素组成为 C_7H_8O，测得其红外谱图如图 8-12 所示，试判断其结构式。

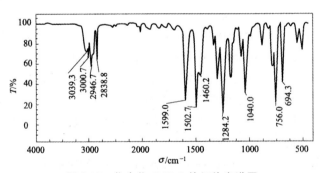

图 8-12　化合物 C_7H_8O 的红外光谱图

解：①计算其不饱和度

$$U=1+n_4+\frac{n_3-n_1}{2}=1+7+\frac{0-8}{2}=4$$

②图谱解析。3039cm^{-1}，3001cm^{-1} 是不饱和 C—H 伸缩振动，说明化合物中有不饱和双键；2947cm^{-1} 是饱和 C—H 伸缩振动，说明化合物中有饱和 C—H 键；1599cm^{-1}，1503cm^{-1} 是

芳环骨架振动,说明化合物中有芳环;芳环不饱和度为 4,这说明该化合物除芳环以外的结构是饱和的;1248cm^{-1}、1040cm^{-1}是醚氧键 C—O—C 的伸缩振动,说明化合物中有醚氧键;756cm^{-1},694cm^{-1}是芳环单取代 C—H 变形振动,说明化合物为单取代苯环化合物。综合以上推测,该化合物分子结构为

$$\text{苯环—OCH}_3$$

2839cm^{-1}进一步证明了化合物中—CH$_3$ 的存在,它是—CH$_3$ 的 C—H 伸缩振动;1460cm^{-1}是—CH$_3$ 的 C—H 变形振动。

8.5.3　化合物或基团的验证和确认

利用红外光谱对某一化合物或基团的验证和确认是一种简便、快捷的方法,只要选择合适的制备样品方法,测其红外光谱图,然后与标准物质的红外光谱或红外标准谱图对照,即可以确认或否定。需要注意的是,样品及标准物质的物态、结晶态和溶剂的一致性,以及注意到一些其他因素,如有杂峰的出现,应考虑到是否有水分、CO$_2$ 等的影响等。

第9章 色谱分析法之气相色谱法

9.1 概述

用气体作为流动相的色谱法称为气相色谱法(GC),是英国生物化学家马丁等在液液分配色谱的基础之上,于1952年创立的。根据固定相的状态不同,气相色谱法又可将其分为气固色谱和气液色谱。气固色谱是采用多孔性固体为固定相,分离的主要对象是一些气体以及大部分低沸点的化合物。气液色谱多用高沸点的有机化合物涂渍在惰性载体上作为固定相,一般只要在450℃以下,有1.5kPa～10kPa的蒸气压且热稳定性好的有机和无机化合物都可用气液色谱分离。因为在气液色谱中可供选择的固定液种类很多,容易得到好的选择性,所以气液色谱有广泛的实用价值。气固色谱可供选择的固定相种类甚少,分离的对象不多,且色谱峰容易产生拖尾,因此实际应用相对不多。

1.气相色谱的分类

气相色谱法按固定相的聚集状态不同,分为气固色谱法(GSC)及气液色谱法(GLC)。按分离原理,气固色谱多属于吸附色谱,气液色谱多属于分配色谱,后者是药物分析中最常用的方法。

按色谱操作形式来分,气相色谱属于柱色谱,按柱的粗细不同,可分为填充柱色谱法及毛细管柱色谱法两种。填充柱是将固定相填充在金属或玻璃管中。毛细管柱可分为开口毛细管柱、填充毛细管柱等。

2.气相色谱法的特点

气相色谱分析法是以气体为流动相的柱色谱法。由于气体的黏度小,组分扩散速率高,传质快,可供选择的固定液种类比较多,加之采用高灵敏度的通用型检测器,使得气相色谱法具有下列特点。

(1)选择性好

气相色谱能分离同位素、同分异构体等物理、化学性质十分相近的物质。例如,用其他方法很难测定的二甲苯的三个同分异构体用气相色谱法很容易进行分离和测定。

(2)灵敏度高

气相色谱试样用量少,一次进样量在$10^{-13}\sim10^{-11}$mg。由于使用高灵敏度的检测器,气相色谱可以检出$10^{-10}\sim10^{-6}$g的物质。因此,在超纯物质所含的痕量杂质分析中,用气相色谱分析法可测出超纯气体、高分子单体、高纯试剂中质量分数为$10^{-10}\sim10^{-6}$数量级的杂质。在大气污染物分析中,可以直接测出质量分数为10^{-9}数量级的痕量毒物。在农药残留量的分析中,可测出农副产品、食品、水质中质量分数为$10^{-9}\sim10^{-6}$量级的卤素、硫、磷化合物。

(3)柱效高

一根1～2m长的色谱柱一般有几千块理论塔板,而毛细管柱的理论塔板数可达$10^5\sim10^6$

块,可以有效地分离极为复杂的混合物。

气相色谱分析法能分析各种气体,并能在适当温度下能气化的液体或定量裂解的固体,应用范围很广。气相色谱分析法进行定性分析时,一般要将试样的色谱图与纯物质的色谱图进行对照以确定试样的组成。若缺乏纯物质,定性就比较困难。但是,将气相色谱分析法与质谱分析法、红外光谱分析法、核磁共振谱分析法、激光拉曼光谱分析法等技术联用则能克服这一缺点。目前,这些联用设备已经商品化,并成为科研和生产中有利的分析工具。

3. 气相色谱分离原理

气相色谱的流动相一般为惰性气体,气－固色谱法中的固定相通常为表面积大且具有一定活性的吸附剂。当多组分的混合物样品进入色谱柱后,由于吸附剂对每个组分的吸附力不同,一段时间后,各组分在色谱柱中的运行速度也就不同。吸附力弱的组分容易被解吸下来,最先离开色谱柱进入检测器,而吸附力最强的组分最不容易被解吸下来,因此最后离开色谱柱。各组分在色谱柱中彼此分离,顺序进入检测器中被检测、记录下来。

气－液色谱中,以均匀涂在载体表面的液膜为固定相,这种液膜对各种有机物都具有一定的溶解度。当样品被载气带入柱中到达固定相表面时,就会溶解在固定相中。当样品中含有多个组分时,由于它们在固定相中的溶解度不同,一段时间后,各组分在柱中的运行速度也就不同。溶解度小的组分先离开色谱柱,溶解度大的组分后离开色谱柱。这样,各组分在色谱柱中彼此分离,再顺序进入检测器中被检测、记录下来。

9.2　气相色谱仪

9.2.1　气相色谱分析流程

气相色谱法的流动相是气体,也叫载气,它是对样品和固定相呈惰性,专门用来载送样品的气体。常用的载气有 H_2、N_2、Ar、He 等气体。

气相色谱分析过程可以简单地概括为:载气载送样品经过色谱柱中的固定相,使样品中的各组分分离,再分别检出。

气相色谱分析是在气相色谱仪上进行的,气相色谱仪由气路系统、进样系统、分离系统、检测系统、记录系统和温控系统等 6 大基本系统组成,如图 9-1 所示。打开载气钢瓶顶部的总阀,载气经减压阀后进入净化干燥管以除去水分和杂质;流量调节阀将载气流速调至需要值,再由下而上地通过转子流量计,其中转子位置的高低指示出载气流速的相对大小,压力表显示出载气的柱前压力;样品由进样器快速注入气化室,其中的液体样品被瞬时气化,并由载气带入色谱柱,样品中的各组分在色谱柱内得到分离,然后随载气进入检测器,经检测后放空。检测器产生的检测信号被放大器放大,最后由记录仪记录,便得到了反映样品组成及其分离状况的色谱图。图中的虚线框内的部分需进行温度控制。

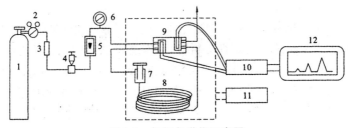

图 9-1　气相色谱仪示意图

1—载气瓶；2—压力调节器；3—净化器；4—稳压阀；5—转子流量计；6—压表；7—进样器(汽化室)；

8—色谱柱；9—检测器；10—放大器；11—温控系统；12—记录仪

进样器、柱温箱和检测器分别具有温控装置,可达到各自的设定温度。最简单的数据处理系统是记录仪,现代数据处理系统都是由既可存储各种色谱数据,计算测定结果,打印图谱及报告,又可控制色谱仪的各种实验条件,如温度、气体流量、程序升温等的工作站处理,一般而言这些工作站由计算机和专用色谱软件组成的。

组分能否分离,色谱柱是关键;分离后的组分能否产生信号则取决于检测器的性能和种类,它是色谱仪的核心。所以分离系统和检测系统是核心。

9.2.2　气相色谱仪的结构

1. 气路系统

这是进行气相色谱的必备条件。气路系统是一个载气连续运行、管路密闭的系统。载气的纯度、流速对检测器的灵敏度、色谱柱的分离效能均有很大影响。气路系统包括气源、气体净化、气体流速控制和测量。其作用是将载气及辅助气进行稳压、稳流和净化,以提供稳定而可调节的气流以保证气相色谱仪的正常运转。

常用的载气有氮气、氢气、氦气和氩气等,实际应用中载气的选择主要根据检测器的特性来决定。这些气体一般由高压钢瓶供给,纯度要求在 99.99% 以上。市售的钢瓶气如纯氮、纯氢等往往含有水分等其他杂质,需要纯化。常用的纯化方法是使载气通过一个装有净化剂(硅胶、分子筛、活性炭等)的净化器来提高气体的纯度。硅胶、分子筛的作用是除去载气中的水分,活性炭吸附载气中的烃类等大分子有机物。

载气流速的稳定性、准确性同样对测定结果有影响。载气流速范围常选在 $30\sim100\text{mL}\cdot\text{min}$ 之间,流速稳定度要求小于 1%,用气流调节阀来控制流速,如稳压阀、稳流阀、针形阀等。柱前的载气流速常用转子流速计指示,柱后流速常用皂膜流速计测量。由此测得的柱出口流速要对水蒸气影响和温度进行校正。

色谱柱内的不同位置压力是不同的,这就决定了载气流速也是不同的。一般用平均流速 $\bar{F}_c$ 表示,即

$$\bar{F}_c = jF_{co} = \frac{3}{2}\frac{(p_i/p_o)^2 - 1}{(p_i/p_o)^3 - 1}F_{co}$$

式中,j 为压力校正因子;P_o 为柱出口处压力;P_i 为柱入口处压力,即柱前压;F_{co} 为扣除水蒸气压并经温度校正后的柱出口流速。

2. 进样系统

进样,将气体、液体、固体样品快速定量地加到色谱柱头上,进行色谱分离。进样量的准确性和重复性以及进样器的结构等都对定性和定量有很大的影响。

进样系统包括进样装置和气化室,其作用是定量引入样品并使其瞬间气化。

气相色谱可以分析气体、液体及固体。要求气化室体积尽量小,无死角,以减少样品扩散,提高柱效。对于气体样品,常用六通阀进样;对于液体样品,一般采用注射器、自动进样器进样;对于固体样品,一般溶解于常见溶剂转变为溶液进样;对于高分子固体,可采用裂解法进样。

3. 分离系统

分离系统主要由色谱柱构成,是气相色谱仪的心脏。它的功能是使试样在色谱柱内运行的同时得到分离。试样中各组分分离的关键,主要取决于色谱柱的效能和选择性。色谱柱中的固定相是色谱分离的关键部分。根据色谱柱的形状和特性,色谱柱主要分为填充柱和毛细管柱两大类。

填充柱一般采用不锈钢、玻璃、尼龙、熔融石英材料制成,内径为 $2\sim4mm$,长度为 $1\sim10m$,形状有 U 形、螺旋形等,内装固定相。

毛细管柱又叫空心柱,分为涂壁、多孔层和涂载体空心柱。通常为内径 $0.1\sim0.5m$、长 $25\sim300m$ 的石英玻璃柱,呈螺旋形,其固定相是涂在或键合在毛细管壁上。毛细管色谱柱渗透性好,传质阻力小,而柱子可以做到长几十米,且分离效率高(理论塔板数可达 10^6)、分析速度快、样品用量小,但柱容量低,要求检测器的灵敏度高,并且制备较难。

对色谱柱箱的要求是:使用温度范围宽,控温精度高,热容小,升温、降温速度快,保温好。

4. 检测系统

检测系统由检测器与放大器等组成,其作用是把柱子分离后的各组分的浓度变化信息转变成易于测量的电信号,如电流、电压等,进而输送到记录器记录下来,最后得到该混合样品的色谱流出曲线。检测器通常视为色谱仪的"眼睛",是色谱仪的关键部件。

气相色谱检测器约有 10 多种,常用的是热导检测器、火焰离子化检测器、电子捕获检测器、火焰光度检测器等,这些是微分型检测器。微分型检测器的特点是被测组分不在检测器中积累,色谱流出曲线呈正态分布,即呈峰形。峰面积或峰高与组分的质量或浓度成比例。

气相色谱检测器可分为通用性检测器和选择性检测器,通用性指对绝大多数物质都有响应,选择性指只对某些物质有响应,对其他物质无响应或响应微弱。

5. 记录系统

由检测器产生的电信号,通过记录仪进行记录,以便得到一张永久的色谱图。记录系统的作用是采集并处理检测系统输出的信号以及显示和记录色谱分析结果,主要包括记录仪,有的色谱仪还配有数据处理器。现代色谱仪多采用色谱工作站的计算机系统,不仅可对色谱数据进行自动处理和记录,还可对色谱参数进行控制,提高了定量计算精度和工作效率,实现了色谱分析数据操作处理的自动化。

6. 温度控制系统

温度控制是气相色谱仪分析的重要操作条件之一,直接影响到色谱柱的选择性、分离效率和检测器的灵敏度和稳定性。因各部分要求的温度不同,故需要三套不同的温控装置。温度控制主要指的是对色谱柱炉、气化室和检测器三处的调控。一般情况下,汽化室温度比色谱柱恒温箱温度高 30～70℃,以保证试样能瞬间汽化;以防止试样组分在检测器系统内冷凝,检测器温度与色谱柱恒温箱温度相同或稍高于后者。温度控制可分恒温控制和程序升温控制。其中,程序升温法指在一个分析周期内柱温随时间由低温向高温作线性或非线性变化,以达到用最短时间获得最佳分离的目的。它主要用于沸点范围很宽的混合物。

9.3　气相色谱检测器

9.3.1　气相色谱检测器概述

检测器是色谱仪中最重要的部件之一。只有依靠检测器才能将色谱柱分离开来的各个组分信号转换为电信号,然后放大、记录下来,得到作为定性定量分析依据的色谱图。气相色谱的检测器的类型很多,50 年来发展出 30 余种气相色谱检测器。

1.气相色谱检测器的分类

(1)按响应值与组分浓度或质量的关系分类

根据响应值与组分浓度或质量的关系可将检测器分为浓度型检测器和质量型检测器。

①浓度型检测器。能检测出载气中组分浓度的瞬间变化,其响应信号与组分浓度成正比;当进样量一定时,峰面积随流速增加而减小,峰高基本不变。热导池检测器、电子捕获检测器等非破坏型检测器都属于浓度型检测器。

②质量型检测器。能检测出载气中组分的质量流速的变化,其响应信号和单位时间内进入检测器的组分的质量成正比;当进样量一定时,峰高随流速的增加而增大,峰面积基本不变。氢火焰离子化检测器、火焰光度检测器等都属于质量型检测器。

(2)按检测方法和原理分类

这种分类方法的优点是易于掌握检测器的主要特点。其分类情况见表 9-1。

表 9-1　常见气相色谱检测器

检测方法	检测器	工作原理	适应范围	检测限	选择性	线性范围	温度限/℃	稳定性	载气
物理常数法	热导检测器 TCD	热导率差异	所有化合物	$4×10^{-10}$ g/mL(丙烷)	非选择性	10^5	400	良	H_2、He、N_2
	气体密度天平 GDB	密度差异	所有化合物	—	—	—	—	—	—

检测方法	检测器	工作原理	适应范围	检测限	选择性	线性范围	温度限/℃	稳定性	载气
电离法	火焰电离检测器 FID	火焰电离	有机物	2×10^{-12} g/s	非选择性	10^7	450	优	H_2、He、N_2
	氮磷检测器 NPD	热表面电离	氮、磷化合物	N:$\leq 1 \times 10^{-13}$ g/s P:$\leq 5 \times 10^{-14}$ g/s	N/C:5 $\times 10^4$ g/s P/C:10^5 g/s	10^5	450	可	—
	电子俘获检测器 ECD	化学电离	电负性化合物	高度可变、最低可达 7×10^{-15} g/s	非选择性	10^4	420	可	Ar、N_2+ 10%CH4
	光电离检测器 PID	光电离	所有化合物	2×10^{-12} g/s	与光源及化合物有关				
	氦电离检测器 HID	氦电离	电离能低于 19.8eV 的化合物	—	—	—	—	—	—
	氩电离检测器 AID	氩电离	电离能低于 11.8eV 的化合物	—	—	—	—	—	—
	离子迁移率检测器 IMD	离子迁移率	所有有机物	—	—	—	—	—	—
	微波等离子体检测器 MPD	微波电离	所有有机物	—	—	—	—	—	—
光度法	原子发射检测器 AED	原子发射	多元素（也具选择性）	0.1~20pg（取决于元素）	(10^4~10^6)（取决于元素）	10^4	450	—	—
	原子吸收检测器 AAD	原子吸收	多元素（也具选择性）	—	—	—	—	—	—
	原子荧光检测器 AFD	原子荧光	某些有机金属化合物	—	—	—	—	—	—

检测方法	检测器	工作原理	适应范围	检测限	选择性	线性范围	温度限/℃	稳定性	载气
光度法	火焰光度检测器 FPD、DFPD	分子发射	硫、磷化合物	2×10^{-12} g/s	S/C: $10^3\sim10^6$ P/C: $>10^5$	S: 10^3 P: $>10^4$	420	—	He、N_2
	化学发光检测器 CLD	化学发光	氮、硫、多氯烃和其他化合物	—	—	—	—	—	—
	分子荧光检测器 MFD	分子荧光	具荧光特性化合物	—	—	—	—	—	—
	火焰红外发射检测器 FTRE	火焰红外发射	环境和工业污染物	—	—	—	—	—	—
	傅里叶变换红外光谱 FTIR	分子吸收	红外吸收化合物（结构鉴定）	4pg～40ng	可变	10^4	280～375	可	—
	紫外检测器 UVD	电子吸收	紫外吸收化合物	—	—	—	—	—	—
电化学法	电导检测器 ELCD	电导变化	卤、硫、氮化合物	Cl: 5×10^{-13} g/s N: 2×10^{-12} g/s S: 2×10^{-13} g/s	Cl/C: 10^6 N/C: 10^4 S/C: 5×10^4	Cl: 10^6 N: 10^4 S: 10^4	400	—	—
	库仑检测器 CD	电流变化	无机物和烃类	—	—	—	—	—	—
	氧化锆检测器 ZD	原电池电动	氧化、还原性化合物或单质	—	—	—	—	—	—
质谱法	质量选择检测器 MSD	电离和质量色散相结合	所有化合物（结构鉴定）	EI:扫描 10pg SIM:0.1pg	可变	10^5	350	优	真空

2.检测器的性能指标

一个性能优良的检测器应该是灵敏度高、检出限低、死体积小、响应迅速、线性范围宽和稳定性好。

(1)灵敏度

单位浓度或质量的组分通过检测器时所产生的信号大小,称为该检测器对该组分的灵敏度,用 S 表示。以组分的浓度(c)或质量(m)对响应信号 R 作图,得到一条通过原点的直线,直线的斜率就是检测器的灵敏度,如图 9-2 所示。

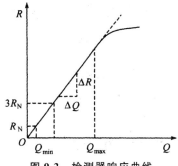

图 9-2　检测器响应曲线

因此,灵敏度可定义为信号 R 对进入检测器的组分量的变化率,即

$$S = \frac{\Delta R}{\Delta Q}$$

式中,ΔR 为记录仪信号变化率;ΔQ 为通过检测器的组分量变化率。测定 S 时,一般将一定量的物质注入色谱仪,根据其峰面积和操作参数进行计算。

对浓度型检测器,其浓度型灵敏度 S_c 为

$$S_c = \frac{F_o A C_1}{C_2 m}$$

式中,C_1 为记录仪的灵敏度,$mV \cdot cm^{-1}$;C_2 为记录仪纸速,$mV \cdot min^{-1}$;A 为峰面积,cm^2;F_o 为载气在色谱柱出口处流速,$mL \cdot min^{-1}$;m 为进样量,mg 或 mL;S_c 为灵敏度,对液体、固体样品单位为 $mV \cdot mL \cdot mg^{-1}$,对气体样品单位为 $mV \cdot ml \cdot ml^{-1}$。

对质量型检测器,采用每秒有 1g 物质通过检测器时所产生的信号来表示灵敏度,即

$$S_m = \frac{60 C_1 A}{C_2 m}$$

式中,灵敏度 S_m 的单位为 $mV \cdot s \cdot g^{-1}$,它与载气流速无关。

检测器的灵敏度只反映了检测器对某物质产生信号的大小,未能反映仪器噪声的干扰,而噪声会影响试样色谱峰的辨认,为此引入了检出限这一指标。

(2)检测限

检测限 D 又叫敏感度或检出限。对于浓度型检测器来说,检测限是指检测器恰能产生与噪声相区别的样品信号时,进入检测器的样品浓度。而对于质量型检测器来说,检测限是指检测器恰能产生与噪声相区别的样品信号时,单位时间内进入检测器的样品质量。在色谱法中,通常认为与噪声恰能区别的样品信号至少应等于噪声信号的两倍。

因此浓度型检测器的检测限为:

$$D_c = \frac{2N}{S}$$

式中,S 为检测器的灵敏度。

而质量型检测器的检测限为:

$$D_m = \frac{2N}{S}$$

检测限越小,能检测出的样品量越低,仪器的性能越好。

(3)最小检测量

最小检测量 $m_{\min}$ 是针对色谱体系提出的一个检测指标,它与检测限不同。因为实际工作中,被测组分不可能单独与检测器发生关系,检测器总是处在与气化室、色谱柱、记录系统等构成的一个完整的色谱体系中。色谱体系的最小检测量指色谱峰高等于 2 倍噪声时被测组分的进样量。它与检测器本身性能及色谱操作条件之间存在以下关系:

$$m_{\min} = 1.065W_{\frac{1}{2}} D$$

由此可见,最小检测量 $m_{\min}$ 与检测限和半峰宽成正比,色谱峰越窄,$m_{\min}$ 越小。与最小检测量紧密相关的就是最小检测浓度($C_{\min}$)。它可表示为

$$C_{\min} = \frac{m_{\min}}{Q}$$

即最小检测量与进样量 Q 之比,它表示在一定进样量时,色谱体系所能检测出的组分最低浓度。

(4)检测器的稳定性

通常用噪声和漂移两个指标来衡量检测器的稳定性。

①噪声。色谱基线反映了实验条件的稳定性,由于各种原因引起的基线波动叫基线噪声。这种波动是一种无论有无组分流出都存在的背景信号,它可分为长期噪声和短期噪声。短期噪声是频率比色谱峰快得多的来回摆动的信号,而长期噪声的出现频率与色谱峰相当。两种噪声如图 9-3(a)、(b)所示。噪声带用峰对峰的两条平行线来确定,其间的距离为噪声 N (mV)。检测器的噪声电平 N_D 用下式求出:

$$N_D = NA$$

式中,A 为衰减倍数。噪声电平越大,检测器的稳定性愈差。

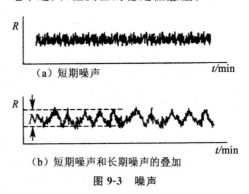

(a)短期噪声

(b)短期噪声和长期噪声的叠加

图 9-3 噪声

②漂移。基线随时间单向缓慢的变化叫作基线漂移,如图 9-4 所示。漂移值通常由 1h 内基线位置的变动来计算。从起点 Q 作垂直线,从终点 P 作水平线,二线相交于 O 点,则检测器的漂移值为: $D_r = \frac{OQ}{OP}$,单位为 mV·h^{-1}。

③引起噪声和漂移的原因。事实上,噪声和漂移除了与检测器性能有关外,还与多种实验操作条件联系紧密。比如,电源电压波动、载气不纯、气路漏气和固定液流失等会产生噪声;数据处理和记录系统可能产生电子噪声或机械噪声;加热检测器、通气、通电或点燃火焰等也可能产生操作噪声。而漂移与仪器的某些单元不稳定有关。如检测器、气化室、色谱柱的温度单

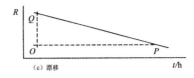

图 9-4　漂移

向变动,仪器预热不够,载气流速不稳,固定液流失等均可能引起漂移。

(5)响应时间

响应时间指进入检测器的某一组分的输出信号达到其值的 63% 时所需的时间,一般都小于 1s。检测器的死体积越小,电路系统的滞后现象越小,响应速率就快,响应时间就越小。

(6)线性范围

检测器的线性范围是指检测器信号大小与被测组分的量呈线性关系的范围,通常用线性范围内的最大进样量(Q_{max})和最小进样量(Q_{min})之比来表示。不同检测器的线性范围也有很大的差别。对于同一个检测器,不同的组分有不同的线性范围。检测器的线性范围越大,适用性越宽,越有利于定量分析。

9.3.2　常用的气相色谱检测器

1. 热导检测器

热导检测器(thermal conductivity detector,TCD)是目前应用最广泛的一种检测器。它结构简单、灵敏度适中、稳定性较好、线性范围宽,且适用于无机气体和有机物,常用于常量分析或分析含有十万分之几以上的组分含量。热导检测器的工作原理是依据不同的物质具有不同的热导率,被测组分与载气混合后,混合物的热导率与纯载气的热导率大不相同,当通过热导池池体的气体组成及浓度发生变化时,就会引起池体上安装的热敏元件的温度变化,由此产生热敏元件阻值的变化,通过惠斯顿电桥进行测量,就可由所得信号的大小求出该组分的含量。

2. 火焰离子化检测器

火焰离子化检测器(Flame Ionization Detector,FID)的灵敏度很高,比热导检测器的灵敏度高约 10^3 倍;检出限低,可达 $10^{-12}\,g \cdot s^{-1}$;火焰离子化检测器能检测大多数含碳有机化合物;死体积小,响应速率快,线性范围也宽,可达 10^6 以上;结构简单,操作便利,是目前应用最广泛的色谱检测器之一。

火焰离子化检测器以氢气和空气燃烧的火焰作为能源,利用含碳有机物在火焰中燃烧产生离子,在外加的电场作用下,使离子形成离子流,根据离子流产生的响应信号强度,检测被色谱柱分离出的组分。离子室的结构对火焰离子化检测器的灵敏度有直接的影响,操作条件的变化,包括氢气、载气、空气流速和检测室的温度等都对检测器灵敏度能够产生影响。

3. 热离子化检测器

热离子化检测器 TID 是在火焰离子化检测器基础上发展起来的一种高选择性检测器,对含杂原子(N 和 P 等)的有机化合物具有很高的灵敏度,因此也被称作氮磷检测器(NPD)。由于热离子化检测器的结构简单、操作方便,目前应用愈来愈广泛。

热离子化检测器内铷盐玻璃珠或陶瓷环上的 Rb^+,从加热电路中得到电子,生成中性铷原子,铷原子在冷氢焰中受热蒸发。当含 N 和 P 的化合物进入冷氢焰(700～900℃)后会分解产生电负性基团。这些电负性基团会和热离子源表面的铷原子蒸气作用,夺取其电子生成负离子。负离子在高压电场下移向正电子的收集极,产生电信号,而铷原子失去电子后重新生成正离子,回到热离子源表面循环。检测器使用的冷氢焰,在火焰喷嘴处还不足以形成正常燃烧的氢火焰,因此烃类在冷氢焰中不产生电离,从而产生对 N 和 P 化合物的选择性检测。

4. 电子捕获检测器

电子捕获检测器(Electron Capture Detector,ECD)又称电子俘获检测器,是一种选择性很强的检测器,对具有电负性物质的检测有很高灵敏度,是目前分析痕量电负性有机物最有效的检测器。与火焰离子化检测器相似,电子捕获检测器作为一种放射性离子化检测器,也需要一个能源和一个电场。能源多数用 ^{63}Ni 或 ^3H 放射源。检测器的内腔有两个电极和筒状的 β 放射源。β 放射源贴在阴极壁上,以不锈钢棒作正极,在两极施加直流或脉冲电压,放射源产生的 β 射线将载气(N_2 或 Ar)电离,产生次级电子和正离子,在电场作用下,电子向正极定向移动,形成恒定基流。当载气带有电负性溶质进入检测器时,电负性溶质就能捕获这些低能量的自由电子,形成稳定的负离子,负离子再与载气正离子复合成中性化合物,使基流降低而产生倒峰。在电子捕获检测器中,被测组分浓度愈大,捕获电子概率愈大,基流下降得就越快,倒峰愈大。

5. 原子发射检测器

原子发射检测器(Atomic Emission Detector,AED)是一种比较新的检测器。工作时,将被测组分导入一个与光电二极管阵列光谱检测器耦合的等离子体中,等离子体提供足够能量使组分样品全部原子化,并使之激发出特征原子发射光谱,经分光后,含有光谱信息的全部波长聚焦到二极管阵列。用电子学方法及计算机技术对二极管阵列快速扫描,采集数据,最后可得三维色谱光谱图。

6. 火焰光度检测器

火焰光度检测器(Flame Photometric Detector,FPD)又称硫、磷检测器,是一种对含磷和硫有机化合物具有高选择性和高灵敏度的质量型检测器,检出限可达 $10^{-12}g \cdot s^{-1}$(对 P)或 $10^{-11}g \cdot s^{-1}$(对 S)。目前,这种检测器主要用于大气中痕量硫化物以及农副产品、水中的纳克级有机磷和有机硫农药残留量的测定。

火焰光度检测器能够根据硫和磷化合物在富氢火焰中燃烧时生成化学发光物质,并能发射出特征波长的光,记录这些特征光谱,检测硫和磷。以硫为例,发生的反应如下:

$$RS + 2O_2 \longrightarrow CO_2 + SO_2$$

$$2SO_2 + 4H_2 \longrightarrow 4H_2O + 2S$$

$$S + S \xrightarrow{390℃} S_2^* (化学发光物质)$$

$$S_2^* \longrightarrow S_2 + h\nu$$

当激发态 S_2^* 分子返回基态时,发射出特征波长光 $\lambda_{max} = 394nm$。

9.4　气相色谱固定相

气相色谱分析中,固定相的选择直接关系到色谱柱的选择性

固定相 $\begin{cases} 固体固定相:固体吸附剂 \\ 液体固定相:由载体和固定液组成 \end{cases}$

9.4.1　气固色谱固定相

气固色谱的固定相是一种具有多孔性及较大表面积的固定颗粒吸附剂,当被分析试样随着载气进入色谱柱后,吸附剂对试样混合物中各组分的吸附能力不同,经过反复多次的吸附—脱附过程,使各组分分离。表 9-2 所列为气固色谱法常用的几种吸附剂。

表 9-2　气固色谱法常用吸附剂

吸附剂	使用温度℃	分析对象
活性炭	<300	惰性气体,CO_2、N_2 和低沸点碳氢化合物
氧化铝	<400	$C_1 \sim C_4$ 烃类异构物
硅胶	<400	$C_1 \sim C_4$ 烃类、N_2O、SO_2、H_2S、SF_6、SF_2、Cl_{12} 等
分子筛	<400	惰性气体、H_2、O_2、N_2、CO、CH_4、NO、N_2O 等
石墨化炭黑	>500	高沸点有机化合物
GDX	250～300	气相和液相中水的分析、低级脂肪醇混合物

9.4.2　气液色谱固定相

气液色谱固定相是表面均匀涂渍一薄层固定液的细颗粒固体,即分为载体(担体)和固定液两部分。

1. 载体(担体)

载体应是一种具有化学惰性,多孔的固体颗粒,能提供一个具有大表面积的惰性表面(内、外)。具体有以下要求。

①表面应是化学惰性的,即表面没有吸附性或吸附性很弱,更不能与被测物质起化学反应。

②多孔性,即表面积较大,使固定液与试样的接触面较大。

③热稳定性好,有一定的机械强度,不易破碎。

④对载体粒度的要求,均匀、细小,将有利于提高柱效。但是颗粒过细,使柱子压降增大,对操作不利。通常会选用 40～60 目、60～80 目或 80～100 目等。

常用的气相色谱载体分为硅藻土型和非硅藻土型两大类。硅藻土型应用较多。由于处理加工的方法不同,硅藻土载体分为红色载体(担体)和白色载体(担体)两类。红色载体含有黏合剂,比表面积较大,一般约为 $4.0m^2 \cdot g^{-1}$,机械强度高,可担负较多的固定液;缺点是表面活

性中心不易完全覆盖,分析极性物质时易出现谱峰拖尾现象。白色载体煅烧时加入了助熔剂碳酸钠,表面孔径粗,比表面积较小,一般只有 $1.0m^2 \cdot g^{-1}$,表面活性中心易于覆盖,有利于分析极性物质;缺点是机械强度差。

硅藻土载体表面存在着硅醇基及少量金属氧化物,分别会与易形成氢键的化合物及酸碱作用,产生拖尾,出现载体的钝化,因此需要除去这些活性中心。通常有如下三种方法可以选择。

①酸洗法。用 $6mol \cdot L^{-1}$ HCl 浸泡 $20\sim30min$,用于除去载体表面的铁等金属氧化物。酸洗载体可用于分析酸性化合物。

②碱洗法。用 $5\%KOH-$甲醇液浸泡或、回流,用于除去载体表面的 Al_2O_3 等酸性作用点,可用于分析胺类等碱性化合物。

③硅烷化法。将载体与硅烷化试剂反应,用于除去载体表面的硅醇基。主要用于分析具有形成氢键能力较强的化合物,如表 9-3 中的 101 和 102 硅烷化载体。

表 9-3 常用气相色谱载体

载体类型	名　称	适用范围
红色硅藻土载体	6201 载体,201 载体	非极性或弱极性组分
	301 载体,釉化载体	中等极性组分
白色硅藻土载体	101 白色载体,102 白色载体	分析极性或碱性组分
	101 硅烷化白色载体 102 硅烷化白色载体	高沸点氢键型组分
非硅藻土载体	聚四氟乙烯载体	强极性组分
	玻璃球载体	高沸点、强极性组分

非硅藻土载体常用于特殊分析,如氟载体用于极性样品和强腐蚀性物质 HF、Cl_2 等分析。但其表面非浸润性,柱效低。

2. 固定液

固定液是试样能够分离的主体,发挥着关键作用。固定液通常是高沸点、难挥发的有机化合物或聚合物。不同种类的固定液,有其特定的使用温度范围,尤其是最高使用温度极限。必须针对被测物质的性质选择合适的固定液。对固定液的要求如下。

①挥发性小,在使用温度下应具有较低的蒸气压,避免在长时间的载气流动下造成固定液的大量流失,使试样分析结果的重复性下降。

②热稳定性好,在较高的工作温度下不发生分解,故每种固定液应给出最高使用温度。

③熔点不能太高,在室温下固定液不一定为液体,但在使用温度下一定呈液体状态,以保持试样在气液两相中的分配。故每种固定液也应清楚标明最低使用温度。

④对试样中的各组分有适当的溶解性能,对易挥发的组分有足够的溶解能力。

⑤有合适溶剂溶解,使固定液能均匀涂敷在担体表面,形成液膜。

⑥化学稳定性好,不与试样发生不可逆化学反应。

⑦选择性好,对试样各组分分离能力强,各组分的分配系数差别要大。

9.5　气相色谱法在环境分析中的应用

例 9-1　气－液分配色谱法测定环境空气中苯、甲苯、二甲苯的含量。

解：

（1）方法要点

空气中苯、甲苯、二甲苯共存形成多组分混合物,用 6201 红色硅藻土担体涂渍阿皮松 L 固定液作色谱柱的填充物,经气－液分配色谱法将各组分分离后,用氢火焰离子化检测器检测,以保留时间定性,以峰面积或峰高外标法定量。

（2）试剂和材料

①苯、甲苯、二甲苯:色谱纯或优级纯。

②三氯甲烷:色谱纯或优级纯,作溶剂。

③担体:6201 红色硅藻土担体,粒度为 40～60 目。

④固定液:阿皮松 L(APL),溶剂为苯或三氯甲烷,最高使用温度 200℃。

⑤高纯氮气。

⑥高纯氢气。

⑦空气。

（3）仪器或设备

①气相色谱仪:具有氢火焰离子化检测器(FID)。

②色谱柱:柱长 2m,内径 4mm,不锈钢柱。

③注射器:1mL 7 只,5mL 4 只,10mL 4 只,100mL 7 只。

④微量注射器:1μL 3 只。

⑤橡皮帽(或橡皮管和夹子):数个。

（4）测量步骤

①样品采集。取 100mL 注射器,用试验现场空气洗涤 3 次后,抽取空气样品,套上橡皮帽(或夹子夹住),垂直放置带回实验室当天测定。

②仪器参考条件。

色谱柱:柱内填装涂渍液担质量比为 5％的固定液阿皮松 L,经酸洗的红色 6201 硅藻土担体,粒度为 60～80 目。气化室温度为 150℃,柱温为 120℃。

气体流速:载气(氮气)流速 70mL/min;燃气(氢气)流速 70mL/min;助燃气(空气)流速 650mL/min。

检测器:氢火焰离子化检测器(FID),检测器的温度为 150℃。

进样量:1mL。

③标准曲线的绘制。

配制标准气体系列:每 1mL 饱和蒸气中苯、甲苯、二甲苯的质量浓度可按

$$\rho_s = \frac{PM}{RT}$$

计算。式中,ρ_s 为饱和蒸气中化合物苯、甲苯、二甲苯的质量浓度,μg/mL;P 为化合物的饱和

蒸气压,Pa;M 为化合物的摩尔质量,g/mol,苯的摩尔质量 $M=78.11$g/mol,甲苯的摩尔质量 $M=79.14$g/mol,二甲苯的摩尔质量 $M=106.17$g/mol;R 为理想气体常数,$R=8.314$J/mol·K;T 为热力学温度,K。

例如,苯在 10℃时,饱和蒸气压 $P=4661$Pa,计算每 1mL 饱和蒸气中苯的质量浓度 ρ_s（μg/mL）。

$$\rho_s=\frac{4664\times78.11}{8.314\times283}=154.7\mu g/mL$$

不同温度下饱和蒸气中化合物的质量浓度见表 9-4。

表 9-4　不同温度下饱和蒸气中化合物的质量浓度

化合物		8℃	10℃	15℃	20℃	25℃	30℃	35℃
苯	P(Pa)	4199	4661	5991	7647	9650	12065	14705
	$\rho_s(\mu$g/mL)	140.4	154.7	195.6	245.2	304.2	374.1	448.6
甲苯	P(Pa)	1484.8	1653	2154	2699	3546	4510.6	5704.8
	$\rho_s(\mu$g/mL)	58.56	64.73	82.89	102.1	131.9	165	205.3
二甲苯	P(Pa)	389.9	441.5	598.2	806.9	1069	1408.9	1844.7
	$\rho_s(\mu$g/mL)	17.72	19.92	26.52	35.17	45.81	59.38	76.48

以 t(℃)为纵坐标,以质量浓度(μg/mL)为横坐标绘制苯、甲苯、二甲苯的标准曲线:采集样品后用采样时的气体温度查已经绘制好的图表,可以得到该气温时每 1mL 饱和蒸气含多少微克的苯、甲苯、二甲苯。例如,15.5℃时查图表得出苯的饱和蒸气质量浓度为 200μg/mL。

取气温在 15.5℃下的 1mL 饱和蒸气,稀释至 100mL,苯质量浓度为 2μg/mL,作为贮备气。取此贮备气 1mL 稀释至 100mL,苯质量浓度为 0.02μg/mL,取 1mL 进样,则苯的质量浓度为 20mg/m³。

绘制苯的标准曲线:取 1.0mL、3.0mL、5.0mL、7.0mL、10.0mL 贮备气分别稀释至 100mL,其质量浓度(μg/mL)分别为 0.02、0.06、0.10、0.14、0.20,即 20mg/m³、60mg/m³、100mg/m³、140mg/m³、200mg/m³。分别取 1mL 进样,重复 3 次,取峰面积或峰高的平均值。以峰面积或峰高为纵坐标,以相应苯的质量浓度为横坐标,绘制苯的标准曲线。

绘制甲苯和二甲苯的标准曲线:取 3.0mL 甲苯饱和蒸气,10mL 二甲苯饱和蒸气,分别稀释至 100mL,配成贮备气,再按照上述绘制苯的标准曲线的步骤进行操作即可。

④测量保留时间。用 100mL 注射器分别吸取 5.0mL 苯、甲苯、二甲苯贮备气,再吸入清洁的空气稀释至刻度,制成标准混合气体,进样 1.0mL 测量各组分的保留时间,进行定性分析。标准混合气体的色谱图及各组分出峰的顺序如图 9-5 所示。

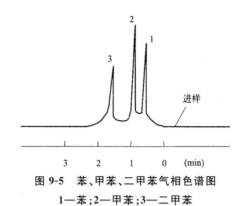

图 9-5　苯、甲苯、二甲苯气相色谱图
1—苯；2—甲苯；3—二甲苯

⑤空气样品的测定。取 1.0mL 空气样品注入色谱仪，出峰后以保留时间定性，以峰面积或峰高查标准曲线定量。

（5）结果计算

空气样品出色谱峰后，用苯、甲苯、二甲苯的峰面积或峰高查各自的标准曲线，即可得出相应的质量浓度（mg/m³）。

计算结果保留算术平均值的三位有效数字。

（6）注意事项及说明

①气体进样分析时的室温应与现场采样时的气温相近，而且采样后应该当天测定，否则会造成较大的误差。

②样品浓度较低或较高时，在配制标准气时可以少取或多取贮备气，用清洁空气稀释后配成一系列标准气，绘制标准曲线，这样来适应测定的要求。

③100mL 的注射器应该具有磨口，而且应该严密不漏气，否则影响气体的浓度。

④绘制标准曲线也可以取 1μL 苯（甲苯或二甲苯）。注入 100mL 注射器中，用清洁空气稀释至刻度，配制成贮备气，利用此气温下组分的相对密度计算出贮备气的质量浓度，再逐步稀释配制成一系列标准气，绘制标准曲线。这种方法在气温较高、组分的沸点较低时比较常用，如果组分的沸点较高（120℃以上），因为挥发不完全，用此法误差会较大。

⑤液担比为 10∶100 的硅酮酯色谱柱可以得到与阿皮松 L 相似的分离效果。10∶100 的邻苯二甲酸二壬酯（DNP）色谱柱和 5∶100 的聚乙二醇－6000（分子量为 6000）色谱柱也可以用来分离测定苯、甲苯、二甲苯的混合物。

⑥在油漆、喷漆工业上广泛使用的有机溶剂中，除了有苯、甲苯、二甲苯以外，还含有不同数量的酯、酮、醇、汽油等，可以采用液担比为 10∶100 的 1,2,3,4,5,6－六（2－氰乙氧基）己烷、6201 红色担体色谱柱或 20∶100 聚乙二醇－1500,6201 红色担体色谱柱来分离乙酸乙酯、乙酸丁酯、乙酸戊酯、丙酮、环己酮、汽油等组分而不干扰对苯、甲苯、二甲苯的分离测定。

例 9-2　气－液分配色谱法测定水果、蔬菜、谷物中有机磷农药的含量。

解：

（1）方法要点

经制备的水果、蔬菜、谷物样品用丙酮提取有机磷农药并过滤，加入氯化钠使滤液达到饱和状态，用丙酮净化且与滤液中的水相分离后，再用二氯甲烷净化。经丙酮和二氯甲烷提取净化后滤液中的有机磷农药,再用无水硫酸钠脱水、蒸发浓缩,并用二氯甲烷定容,然后用气相色谱法测定。

用经酸洗和二甲基二氯硅烷处理的 60～80 目的白色硅藻土(Chromosorb WAW－DMCS)作担体,涂渍 4.5％DC－200 和 2.5％OV－17 混合固定液或涂渍 1.5％QF－1 固定液,各组分被分离后,用火焰光度检测器检测。含有机磷的试样溶液在富氢焰上燃烧,以 HPO 碎片的形式放射出 526nm 波长的特性光,这种光通过滤光片选择后,由光电倍增管接收,并转换成电信号,经微电流放大器放大后被记录下来,以保留时间定性,以试样中某组分与其相应标准物的峰面积或峰高比即比较法定量。

(2)试剂和材料

①丙酮:分析纯。

②氯化钠:分析纯。

③二氯甲烷:分析纯。

④无水硫酸钠:分析纯。

⑤助滤剂:Celite545。

⑥农药标准物如下:敌敌畏(DDVP)质量分数不小于99％,速灭磷顺式质量分数不小于60％,反式质量分数不小于40％,久效磷质量分数不小于99％,甲拌磷质量分数不小于98％,巴胺磷质量分数不小于99％,二嗪磷质量分数不小于98％,乙嘧硫磷质量分数不小于97％,甲基嘧啶磷质量分数不小于99％,甲基对硫磷质量分数不小于99％,稻瘟净质量分数不小于99％,水胺硫磷质量分数不小于99％,氧化喹硫磷质量分数不小于99％,稻丰散质量分数不小于99.6％,甲喹硫磷质量分数不小于99.6％,克线磷质量分数不小于99.9％,乙硫磷质量分数不小于95％,乐果质量分数不小于99.0％,喹硫磷质量分数不小于98.2％,对硫磷质量分数不小于99.0％,杀螟硫磷质量分数不小于98.5％。

⑦各农药标准贮备液的制备。分别称取 100mg(称准至 0.0002g)20 种农药标准物,用二氯甲烷溶解,并定容至 100mL,混匀,分别配制成质量浓度为 1.0mg/mL 的标准贮备液,保存于 4℃冰箱中,备用。

⑧农药混合标准应用溶液的制备。使用时根据仪器对各种农药品种的响应情况,吸取不同量的各农药标准贮备液,用二氯甲烷稀释成混合农药标准应用溶液。

⑨固定液。DC－200 甲基硅油,OV－17 苯基(50％)甲基聚硅氧烷,QF－1(1,1,1－三氟丙基甲基硅氧烷聚合物)。

⑩担体。经酸洗和二甲基二氧硅烷处理的白色硅藻土(Chromosorb WAW－DMCS),粒度为 60～80 目。

⑪高纯氮气。

⑫高纯氢气。

(3)仪器和设备

①气相色谱仪:具有火焰光度检测器(FPD)。

②粉碎机。

③组织捣碎机。

④旋转蒸发仪。

⑤分析天平:感量 0.0001g。

⑥色谱柱:柱长 2.6m,内径 3mm,玻璃柱。

⑦分液漏斗:500mL。

⑧布氏漏斗。

⑨容量瓶:5mL、25mL。

⑩圆底烧瓶:250mL。

⑪烧杯:300mL。

⑫微量注射器:5μL。

(4)测定步骤

①仪器的参考条件。

色谱柱 1:柱内填装涂渍 4.5％DC－200 和 2.5％OL－17 混合固定液的白色硅藻土(Chromosorb W AW－DMCS)担体作固定相。柱温 240℃,气化室温度 260℃。

色谱柱 2:柱内填装涂渍 1.5％QF－1 固定液的白色硅藻土担体作固定相。柱温 240℃,气化室温度 260℃。

检测器:火焰光度检测器(FPD),温度为 270℃。

气体流速:载气(氮气)的流速为 50mL/min,燃气(氢气)的流速为 100mL/min,助燃气(空气)的流速为 50mL/min。

进样量:25μL。

②试样的制备。

水果、蔬菜:去掉非可食部分后,制成待测定试样。

谷类食物:经粉碎机粉碎后,过 20 目筛制成粮食待测试样。

③提取。

水果、蔬菜:称取 50.00g 待测试样,置于 300mL 烧杯中,加入 50mL 水和 100mL 丙酮(提取液总体积为 150mL),经组织捣碎机提取 1～2min 后,匀浆液通过辅有两层滤纸和 10g 助滤剂 Celite545 的布氏漏斗减压抽滤,收集滤液,并测量体积,取 100mL 滤液移至 500mL 分液漏斗中。

谷类食物:称取 25.00g 待测定试样,置于 300mL 烧杯中,加入 50mL 水和 100mL 丙酮,以下步骤同上。

④净化。向③中的任一滤液中加入 10～15g 氯化钠使溶液处于饱和状态,猛烈振摇 2～3min,静置 10min,至丙酮相与水相分层,分离两相后,水相中加入 50mL 二氯甲烷,振摇 2min,再静置分层。

将丙酮与二氯甲烷的提取液合并,经装有 20～30g 无水硫酸钠的玻璃漏斗脱水后滤入 250mL 圆底烧瓶中,再用大约 40mL 二氯甲烷分数次洗涤无水硫酸钠和容器,洗涤液也并入烧瓶中。用旋转蒸发器浓缩至约 2mL,将浓缩液定量转移至 5～25mL 容量瓶中,以二氯甲烷定容至刻度,摇匀。

⑤气相色谱测定。将仪器调到最佳状态后,吸取 2.0～5.0μL 混合标准溶液及试样注入色谱仪,得到色谱图后,以保留时间定性,以比较法定量。

13 种有机磷农药的色谱图如图 9-6 所示,16 种有机磷农药(标准溶液)的色谱图如图 9-7 所示。

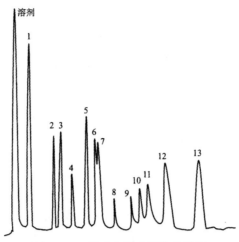

图 9-6　13 种有机磷农药的色谱图

1—敌敌畏；2—甲拌磷；3—二嗪磷；4—乙嘧硫磷；

5—巴胺磷；6—甲基嘧啶磷；7—稻瘟净；8—乐果；

9—喹硫磷；10—甲基对硫磷；11—杀螟硫磷；12—对硫磷；13—乙硫磷

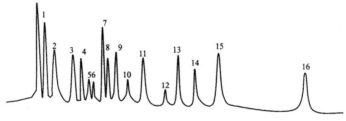

图 9-7　16 种有机磷农药的色谱图

1—敌敌畏；2—速灭灵；3—久效磷；4—甲拌磷；5—巴胺磷；6—二嗪磷；7—乙嘧硫磷；

8—甲基嘧啶磷；9—甲基对硫磷；10—稻瘟净；11—水胺硫磷；12 氧化喹硫磷；13—稻丰散；

14—甲喹硫磷；15—克线磷；16—乙硫磷

（5）结果计算

试样中组分 i 有机磷农药的质量分数 W_i（mg/kg）按

$$W_i = \frac{A_i V_1 V_3 m_{si}}{A_s V_2 V_4 m}$$

计算。式中，A_i 为试样中组分 i 的峰面积，mm^2；A_s 为混合标准溶液中组分 i 的峰面积，mm^2；V_1 为试样提取液的总体积，mL；V_2 为净化用提取液的总体积，mL；V_3 为浓缩后的定容体积，mL；V_4 为进样体积，mL；m_{si} 为注入色谱仪中的标准组分 i 的质量，ng；m 为试样的质量，g。

计算结果保留算术平均值的两位有效数字。

（6）注意事项及说明

①在重复条件下，获得两次测定结果的绝对差值不能超过算术平均值的 15%。

②16 种有机磷农药的最低检测质量分数为：敌敌畏 0.005mg/kg，速灭灵 0.004mg/kg；久效磷 0.014mg/kg，甲拌磷 0.004mg/kg，巴胺磷 0.011mg/kg，二嗪磷 0.003mg/kg，乙嘧硫磷 0.003mg/kg，甲基嘧啶磷 0.004mg/kg，甲基对硫磷 0.004mg/kg，稻瘟净 0.004mg/kg，水胺

硫磷 0.005mg/kg,氧化喹硫磷 0.025mg/kg,稻丰散 0.017mg/kg,甲喹硫磷 0.014mg/kg,克线磷 0.009mg/kg,乙硫磷 0.014mg/kg。

③本方法适用于使用过敌敌畏、速灭磷、久效磷、甲拌磷、巴胺磷、二嗪磷、乙嘧硫磷、甲基嘧啶磷、甲基对硫磷、稻瘟净、水胺硫磷、氧化喹硫磷、克线磷、乙硫磷、乐果、喹硫磷、对硫磷、杀螟硫磷等 20 种有机磷农药的水果、蔬菜、谷物等作物中残留有机磷农药的测定。

④有机磷农药能通过消化道、呼吸道及完整皮肤和黏膜进入人体,有机磷农药有毒,其毒作用机理主要是抑制胆碱酯酶的活性,使其失去分解乙酰胆碱的能力,造成乙酰胆碱积聚,引起神经功能紊乱,可引起昏迷等症状。有些有机磷农药具有致敏作用,吸入时可引起支气管哮喘,皮肤接触可引起过敏性皮炎和接触皮炎。急性中毒时,可引起昏迷、抽搐,因呼吸肌麻痹而危及生命。剧毒农药不能用于防治蔬菜和成熟期的粮食作物及果树的害虫,严禁用于涂治皮肤病及其他用途。

⑤工作时禁止吸烟或进食,不要用手擦脸或揉眼睛,使用碱性纱布口罩可以防止吸入中毒,戴橡胶手套可防接触农药,皮肤被污染时,立即用肥皂洗净。

⑥有机磷农药是以磷酸为母体,被不同取代的结果而形成的各种磷酸酯类,多数有机磷农药的极性较大,所以在提取和净化时不能用石油醚等非极性溶剂,而应该用甲醇、丙酮、二氯甲烷、氯仿(三氯甲烷)等极性较大的溶剂,以防造成提取不完全或损失较大。

⑦有机磷农药的稳定性差,易被氧化、易水解,所以有机磷农药样品应低温避光保存。

⑧火焰光度检测器对有机磷农药的选择性高,所以提取液可以不经过纯化,直接进行色谱测定。

⑨我国农药卫生标准和残留量标准规定。

肉类食品(以脂肪计)有机磷农药最高残留量为:对硫磷 0.3mg/kg,马拉硫磷 8.0mg/kg,内吸磷 0.2mg/kg,甲拌磷 0.1mg/kg;

车间空气中有机磷农药的最高允许量为:对硫磷 0.05^{+}mg/kg,马拉硫磷 2.0^{+}mg/kg,内吸磷 0.02^{+}mg/kg,甲拌磷 0.01^{+}mg/kg,乐果 1.0^{+}mg/kg,甲基对硫磷 0.1^{+}mg/kg,敌百虫 0.3^{+}mg/kg,甲基内吸磷 0.2^{+}mg/kg,敌敌畏 0.3^{+}mg/kg。

居民区大气最高一次允许量为:甲基对硫磷 0.01mg/kg,敌百虫 0.10mg/kg。

地面水最高允许量为:对硫磷 0.003mg/kg,马拉硫磷 0.25mg/kg,内吸磷 0.03mg/kg,乐果 0.08mg/kg,甲基对硫磷 0.02mg/kg。(注:上角＋号表示经皮侵入。)

⑩据测定,菠菜、小白菜、韭菜和菜花等叶类受农药污染较重;番茄、辣椒、毛豆等瓜藤类菜受农药污染略轻;萝卜、土豆、洋葱等生长在土壤里的蔬菜受农药污染最少。还有,外表光滑的蔬菜受农药污染较轻,外表不光滑或多细毛的受农药污染较重。

例 9-3　水中半挥发性化合物的分析。酚类化合物是广泛存在于水中的污染物质,主要来源于石油化工、焦炼及造纸工业。天然或化学产品如农药等的降解则是酚类化合物的另一来源。在饮用水的氯化处理中还会产生氯酚。因为氯酚广泛用来做木材防腐剂,五氯酚已在井水和地下水中发现。当氯酚类化合物在水中的含量达到 $\mu g/kg$ 浓度时,即会出现明显的恶臭。由于上述化合物有致癌、致畸、致突变的潜在恶性,EPA 已把 11 种酚列为优先分析的有机污染物。

图 9-8 和图 9-9 分别为废水中酚在固定相 1％SP－1240－DA 和 SPB—5 上的分析实例。

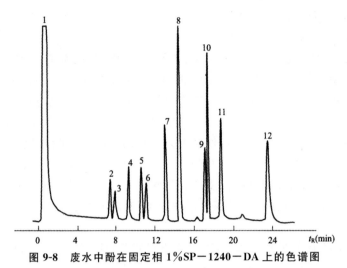

图 9-8 废水中酚在固定相 1%SP－1240－DA 上的色谱图

色谱峰:1—甲醇;2—邻氯酚;3—2-硝基酚;4—苯酚;5—2,4-二甲酚;6—2,4-二氯酚;

7—2,4,6-三氯酚;8—4-氯间甲酚;9—2,4-二硝基酚;10—2,6-二硝基对甲酚;11—五氯酚;12—对硝基酚;

色谱柱:1%SP-1240-DA,Supeleoport(100～120 目),2m×2mm;

柱温:70℃(2min)→200℃,8℃/min

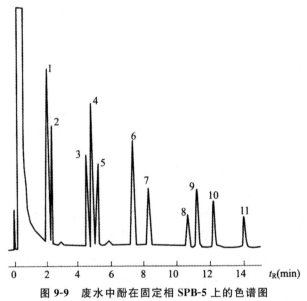

图 9-9 废水中酚在固定相 SPB-5 上的色谱图

色谱峰:1—苯酚;2—氯酚;3—2-硝基酚;4—2,4-二甲酚;5—2,4-二氯酚;6—4-氯-3-甲酚;

7—2,4,6-三氯酚;8—2,4-二硝基酚;9—4-硝基酚;10—2-甲基 4,6-二硝基甲酚;11—五氯酚;

色谱柱:SPB－5,15m×0.53mm。

柱温:75℃(2min)→180℃,8℃/min

当用填充柱时,由于柱效太低,酚的一些异构体的分离不完全(图 9-10),当用液晶毛细管柱时,这些问题可容易地得到解决,如图 9-11 所示。

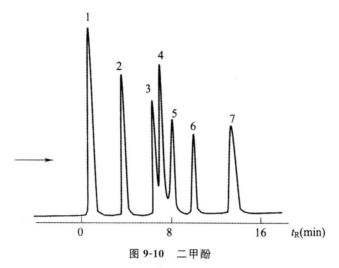

图 9-10　二甲酚

色谱峰:1—溶剂;2—2,6-二甲酚;3—2,5-二甲酚;4—2,4-二甲酚;

5—2,3-二甲酚;6—3,5-二甲酚;7—3,4-二甲酚;

色谱柱:20%腺苷,Si-O-CelC$_{22}$Aw(100~120 目),2.25m×3mm;

柱温:140℃;

载气:N$_2$

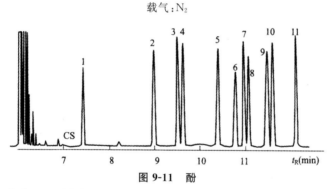

图 9-11　酚

色谱峰:1—苯酚;2—2-甲酚;3—3-甲酚;4—4-甲酚;5—2,6-二甲酚;6—3-氯酚(内标物);

7—2,5-二甲酚;8—2,4-二甲酚;9—3,5-二甲酚;10—2,3-甲酚;11—3,4-二甲酚;

色谱柱:5%苯基甲基硅氧烷,25m×0.31mm;

柱温:60℃→140℃,8℃/min;

载气:H$_2$

　　尽管惰性或选择性好的固定液相对不经衍生的酚类可以直接进样分析,但是对于水样中微量酚的测定,需要提高方法的灵敏度。选用灵敏度高的检测器 ECD,生成特殊的酚类衍生物很有必要,比如对含卤素的衍生化试剂,将亲电子基团引入分子中,进行酚的测定可提高灵敏度。对其他半挥发性的污染物,一般采用一根极性很微弱的柱子,这样的柱子特别适合于多环芳烃化合物的分析,但当多种组分共存时,由于多种作用力的综合作用,此时用单柱全分离往往不可能,最好用双柱。US EPA 关于饮用水和废水中半挥发有机化合物的分析方法如图 9-12 和图 9-13 所示。

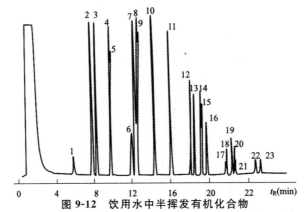

图 9-12　饮用水中半挥发有机化合物

色谱峰:1—六氯环戊二烯;2—邻苯二甲酸二甲酯;3—苊;4—苊-d_{10};

5—邻苯二甲酸二乙酯;6—五氯酚;7—菲;8 菲-d_{10};

9—蒽;10—邻苯二甲酸二丁酯;11—芘;12—邻苯二甲酸丁基苯基酯;

13—双(2-乙基己基)己二酸酯;14—苯并[a]蒽;15—蔀;

16—苯并[a]芘;17—邻苯二甲酸双(2-乙基己基)酯;

18—苯并[b]荧蒽;19—苯并[R]荧蒽;

20—苉-d_{12};21—茚并[1,2,3-cd]芘;22—二苯并[a,h]蒽;23—苯并[ghi]芘;

色谱柱:PTE—5,30m×0.25mm;

柱温:120℃(4mm)→320℃,10℃/min;

载气:He

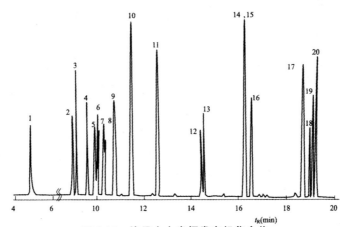

图 9-13　饮用水中半挥发有机化合物

色谱峰:1—吡啶;2—双-2-氯乙基醚;3—2-氯酚;

4—1,4-二氯苯;5—1,2-二氯苯;6—邻二甲酚;7—间二甲酚;8—对二甲酚;

9—硝基苯;10—2,4-二甲酚;11—六氯丁二烯;12—2,4,6-三氯酚;

13—2,4,5-三氯酚;14—硝基酚;15—蒽;16—2,4-二硝基甲苯;17—六氯苯;

18—β-六六六;19—五氯酚;20—γ-六六六;

色谱柱:DB—5.625,30m×0.25mm;

柱温:40℃→280℃,12℃/min

载气:He

第10章 色谱分析法之高效液相色谱法

10.1 概述

10.1.1 高效液相色谱法的概念

高效液相色谱法 HPLC(high performance liquid chromatography)是在经典液相色谱法的基础上,引入了气相色谱法的理论和实验技术,以高压输送流动相,采用高效固定相及高灵敏度检测器,发展而成的现代液相色谱分析方法。它具有分离效率高、选择性好、分析速度快、检测灵敏度高、操作自动化和应用范围广的特点。

高效液相色谱与经典液相色谱方法的比较具有突出优点。

①高速:HPLC 采用高压输液设备,流速大大增加,分析速度极快,只需数分钟;而经典方法靠重力加料,完成一次分析需数小时。

②高效:填充物颗粒极细且规则,固定相涂渍均匀、传质阻力小,因而柱效很高。可以在数分钟内完成数百种物质的分离。

③高灵敏度:检测器灵敏度极高,UV 为 10^{-9} g,荧光检测器为 10^{-11} g。

高效液相色谱与气相色谱的比较分析。

①高效液相色谱对象及范围:GC 分析只限于气体和低沸点的稳定化合物,而这些物质不到有机物总数的 20%。

②高效液相色谱可以分析高沸点、高分子量的稳定或不稳定化合物,这类物质占有机物总数的 80%。

③流动相的选择:气相色谱采用的流动相中为有限的几种"惰性"气体,只起运载作用,对组分作用小。

④高效液相色谱采用的流动相为液体或各种液体的混合物,可供选择的机会多。它除了起运载作用外,还可与组分作用,并与固定相对组分的作用产生竞争,即流动相对分离的贡献很大,可通过溶剂来控制和改进分离。

⑤操作温度:气相色谱需高温;高效液相色谱通常在室温下进行。

从色谱分析的发展来看,高效液相色谱比气相色谱更为有用、更具发展前途。

高效液相色谱法已广泛应用于各种药物及其制剂的分析测定,尤其在生物样品、中药等复杂体系的成分分离分析中发挥着极其重要的作用。随着与质谱、核磁共振波谱等联用技术的发展,高效液相色谱法的应用将愈加广泛。目前,高效液相色谱发展集中在三个方面:高效填料、高效柱在色谱领域备受关注,是专业厂商争夺的战场;使用微柱(柱径小于1mm)可使溶剂用量非常少,既降低成本,又减少污染,但为配合微柱使用,进样装置、检测器以及泵都要小,仪器制造困难;发展更通用、灵敏度更高的检测器。

10.1.2　高效液相色谱法的特点

（1）高压

液相色谱法以液体作为流动相（称为载液），液体流经色谱柱时，受到的阻力较大，为了能迅速地通过色谱柱，必须对载液施加高压。在现代液相色谱法中供液压力和进样压力都很高，一般可达到$(150\sim350)\times10^5$Pa。高压是高效液相色谱法的一个突出特点。

（2）高速

高效液相色谱法所需的分析时间较之经典液相色谱法少得多，一般都小于1h，例如分离苯的烃基化合物七个组分，只需要1min就可完成。载液在色谱柱内的流通较之经典液体色谱法高得多，一般可达$1\sim10$mL/min。

（3）高效

气相色谱法的分离效能很高，柱效约为2000塔板/m；而高效液相色谱法的柱效更高，约可达3万塔板/m，以上。这是由于近年来研究出了许多新型固定相（如化学键合固定相），使分离效率大大提高。

（4）高灵敏度

高效液相色谱已广泛采用高灵敏度的检测器，进一步提高了分析的灵敏度。如紫外检测器的最小检测量可达纳克数量级（10^{-9}g），荧光检测器的灵敏度可达10^{-11}g。高效液相色谱的高灵敏度还表现在所需试样很少，微升数量级的试样就足以进行全分析。

高效液相色谱法由于具有上述优点，因而在色谱文献中又将它称为现代液相色谱法、高压液相色谱法或高速液相色谱法。

高效液相色谱法虽具有应用范围广的优点，但同时也存在以下局限性。

①在高效液相色谱法中，使用多种溶剂作为流动相，当进行分析时所需成本高于气相色谱法，且易引起环境污染。当进行梯度洗脱操作时，比气相色谱法的程序升温操作复杂。

②高效液相色谱法不能代替气相色谱法去完成要求柱效高达10万块理论塔板数以上、必须用毛细管气相色谱法分析的组成复杂的具有多种沸程的石油产品。

③高效液相色谱法也不能代替中、低压色谱法，在200kPa～1MPa柱压下去分析受压易分解、变性的具有生物活性的生化样品。

④高效液相色谱法中缺少如气相色谱法中使用的通用性检测器（如热导检测器和氢火焰离子化检测器）。近年来蒸发激光散射检测器的应用日益增多，有望成为高效液相色谱法的一种通用型检测器。

10.2　高效液相色谱分离原理与分类

10.2.1　高效液相色谱分离原理

和气相色谱一样，液相色谱分离系统也由两相（固定相和流动相）组成。液相色谱的固定相可以是吸附剂、化学键合固定相（或在惰性载体表面涂上一层液膜）、离子交换树脂或多孔性凝胶；流动相是各种溶剂。被分离混合物由流动相液体推动进入色谱柱。根据各组分在固定相及流动相中的吸附能力、分配系数、离子交换作用或分子尺寸大小的差异进行分离,如图 10-1 所示。色谱分离的实质是样品分子(以下称溶质)与溶剂(即流动相或洗脱液)以及固定相分子间的作用,作用力的大小,决定色谱过程的保留行为。不同组分在两相间的吸附、分配、离子交换、亲和力或分子尺寸等性质存在微小差别,经过连续多次在两相间的质量交换,这种性质微小差别被叠加、放大,最终得到分离,因此不同组分性质上的微小差别是色谱分离的根本,即必要条件;而性质上微小差别的组分之所以能得以分离是因为它们在两相之间进行了上千次甚至上百万次的质量交换,这是色谱分离的充分条件。

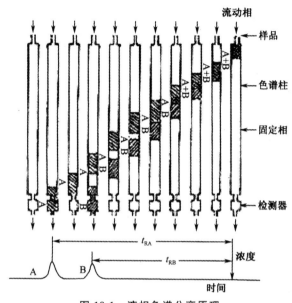

图 10-1　液相色谱分离原理

10.2.2　高效液相色谱法分类

根据分离机制的不同,高效液相色谱法可分为下述几种类型:液—液分配色谱法、液—固吸附色谱法、离子交换色谱法、离子对色谱法、离子色谱法和空间排阻色谱法等。

1.液—液分配色谱法

液—液分配色谱(Partition Chromatography,PC)是根据各组分在固定相与流动相中的相对溶解度(分配系数)的差异进行分离的。其流动相和固定相都是液体,固定相是通过化学键合的方式固定在基质(惰性载体)上的。从理论上说,流动相与固定相之间应互不相容,两者之间有一个明显的分界面,即固定液对流动相来说是一种很差的溶剂,而对样品组分却是一种很好的溶剂。图 10-2 为分离机理,样品溶于流动相,并在其携带下通过色谱柱,样品组分分子穿过二相界面进入固定液中,进而很快达到分配平衡。由于各组分在二相中溶解度、分配系数的不同,使各组分获得分离,分配系数大的组分保留值大,最后流出色谱柱。图中只画出一个方向传质过程,实际上这个过程在平衡状态下是可逆的。气—液色谱法与液—液分配色谱法有很多相似之处,但前者的流动相的性质对分配系数影响不大,后者流动相的种类对分配系数却有较大的影响。

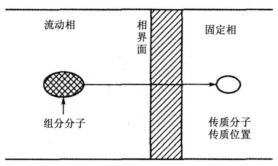

图 10-2　液—液分配色谱分离模型

根据所用固定液与流动相液体极性的差异,液-液分配色谱可分为正相色谱和反相色谱。在正相分配色谱中,固定相的极性大于流动相的极性,组分在柱内的洗脱顺序按极性从小到大流出。在反相色谱中,固定相是非极性的,流动相是极性的,组分的洗脱顺序和正相色谱相反,极性大的组分先流出。

正相色谱法主要根据化合物在固定相及流动相中分配系数的不同进行分离,该法不适用于分离几何异构体。反相色谱法共价结合到载体上的固定相是一些直链碳氢化合物,该法在高效液相色谱法中应用最广泛。

液—液分配色谱技术的关键是相体系选择。如采用正相色谱,则应采用对组分有较强保留能力的固定相和对组分有较低溶解度的流动相。另外,可通过调节流动相的极性,来获得良好的柱效和缩短分析时间。液—液分配色谱可用于几乎所有类型化合物,极性的或非极性的、有机物或无机物、大分子或小分子物质的分离,只要官能团不同、或者官能团数目不同、或者是分子量不同均可获得满意的分离。

液-液分配色谱是液相色谱中最精确的技术之一,主要优点是填充物重现性好,色谱柱使用上重现性好,比其他类型色谱法具有更广泛的适应性;同时有较多的相体系可供选用,可用惰性担体;适用于低温,避免了液固吸附色谱中样品水解、异构或气相色谱中热分解等问题。

2. 液—固吸附色谱法

如图 10-3 所示,液—固吸附色谱(Liquid Solid Adsorption Chromatography,LSAC),固定相是吸附剂,流动相是以非极件烃类为主的溶剂。它是根据混合物中各组分在固定相上吸附能力的差异进行分离的。当混合物在流动相(移动相或淋洗液)携带下通过固定相时,固定相表面对组分分子和流动相分子吸附能力不同,有的被吸附,有的脱附,产生一个竞争吸附,这样导致各组分在固定相上的保留值不同而达到最终分离。

常见的吸附剂有活性炭、氧化铝和硅胶,在液—固吸附色谱法中用的载体都是硅胶。硅胶对溶质分子的吸附能力不是平均分布在整个硅胶表面的,在硅胶表面有一些区域与溶质分子强烈相互作用,这些区域为活性位置,硅胶与溶质分子间主要作用是偶极距力氢键及静电相互作用。极性越强,化合物在硅胶柱上的滞留时间也越长。在液固色谱中,依靠流动相溶剂分子与溶质分子竞争固定相活性位置,从而使溶质从色谱柱上洗脱下来。与硅胶表面活性位置结合力强的溶剂洗脱溶质分子的能力强,因而称强溶剂,反之为弱溶剂。分离过程是一个吸附-解吸附的平衡过程。常用的吸附剂为硅胶或氧化铝,粒度 $5\sim10\mu m$。适用于分离相对分子质量为 $200\sim1000$ 的组分,大多数用于非离子型化合物,离子型化合物易产生拖尾现象。常用于分离同分异构体,可用于脂溶性化合物质如磷脂、甾体化合物、脂溶性维生素、前列腺素等。如图 10-4 所示为番茄红素异构体的液固色谱分离谱图。

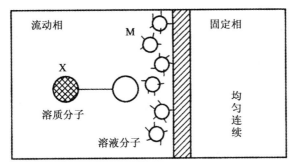

图 10-3　液—固吸附色谱竞争吸附

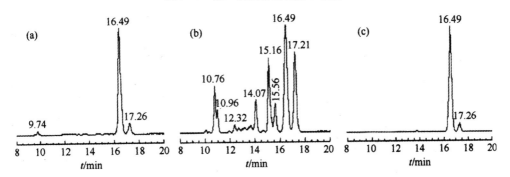

图 10-4　番茄红素异构体的液固色谱分离谱图
(a)番茄酱;(b)1%番茄油树脂;(c)11%番茄红素

　　液—固色谱法具有传质快、分离速度快、分离效率高、易自动化等优点,适用于分离相对分子质量中等(<1000)、低挥发性化合物和非极性或中等极性的、非离子型的油溶性样品,对具有不同官能团的化合物和异构体有较高的选择性。凡能用薄层色谱法成功地进行分离的化合物,亦可用液—固色谱法进行分离,它可用于定量分析,也可用于在线分析和制备色谱中。它的缺点是由于非线性等温吸附常引起峰的拖尾现象。液固吸附色谱技术的应用受到下述的限制:难以获得具有良好重现性的吸附剂;吸附剂由于不可逆吸附或催化作用,使样品变性或损失;吸附剂由于可逆吸附使含水量变化或失活等,造成不稳定的柱效;试样容量小,需配用高灵敏度的检测器。

3. 离子交换色谱法

　　离子交换色谱法(IEC)是在 20 世纪 60 年代初期随着氨基酸分析的出现而发展起来的,是各种液相色谱法中最先得到广泛应用的现代液相色谱法。图 10-5 所示为离子交换色谱法分离模型。

　　离子交换色谱以离子交换树脂作为固定相,树脂上具有固定离子基团和可电离的离子基团。其中,能离解出阳离子的树脂称为阳离子交换树脂,能离解出阴离子的树脂称为阴离子交换树脂。当流动相携带组分离子通过固定相时,离子交换树脂上可电离的离子基团与流动相中具有相同电荷的溶质离子进行可逆交换,根据这些离子对交换剂具有不同的亲和力而分离它们。可用于分离测定离子型化合物,原则上只要是在溶剂中能够电离的物质一般都可以通过该法来分离。

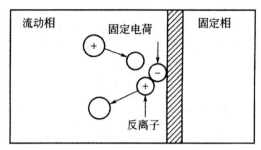

图 10-5　离子交换色谱分离模型

离子交换色谱法主要用来分离离子或可离解的化合物,它不仅应用于无机离子的分离,例如碱、盐类、金属离子混合物和稀土化合物及各种裂变产物;还用于有机物的分离,例如有机酸、同位素、水溶性药物及代谢物。20 世纪 60 年代前后,它已成功地分离了氨基酸、核酸、蛋白质等,在生物化学领域得到了广泛的应用。制备型离子交换色谱已广泛地应用于分离药物与生化物质、合成超细化合物等。

4. 离子对色谱法

离子对色谱法又称偶离子色谱法,是液液色谱法的分支。它是根据被测组分离子与离子对试剂中的离子形成中性离子对化合物后,在非极性固定相中溶解度增大,从而改善了分离效果,主要用于分析离子强度大的酸碱物质。

分析碱性物质常用的离子对试剂为烷基磺酸盐,如戊烷磺酸钠、辛烷磺酸钠等,另外高氯酸、三氟乙酸也可与多种碱性样品形成很强的离子对,分析酸性物质常用四丁基季铵盐,如四丁基溴化铵、四丁基铵磷酸盐。

离子对色谱法常用 ODS 柱(即 C_{18}),流动相为甲醇－水或乙腈－水,水中加入 3～10mmol/L 的离子对试剂,在一定的 pH 范围内进行分离,被测组分的保留时间与离子对的性质、浓度、流动相组成及其 pH、离子强度有关。

离子对色谱法,特别是反相离子对色谱法解决了以往难分离混合物的分离问题,诸如酸、碱和离子、非离子的混合物,尤其是对一些生化样品如核酸、核苷、儿茶酚胺、生物碱以及药物等的分离。另外,还可借助离子对的生成给样品引入紫外吸收或发荧光的基团,以提高检测的灵敏度。

5. 离子色谱法

离子色谱法用离子交换树脂为固定相,电解质溶液为流动相。通常以电导检测器为通用检测器,为消除流动相中强电解质背景离子对电导检测器的干扰,设置了抑制柱。图 10-6 为典型的双柱型离子色谱仪的流程示意图。样品组分在分离柱和抑制柱上的反应原理与离子交换色谱法相同。

离子型化合物的阴离子分析长期以来缺乏快速灵敏的方法。离子色谱法是目前唯一能获得快速、灵敏、准确和多组分分析效果的方法,因而受到广泛重视并得到迅速的发展。检测手段已扩展到电导检测器之外的其他类型的检测器,如电化学检测器、紫外光度检测器等。可分析的离子正在增多,从无机和有机阴离子到金属阳离子,从有机阳离子到糖类、氨基酸等都可以通过离子色谱法分析。

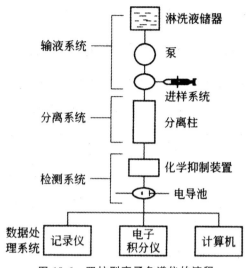

图 10-6　双柱型离子色谱仪的流程

6. 空间排阻色谱法

溶质分子在多孔填料表面上受到的排斥作用称为排阻(Exclusion)。空间排阻色谱法(Size Exclusion Chromatography,SEC)的固定相是化学惰性的多孔性物质(凝胶)。根据所用流动相的不同,凝胶色谱可分为两类:用水溶液作流动相的称为凝胶过滤色谱;用有机溶剂作流动相的称为凝胶渗透色谱。

空间排阻色谱法的分离机理与其他色谱法完全不同,更类似于分子筛的作用,但凝胶的孔径比分子筛要大得多,一般为数纳米到数百纳米。在排阻色谱中,组分和流动相、固定相之间没有力的作用,分离只与凝胶的孔径分布和溶质的流体力学体积或分子大小有关。当被分离混合物随流动相通过凝胶色谱柱时,大于凝胶孔径的组分大分子,因不能渗入孔内而被流动相携带着沿凝胶颗粒间隙最先淋洗出色谱柱;组分的中等体积分子能渗透到某些孔隙,但不能进入另一些更小的孔隙,它们以中等速度淋洗出色谱柱;小体积的组分分子可以进入所有孔隙,因而被最后淋洗出色谱柱,由此实现分子大小不同的组分的分离。分离过程示于图 10-7。因此,分子大小不同,渗透到固定相凝胶颗粒内部的程度和比例不同,被滞留在柱中的程度不同,保留值不同。洗脱次序将取决于相对分子质量的大小,相对分子质量大的先洗脱。分子的形状也同相对分子质量一样,对保留值有重要的作用。

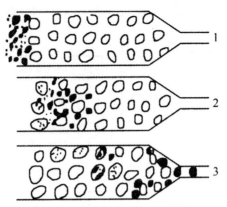

图 10-7　凝胶色谱分离过程模型

图 10-8 所示为空间排阻色谱分离情况的示意。图中下部分为各具有不同相对分子质量聚合物标准样品的洗脱曲线。上部分表示洗脱体积和聚合物相对分子质量之间的关系(即校正曲线)。由图可见,凝胶有一个排斥极限(A 点),凡是比 A 点相应的相对分子质量大的分子,均被排斥于所有的胶孔之外,因而将以一个单一的谱峰 C 出现,在保留体积 V_0 时一起被洗脱,显然,V_0 是柱中凝胶填料颗粒之间的体积。另一方面,凝胶还有一个全渗透极限(B 点),凡是比 B 点相应的相对分子质量小的分子都可完全渗入凝胶孔穴中。同理,这些化合物也将以一个单一的谱峰 F 出现,在保留体积 V_M 时被洗脱。可预期,相对分子质量介于上述两个极限之间的化合物,将按相对分子质量降低的次序被洗脱。通常将 $A < V_0 < B$ 这一范围称为分级范围,当化合物的分子大小不同而又在此分级范围内时,它们就可得到分离。

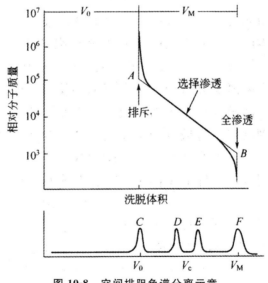

图 10-8　空间排阻色谱分离示意

空间排阻色谱法是高效液相色谱中最易操作的一种技术,不必用梯度淋洗,出峰快,峰形窄,可采用灵敏度较低的检测器、柱寿命长。它可以分离相对分子质量 100 至 8×10^5 的任何类型化合物,只要能溶于流动相即可,其缺点是不能分辨分子大小相近的化合物,相对分子质量差别必须大于 10% 或相对分子质量相差 40 以上才能得以分离。

高效液相色谱每种分离类型都有其自身的特点和适用范围,没有一种类型可以通用于所有领域,它们往往互相补充。一般情况,选择最有效的分离类型,应考虑样品来源、样品的性质(相对分子质量、化学结构、极性、化学稳定性、溶解度参数等化学性质和物理性质)、分析目的要求、液相色谱分离类型的特点及应用范围、实验室条件(仪器、色谱柱等)等一系列因素。

选择 HPLC 分离模式的主要依据是试样的性质和各种模式的分离机制。试样的性质包括相对分子质量、化学结构、极性和溶解度等,具体的结合图 10-9 所示可作为选择方法时的参考。

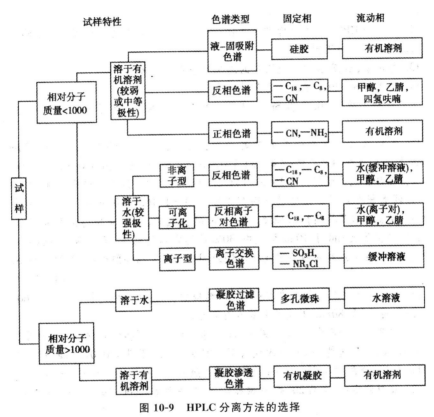

图 10-9　HPLC 分离方法的选择

10.3　高效液相色谱仪

高效液相色谱仪(chromatograph)主要包括输液系统、进样系统、色谱柱系统、检测系统和数据记录处理系统。其中输液系统主要为高压输液泵,有的仪器还有在线脱气和梯度洗脱装置。进样系统多为进样阀,较先进的仪器还带有自动进样装置;色谱柱系统除色谱柱外,还包括柱温控制器;数据记录系统可以是简单的记录仪,而很多仪器有数据处理装置。现代高效液相色谱仪都有微处理机控制系统,进行自动化仪器控制和数据处理。制备型高效液相色谱仪还备有自动馏分收集装置。

图 10-10 所示为高效液相色谱仪典型结构。流动相储罐中储存的载液(常需除气)经过过滤后由高压泵输送到色谱柱入口。当采用梯度洗提时一般需用双泵系统来完成输送。样品由

进样器注入载液系统,而后送到色谱柱进行分离。分离后的组分由检测器检测,输出信号供给记录仪或数据处理装置。如果需收集馏分作进一步分析,则在色谱柱一侧出口将样品馏分收集起来。高效液相色谱仪通常是在室温下操作,在特殊情况下,柱温也可在 30～40℃操作。样品一般不需处理,操作简便。

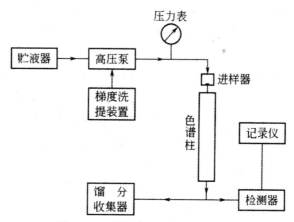

图 10-10　高效液相色谱仪典型结构

10.3.1　输液系统

1. 高压输液泵

高效液相色谱的流动相是通过高压输液泵来输送的。泵(pump)的性能好坏直接影响整个高效液相色谱仪的质量和分析结果的可靠性。输液泵应具备如下性能:

①流量精度高且稳定,其 RSD 应小于 0.5％,这对定性定量准确性至关重要;②流量范围宽,分析型应在 0.1～10ml/min 范围内连续可调,制备型应能达到 100mL/min;③能在高压下连续工作;④液缸容积小;⑤密封性能好,耐腐蚀。

高压输液泵作为高效液相色谱仪中关键部件之一,其功能是将溶剂储存器中的流动相以稳定的流速或压力输送到色谱系统。对于具有在线脱气装置的色谱仪,流动相先经过脱气装置再输送到色谱柱,使样品在色谱柱中完成分离过程。输液泵的稳定性直接关系到分析结果的重复性和准确性。由于液相色谱仪所用色谱柱较细,所填固定相粒度很小,因此,对流动相的阻力较大,为了使流动相能较快地流过色谱柱,就需要高压泵注入流动相。泵的性能好坏直接影响到整个系统的质量和分析结果的可靠性。

输液泵按输出液恒定的因素分恒压泵和恒流泵。恒流泵按结构可进一步分为螺旋注射泵、柱塞往复泵和隔膜往复泵。恒压泵受柱阻影响,流量不稳定。螺旋泵缸体太大,这两种泵已被淘汰。对液相色谱分析来说,输液泵的流量稳定性更为重要,这是因为流速的变化会引起溶质保留值的变化,而保留值是色谱定性的主要依据之一,因此,恒流泵的应用更广泛。

2. 梯度洗脱装置

高效液相色谱洗脱技术有等强度简称等度(isocratic)和梯度(gradient)洗脱两种。等度洗脱是在同一分析周期内流动相组成保持恒定,适合于组分数目较少、性质差别不大的试样。梯度洗脱是在一个分析周期内程序控制改变流动相的组成,如溶剂的极性、离子强度和 pH

等。分析组分数目多、性质相差较大的复杂试样时须采用梯度洗脱技术,使所有组分都在适宜条件下获得分离。梯度洗脱能缩短分析时间,提高分离度,改善峰形,提高检测灵敏度;但是可能引起基线漂移和重现性降低。

有两种实现梯度洗脱的装置,即高压梯度和低压梯度。高压二元梯度装置是由两台高压输液泵分别将两种溶剂送入混合室,混合后送入色谱柱,程序控制每台泵的输出量就能获得各种形式的梯度曲线。低压梯度装置是在常压下通过一比例阀先将各种溶剂按程序混合,然后再用一台高压输液泵送入色谱柱。

10.3.2　进样系统

一般高效液相色谱多采用六通阀进样。先由注射器将样品常压下注入样品环。然后切换阀门到进样位置,由高压泵输送的流动相将样品送入色谱柱。样品环的容积是固定的,因此进样重复性好。复性好,保证中心进样,进样时对色谱系统的压力、流量影响小。有进样阀和自动进样装置(autosampler)两种,一般高效液相色谱分析常用六通进样阀,大数量试样的常规分析往往需要自动进样装置。

通过六通进样阀进样时。先使阀处于装样(load)位置,用微量注射器将试样注入贮样管(sampling loop)。进样时,转动阀芯(由手柄操作)至进样(injection)位置,贮样管内的试样由流动相带入色谱柱。进样体积是由贮样管的容积严格控制的,因此进样量准确,重复性好。为了确保进样的准确度,装样时微量注射器取的试样必须大于贮样管的容积。

六通阀的进样方式有部分装液法和完全装液法两种。

①用部分装液法进样时,进样量应不大于定量环体积的 50%(最多 75%),并要求每次进样体积准确、相同。此法进样的准确度和重复性决定于注射器取样的熟练程度,而且易产生由进样引起的峰展宽。

②用完全装液法进样时,进样量应不小于定量环体积的 5~10 倍(最少 3 倍),这样才能完全置换定量环内的流动相,消除管壁效应,确保进样的准确度及重复性。

通常使用耐高压的六通阀进样装置,其结构如图 10-11 所示。

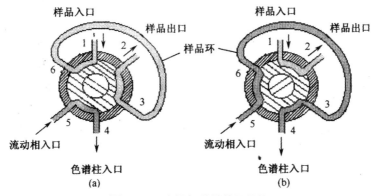

图 10-11　六通阀进样装置结构

(a)准备状态;(b)进样状态

有各种形式的自动进样装置,可处理的试样数也不等。程序控制依次进样,同时还能用溶剂清洗进样器。有的自动进样装置还带有温度控制系统,适用于需低温保存的试样。

10.3.3 色谱柱系统

分离系统——色谱柱系统包括色谱柱、连接管、恒温器等。色谱柱是高效液相色谱仪的心脏。它是由内部抛光不锈钢管制成,一般长 $10\sim50cm$,内径 $2\sim5mm$,柱内装有固定相。液相色谱固定相是将固定液涂在担体上而成。担体有两类:一是表面多孔型担体;另一种是全多孔型担体。

其后又出现了全多孔型微粒担体。这种担体粒度为 $5\sim10\mu m$,是由纳米级硅胶微粒堆积而成。由于颗粒小,所以柱效高,是目前最广泛使用的一种担体。在高效液相色谱分析中,适当提高柱温可改善传质,提高柱效,缩短分析时间。因此,在分析时可以采用带有恒温加热系统的金属夹套来保持色谱柱温度。温度可以在室温到 $60°C$ 间调节。

近年来出现的超高效液相色谱是一个新兴领域,其核心是采用新型分离柱充填材料,使得液相色谱柱更细、更短、分离速度更快、分析时间更短,柱效也更高,仪器更小型化。

色谱柱的填充一般分为干法填充和湿法填充。

干法填充:在硬台面上铺上软垫,将空柱管上端打开垂直放在软垫上,用漏斗每次灌入 $50\sim100mg$ 填料,然后垂直台面墩 $10\sim20$ 次。

湿法填充:又称淤浆填充法,使用专门的填充装置如图 10-12 所示。

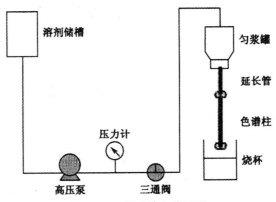

图 10-12 湿法填充装置图

色谱填料是由基质和功能层两部分构成。

基质:也称作载体或担体,通常制备成数微米至数十微米粒径的球形黔粒,它具有一定的刚性,能承受一定的压力,对分离无明显作用,只是作为功豁基团的载体。常用来做基质的有硅胶和有机高分子聚合物微球。

功能层:是通过化学或物理的方法固定在基质表面的、对样品分子的保留赶实质作用的有机分子或官能团。

10.3.4 检测系统

检测器(detector)是高效液相色谱仪的三大关键部件之一。它的作用是把色谱洗脱液中组分的量(或浓度)转变成电信号。

高效液相色谱对检测器的要求和气相色谱相似,应具有敏感度好、线性范围宽、应用范围广、重复性好、定量准确、对温度及流量的敏感度小、死体积小等特点。高效液相色谱仪所配用的检测器有 30 余种,但常用的不多

(1)紫外检测器

紫外检测器是液相色谱中应用最广泛的检测器,适用于有紫外吸收物质的检测。在进行高效液相色谱分析的样品中,约有 80% 的样品可以使用这种检测器。紫外检测器的工作原理如下:由光源产生波长连续可调的紫外光或可见光,经过透镜和遮光板变成两束平行光,无样品通过时,参比池和样品池通过的光强度相等,光电管输出相同,无信号产生;有样品通过时,由于样品对光的吸收,参比池和样品池通过的光强度不相等,有信号产生。根据朗伯比耳定律,样品浓度越大,产生的信号越大,这种检测器灵敏度高,检测下限约为 10^{-9} g/mL,而且线性范围广,对温度和流速不敏感,适于进行梯度洗脱。

(2)示差折光检测器

示差折光检测器是根据不同物质具有不同折射率来进行组分检测的。凡是具有与流动相折射率不同的组分,均可以使用这种检测器。如果流动相选择适当,可以检测所有的样品组分。示差折光检测器的优点是通用性强,操作简便;缺点是灵敏度低,最小检出限约为 10^{-7} g/mL,不能做痕量分析。此外,由于洗脱液组成的变化会使折射率变化很大,因此,这种检测器也不适用于梯度洗脱。

(3)荧光检测器

物质的分子或原子经光照射后,有些电子被激发至较高的能级,这些电子从高能级跃至低能级时,物质会发出比入射光波长较长的光,这种光称为荧光。在其他条件一定的情况下,荧光强度与物质的浓度成正比。许多有机化合物具有天然荧光活性,另外,有些化合物可以利用柱后反应法或柱前反应法加入荧光化试剂,使其转化为具有荧光活性的衍生物。在紫外光激发下,荧光活性物质产生荧光,由光电倍增管转变为电信号。荧光检测器是一种选择性检测器,它适合于稠环芳烃、氨基酸、胺类、维生素、蛋白质等荧光物质的测定。这种检测器灵敏度非常高,其检出限可达 $10^{12} \sim 10^{-13}$ g/mL,比紫外检测器高 2~3 个数量级,适合于痕量分析。而且可以用于梯度洗脱。其缺点是适用范围有一定的局限性。

(4)电化学检测器

电化学检测器是根据电化学分析方法而设计的。电化学检测器主要有两种类型:一是根据溶液的导电性质,通过测定离子溶液电导率的大小来测量离子浓度;另一类是根据化合物在电解池中工作电极上所发生的氧化-还原反应,通过电位、电流和电量的测量,确定化合物在溶液中的浓度。电导检测器属电化学检测器,是离子色谱法中使用最广泛的检测器。

电导检测器是根据被测组分被淋洗下来后,流动相电导率发生变化的原理而设计的。它z只适用于水溶性流动相中离子型化合物的检测,也是一种选择性检测器。其缺点是灵敏度不高,对温度敏感,需配以好的控温系统,且不适于梯度淋洗。

图 10-13 是这种检测器的结构示意。电导池内的检测探头是由一对平行的铂电极(表面镀铂黑以增加其表面积)组成,将两电极构成电桥的一个测量臂。图 10-14 是其测量线路图。电桥可用直流电源,也可用高频交流电源。电导检测器的响应受温度的影响较大,因此要求严格控制温度。一般在电导池内放置热敏电阻器进行监测。

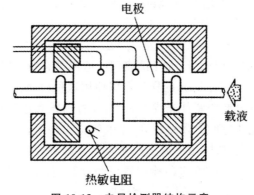

图 10-13 电导检测器结构示意

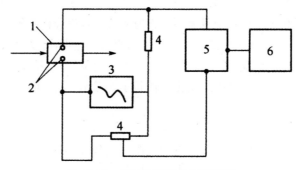

图 10-14 电导检测器检测线路图

1—检测器池体;2—电极;3—电源;4—电阻;

5—相敏检波器;6—记录仪

（5）极谱检测器

极谱检测器是基于被测组分可在电极上发生电氧化还原反应而设计的一种检测器,属于电化学检测器。可用于测定具有极性活性的物质,如药物、维生素、有机酸、苯胺类等。它的优点是灵敏度高,可作为痕量分析,其缺点是不具有通用性,是一种选择性检测器。

10.3.5 数据记录处理系统

现代 HPLC 的重要特征是仪器的自动化,即用微机控制仪器的斜率设定及运行。如输液泵系统中用微机控制流速,在多元溶剂系统中控制溶剂间的比例及混合,在梯度洗脱中控制溶剂比例或流速的变化;微机能使检测器的信噪比达到最大,控制程序改变紫外检测器的波长、响应速度、量程、自动调零和光谱扫描。微机还可控制自动进样装置,准确、定时地进样。这样提高了仪器的准确度和精密度。利用色谱管理软件可以实现全系统的自动化控制。

计算机技术的另一应用是采集和分析色谱数据。它能对来自检测器的原始数据进行分析处理,给出所需要的信息。如二极管阵列检测器的微机软件可进行三维谱图、光谱图、波长色谱图、比例谱图、峰纯度检查和谱图搜寻等工作。许多数据处理系统都能进行峰宽、峰高、峰面积、对称因子、容量因子、选择性因子和分离度等色谱参数的计算,这对色谱方法的建立都十分重要。色谱工作站是数据采集、处理和分析的独立的计算机软件,能适用于各种类型的色谱仪器。

HPLC 仪器的中心计算机控制系统,既能做数据采集和分析工作,又能程序控制仪器的各个部件,还能在分析一个试样之后自动改变条件而进行下一个试样的分析。为了满足 GMP/GLP 法规的要求,许多色谱仪的软件系统具有方法认证功能,使分析工作更加规范化,这对医药分析非常重要。

10.4　高效液相色谱法的固定相与流动相

10.4.1　高效液相色谱法的固定相

高效液相色谱固定相以承受高压能力来分,可分为刚性固体和硬胶两大类。刚性固体以二氧化硅为基质,它是目前最广泛使用的一种固定相。硬胶由聚苯乙烯与二乙烯苯基交联而成,主要用于离子交换和尺寸排阻色谱中。

固定相的基本要求

①固定液液膜厚度应该小一些,以降低传质阻力。

②为保证色谱渗透性,防止高压下颗粒变形或粉碎,填充剂要有足够强度。

③载体制作重复性好,寿命长,热稳定性好,耐溶剂,不与样品起化学反应。

④从涡流扩散角度来看,为降低板高,载体的颗粒直径应尽量小些,均匀些,以便获得紧密的、均匀的填充。

(1)液—固色谱固定相

高效液相色谱吸附剂,大部分以硅胶为基体,此外也有氧化铝、分子筛、聚酰胺等。其主要类型有:

①全多孔硅珠。是用油相成球、气相成球以及有机硅水解等方法制备。由有机硅水解而制备得的多孔小珠体,称为全多孔硅珠。它具有粒度大,易于装柱;表面积大,柱容量大,允许较大进样量;制作工艺较简单,成本低等优点。缺点是装填密度小,孔径深,传质阻力大,因而柱效不够高。

②堆积硅珠。是将毫微米二氧化硅凝积成 $5\sim10\mu m$ 的"堆积硅珠"。这种硅珠粒度很小,不存在大颗粒的深孔,传质快,具有高速高效能。它综合了全多孔硅珠和薄壳硅珠的特点。

③表面多孔硅珠。也称薄壳型硅珠。它是用 $100\mu m$ 以下的球形实心玻璃珠作基料,用有机高聚物为黏结剂,将纳米(nm)级的细硅胶或氧化铝粉黏在表面上,经高温烧结,形成一多孔薄层。

薄壳硅珠粒度比较大,易装柱。只有薄层吸附层,孔浅,孔径均匀,因而传质阻力小,柱效高。分离速度快。缺点是比表面积小,柱的负荷低,因而允许进样量小,易发生过载现象。

(2)液—液分配色谱固定相

原则上,气相色谱固定液在这里都可使用。上述液—固色谱的吸附剂,都可作担体。但是液—液色谱中存在的固定液流失,使得分离的稳定性和重复性不易保证。为了减小固定液流失带来的影响,在液—液色谱中,都要加一段预饱和柱,即在普通液相色谱担体上涂上高含量(如 30%)与分析柱相同的固定液,让流动相先通过预饱和柱,事先用固定液把流动相饱和。

由于流动相对分离有影响,因此,常用的固定液只有极性不同的几种,如聚乙二醇、三甲撑乙二醇和鲨鱼烷等。

（3）离子交换固定相

离子交换固定相的颗粒表面都带有磺酸基、羧基、季铵基、氨基等强、弱离子交换基团。可以和流动相中样品离子之间发生离子交换作用，使样品中无机或有机离子，或可解离化合物在固定相上有不同的保留。凝胶渗透色谱固定相都是具有一定不同孔径分布范围的系列产品，用以分离高分子样品或进行高聚物分子量分布的测定。后两类填料都是既有硅胶基质的，又有高分子微球基质的。

10.4.2　高效液相色谱法的流动相

流动相也称冲洗剂、洗脱剂或载液，主要有两个作用，一是携带样品前进，二是给样品提供一个分配相，进而调节选择性，以达到混合物的满意分离。对流动相溶剂的选择要考虑分离、检测、输液系统的承受能力及色谱分离目的等各个方面。就流动相本身而言，主要有如下要求。

①毒性小，安全性好。

②溶剂对于待测样品，必须具有合适的极性和良好的选择性。

③化学稳定性好。不能选用与样品发生反应或聚合的溶剂。

④高纯度。由于高效液相色谱法的灵敏度高，对流动相溶剂的纯度也要求高，不纯的溶剂会引起基线不稳，或产生"伪峰"。痕量杂质的存在，将使截止波长值增加 $50\sim100nm$。

⑤低黏度。若使用高黏度溶剂，势必增高 HPLC 的流动压力，不利于分离。常用的低黏度溶剂有丙酮、甲醇、乙腈等。但黏度过于低的溶剂也不宜采用，例戊烷、乙醚等，它们易在色谱柱或检测器形成气泡，影响分离。

⑥应注意选用的检测器波长比溶剂的紫外截止波长要长。所谓溶剂的紫外截止波长指当小于截止波长的辐射通过溶剂时，溶剂对此辐射产生强烈吸收，此时溶剂被看作是光学不透明的，它严重干扰组分的吸收测量。

在选择溶剂时，应选择具有合适物理性质的溶剂，如极性，沸点，黏度、紫外截至波长等，其中，溶剂的极性是选择流动相的重要依据。常用溶剂的极性顺序是

水（最大）＞甲酰胺＞乙腈＞甲醇＞乙醇＞丙醇＞丙酮＞二氧六环＞四氢呋喃＞甲乙酮＞正丁醇＞乙酸乙酯＞乙醚＞异丙醚＞二氯甲烷＞氯仿＞溴乙烷＞苯＞四氯化碳＞二硫化碳＞环己烷＞己烷＞煤油（最小）

除此之外，在选择溶剂时，有时还需要采用二元或多元组合溶剂作为流动相，以灵活调节流动相的极性或增加选择性，以改进分离或调整出峰时间。选择时要参阅有关手册，并通过实验确定。

在利用液相色谱仪进行样品分析前，通常需要对溶剂进行处理。

①纯化。液相色谱使用的溶剂通常免不了有些杂质，使用前应当纯化溶剂。例如，水必须是全玻璃系统二次蒸馏水。并且，溶剂需要过滤，溶剂过滤常用 $0.5\mu m$ 滤膜。

②溶剂脱气。流动相中溶解气体的存在有以下几方面的害处：对检测不利（气泡进入检测池，引起基线突然跳动）；溶解氧常和许多溶剂形成有紫外吸收的配合物，在 $200nm$ 以下常造成基线抬高；溶解气体还会引起某些样品的氧化降解或溶剂 pH 的变化，给分离和分析结果带

来误差。

正相色谱,如非水性凝胶色谱的流动相不必脱气,反相色谱的流动相需要脱气。溶解气体的脱除有多种办法例如,抽空、煮沸、回流、超声波振荡脱气等。真空脱气是最常用的方法,可用真空抽滤流动相的方法代替。超声脱气使用方便,但只能脱气 30%。加热回流是最彻底的脱气方法,但混合流动相不能用。对混合溶剂,10~20min 的超声波处理比较好。

10.5　高效液相色谱法在环境分析中的应用

高效液相色谱方法对环境中存在的高沸点有机污染物的分析非常有效,如大气、水质、土壤和食品中存在的多环芳烃、多氯联苯、有机氯农药、有机磷农药、氨基甲酸酯农药、酚类、胺类、亚硝胺等。可以说色谱法在环境监测分析中已占有主导地位。

随着 HPLC 技术的不断进步和完善,它在生化、药检、石油化工、环境监测、合成化学、食品卫生等领域的应用越来越广泛。各种新型检测器(如激光光散射质量检测器、激光诱导荧光检测器等)已陆续研制成功并投放市场。液相色谱与其他仪器的联机技术有了大的发展,这些仪器有原子吸收光谱仪、原子发射光谱仪、傅里叶变换红外光谱仪(FTIR)、核磁共振光谱仪、拉曼光谱仪等。

随着科技的发展一些新分离技术迅速发展,但这些技术都不能完全取代 HPLC。HPLC 因其耐用性、通用性、分离能力,尤其对水溶性、非挥发的、热不稳定的化合物的分离能力,仍保持其固有地位,HPLC 和 GC 两种色谱方法仍将是最重要的分离技术。同时与其他技术如 CF、SFC、FFF 等相结合可以解决一些特殊问题。

环境样品大都具有成分复杂、分析对象多、含量低等特点,某些本底值甚至只有 ppt 叫级,样品性质一般不够稳定,需要快速连续测定。HPLC 具有高效、快速、灵敏度高、选择性好等特点,特别适用于分离高沸点、难挥发、热稳定性差的高分子化合物,能满足环境分析的这些要求,尤其是对有机污染物的分析,更是其他分析手段难以比拟的。同时,离子色谱法的迅速发展,使得高效液相色谱法在测定有机和无机阴离子方面取得很好的成效。

10.5.1　大气、降水、废气等监测应用

大气中的污染物来源于工业废气、汽车尾气等,其中严重影响人体健康的有机污染物主要为多环芳烃类化合物,如萘、蒽、菲、苯并芘等,以及醛、酮类化合物等,这些化合物都可用 HPLC 检测。

美国 APHA 确定高效液相色谱法 HPLC 法用于测定大气颗粒物中 75 种芳香族碳氢化合物,其中有 29 种多环芳烃,13 种芴及其同系物、衍生物,11 种环状碳氢化合物多氯衍生物,12 种吲哚、咔唑及芳香醛。

在大气飘尘中主要检出多环芳烃(PAH)、硝基多环芳烃、酞酸酯类化合物(PEs)、正构烷烃、碳氢化合物、胺类、苯系物和有机硫化合物等有机物。例如可用 HPLC-FLD 以草原为清洁对照区,测定区域大气中的蒽、芘、苯并[a]芘、苯并[ghi]芘等 7 种 PAHs 的含量。同时可采用氨基甲酸乙酯泡沫和玻璃纤维滤膜采集大气中气态和颗粒物样,并且用 HPLC 和 GC 分别测定蒽、芘、苯并芘等有机污染物的含量,总结冬夏两季颗粒物和气态中有机污染物的分布

规律。另外,可用超声波提取飘尘中 PAHs,采用 HPLC—FLD 对大气颗粒物中 4 种 PAHs 进行检测,4 种 PAHs 的回收率($n=10$)可达 93.5%～95.8%,CV 在 1.9～3.4 之间,满足环境监测的要求。还可用 GC—MS 和 HPLC 对燃煤城市空气中的多环芳烃类化合物进行定性定量分析,鉴定气相中的 17 种主要芳烃,54 种颗粒物。

在废气和民用生活中主要检出碳氢化合物,芳香族的烃、醇、醛、酮、酸和 PAH,氯代二苯并二噁英,氯代二苯并呋喃(PCDD,PCDF)等。其中某些醛和酮类化合物有毒或为致癌物。以 2,4-二硝基苯肼酸性饱和液吸收空气和废气中的醛和酮,所形成的腙衍生物以 HPLC 分析,可测定空气及空气污染源中的 10 种醛酮类污染物:甲醛、乙醛、丙烯醛、丁醛、正戊醛、苯甲醛、丙酮、丁酮、4-甲基-2-戊酮、苯乙酮。

高效液相色谱法是目前美国国家环境保护局(EPA)采用的室内空气中甲醛测定法。采用 2,4-二硝基苯肼采样,二氯甲烷萃取后进行色谱分析。国内有人以 0.05%2,4-二硝基苯肼的酸性乙腈溶液吸收空气中的甲醛,并同时形成了甲醛的衍生物,吸收效率在 98%～100% 之间。

10.5.2　水质监测应用

高效液相色谱法在水体和废水的监测中获得了较为广泛的应用,人们更是将 HPLC 法列为标准分析方法或监测分析方法。如,美国环保局(EPA)采用 HPLC 法作为饮用水中 16 种 PAH 和涕灭威、虫螨威等 18 种农药以及 N-氨基甲酸酯、N-氨基甲酰肟等 10 种杀虫剂的检测方法。在城市和工业废水有机物的分析中,也使用 HPLC 法作为联苯胺、3,3-二抓联苯胺、16 种 PAH 的分析方法。

色谱法在水质监测中取得的重要成果:在地下水和地表水中主要检出苯系物、酚类、烷、醇、有机酸、有机氯、杂环和 PAH 等,在水质调查中有机污染物均在 100 多个以上。废水中检出了酚类、多氯联苯(PCB)、苯系物、有机酸、PAH、杂环等数百种有机污染物。

多环芳烃类也是水体中的一大类有机污染物,通常采用二氯甲烷萃取或采用环己烷萃取,再经活性硅胶柱吸附,用二氯甲烷或戊烷洗脱后浓缩进样。但也要视具体情况而灵活运用。如利用等梯度淋洗,荧光检测器可实现对地表水中七种多环芳烃化合物的快速分析。使用 Waters 公司高效液相色谱仪及梯度控制仪,岛津公司 RF-10 型荧光检测器和 Waters 公司的 PAH 径向(10cm)柱,流动相为乙腈/水(90∶10,体积比);流速 0.6mL/min;荧光检测器激发波长 $\lambda_{ex}=286nm$,发射波长 $\lambda_{em}=430nm$,可以克服梯度淋洗存在的基线漂移和分析时间长的两大缺陷。有人采用美国惠普公司 GC—MS 联用仪对鸭绿江(丹东段)江水中有机污染物种类、组成进行分析鉴定,进而采用 HPLC 对多环芳烃类进行定量测定与评价。还对河水及水源水中所含多环芳烃类化合物,用吸附富集一高效液相色谱法进行了分析,使用 F－350 HPLC/FP—550 FLD(日本)和 ODS 柱从不同水样中共检出 17 种多环芳烃,柱温 47℃;流动相为甲醇/水(86∶12,体积比);流速 0.6mL/min;柱压 70kg/cm²,选择了五种波长可提高检测的灵敏度,初步考查了多环芳烃在河水与沿河水源地水中的相关性。

此外还有酚类化合物、苯胺类化合物、苯氧乙酸及其衍生物、染化工业废水中含有的许多有毒有害有机物和微量分散染料等都可以通过 HPLC 检测取得有效结果。

10.5.3　土壤、农产品污染物监测中的应用

土壤和农产品中的有机污染物除来自工业污染外,很大一部分是来自化肥、农药、除草剂等。这些农用化学品的残留造成土壤和农产品被污染,所以对农药和除草剂的监测已成为当务之急。在挥发性低、受热易分解的以及极性强的农药组分监测中 HPLC 比 GC 更为适用。

例如,利用 HPLC 测定新磺酰脲除草剂单嘧磺隆的残留,检测戊菌隆在棉花和土壤中的残留量,测定土壤中莠去津、氰草津的残留量等。对于酸性农药残留物质二氯吡啶酸及三氯吡氧乙酸和强极性物质草甘膦及其主要代谢产物氨甲基膦酸也可以用 HPLC 分析。Repley 使用一根 SE—30 毛细管色谱对 194 种农药的保留值进行测定。有人用毛细管色谱和三个检测器(FPD、ECD、NPD)测定了 59 种(66 个组分)农药及其代谢物。可用反相高效液相色谱法测定土壤中微量灭多威(氨基甲酸酯类),以乙酸乙酯为提取液,蒸发除去乙酸乙酯,加水先后用石油醚、正己烷、氯仿萃取,蒸去氯仿再用甲醇定容,经 $0.45\mu m$ 的滤膜过滤后进样分析。测定土壤中灭多威的检测限为 $0.1ng$,线性范围 $1.0\sim20\mu g/mL$,高、中、低 3 种浓度的平均加标回收率为 $96.1\%\sim100.2\%$,CV$<5\%$。色谱柱 μ^- BondapakC18(100×8mm);流动相为甲醇/水(1∶1,体积比);流速:$1.0mL/min$;$\lambda=233nm$。在此基础上研究采用超声提取,反相高效液相色谱测定土壤中灭多威与硫双威。与传统的萃取法相比,超声提取具有方便、快速的特点。

HPLC 法能简单、快速、灵敏、可靠地测定土壤—植物系统中存在的多环芳烃,可对土壤、植物和籽实样品分别用四氢呋喃、甲醇、乙酸乙酯以超声技术提取,提取液经旋转浓缩蒸发仪浓缩,经硅胶柱净化后,由高效液相色谱分离,荧光检测分析。

HPLC 技术还在不断发展,研制微孔高效色谱柱为发展高分辨 HPLC 奠定了基础;新型检测器不断出现以及各种联用技术的应用都将促使 HPLC 技术在环境分析中将得到越来越广泛的应用,成为许多实验室必备的分析手段。其在化学生态学方面的应用将主要集中于植物与植物、植物与动物、植物与微生物以及动物与动物之间的化学关系的研究,揭示作用于这些关系中的化学本质。

第 11 章　其他分析方法

11.1　质谱分析法

11.1.1　概述

质谱分析法(Mass Spectrometry)是通过对被测样品离子质荷比的测定来进行定性和定量分析的一种分析方法。利用质谱法分析测定样品时,首先将试样分子在高真空条件下进行加热气化后用适当的方法进行电离,然后利用不同离子在电场或磁场中的运动行为的不同,把离子按质荷比(m/z)分开而得到质谱,通过分析样品的质谱和相关信息,就可以得到样品的定性定量结果。通过质谱分析,可以获得所分析样品的分子质量、分子式、分子中同位素构成和分子结构、元素含量等多方面的信息。

例如,在利用电子电离源(Electron Ionization,EI)将被测试样进行电离时,首先是使试样以气体形式进入电子电离源,由离子源的灯丝发出的电子束与样品分子发生碰撞,在 70eV 电子碰撞作用下,有机物分子可能被打掉一个电子形成分子离子,也可能会发生化学键的断裂形成碎片离子。这些离子在质量分析器中,按质荷比大小顺序分开,经电子倍增器检测,即可得到化合物的质谱图。根据质谱图上的分子离子峰可以确定化合物分子质量,根据碎片离子峰可以得到化合物的结构。

图 11-1 所示为质谱的形成过程,气态样品通过导入系统进入离子源,被电离成分子离子和碎片离子,由质量分析器将其分离并按质荷比大小依次进入检测器,信号经放大、记录得到质谱图 MS(Mass Spectrum)。

从图 11-1 可见,质谱的形成与光谱类似。质谱仪的离子源、质量分析器和检测器分别类似于光谱仪中的光源、单色器和检测器。但二者原理不同,质谱不属于光谱的范畴。

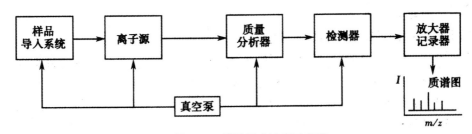

图 11-1　质谱形成过程示意图

图 11-2 所示为某有机物的质谱图。质谱图的横坐标是质荷比,纵坐标为离子的相对强度。一定的样品在固定的电离条件下得到的质谱图是相同的,这是利用质谱图进行有机物定性的基础。在对获得的质谱图谱进行解析时,可以根据有机物的断裂规律,分析不同碎片和分子离子的关系,由此推测化合物的结构。另外,还可以通过计算机进行谱库检索,查得该质谱

图所对应的化合物。

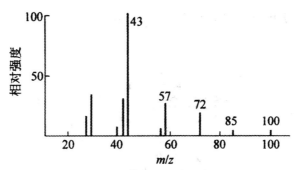

图 11-2　某有机物的质谱图

　　质谱法具有灵敏度高、定性能力强等特点,但利用质谱法只能对纯物质进行定性分析,对混合物的分析无能为力。此外,质谱法的定量能力也较差。而色谱法是一种很好的分离定量方法,因此,在利用质谱法对有机化合物进行定性定量分析时,通常将色谱和质谱联用,将质谱仪看做色谱仪的一种检测器。利用色谱的分离功能将混合有机物进行分离得到纯物质后,引入质谱仪得到被分离物质的质谱图。结果是在记录仪(电脑终端)上同时得到混合物质的色谱图和被分开的组分的质谱。利用质谱图可对混合物中的各个组分进行定性分析,利用色谱图的峰面积与含量成正比的关系可进行定量分析。

11.1.2　质谱仪和工作原理

　　一般质谱仪的基本组成包括进样系统、离子源、质量分析器、检测器和真空系统等几部分。试样首先按电离方式的需要,通过进样系统被送入离子源的适当部位;在离子源中试样被电离为离子,并会聚成有一定能量和几何形状的离子束后进入质量分析装置,在质量分析装置中在电磁场的作用下将来自离子源的离子束按不同质荷比分开,经检测器检测之后可以得到样品的质谱图。质谱仪的离子源和分析器都必须处在低于 10^{-5} mbar(1mbar $=10^2$ Pa)的真空中才能工作。因此,质谱仪都必须有真空系统。如图 11-3 所示质谱仪主要组成部分。

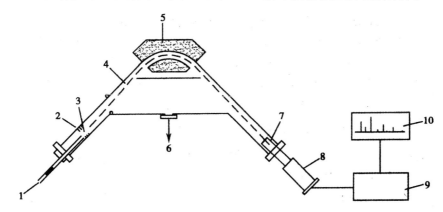

图 11-3　质谱仪主要组成部分

1—样品导入;2—离子源;3—离子加速区;4—质量分析管;5—磁铁;6—接真空系统;7—检测器;8—前置放大器;9—放大器;10—记录器

1. 进样系统

质谱进样方式(Inlet system)大致可以分为两类,第一类是质谱作为独立的分析设备以直接进样的方式进样,第二类是在质谱联用技术中其前端设备兼作质谱的进样装备,通过接口的方式进样。

直接进样方式中,气态和液态样品是利用毛细管导入质谱仪的,固态样品则通过进样杆直接导入。

(1)直接进样

①进样杆进样。如图 11-4 所示装置,将固体样品置于进样杆顶部的小坩埚中,由进样杆导入到离子化室附近的真空环境中加热后,直接送入离子源。或者可通过在离子化室中将样品从一可迅速加热的金属丝上解析或者使用激光辅助解析的方式进行。这种方法与电子轰击电离、化学电离及场电离结合,适用于热稳定性差或者难挥发物的分析。

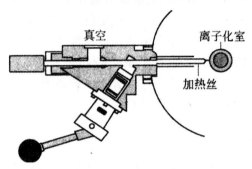

图 11-4 进样杆进样

②间歇式进样。如图 11-5 所示为间歇式进样系统,将试样($10\sim100\mu g$)通过试样管引入试样储存器,在低压和加热条件下试样挥发为气态后,通过带有针孔的玻璃或金属膜的漏隙进入离子源。该进样系统适用于气体、液体和中等蒸气压固体样品的进样。

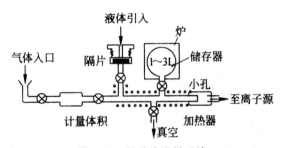

图 11-5 间歇式进样系统

(2)接口式进样

在接口进样方式中,接口既可用于直接进样,也可用于和其他设备连接,有些实际上和电离源合为一体。目前质谱进样系统发展较快的是多种液相色谱—质谱联用的接口技术,用以将色谱流出物导入质谱,经离子化后供质谱分析。主要技术包括各种喷雾技术(电喷雾、热喷雾和离子喷雾)、传送装置(粒子束)和粒子诱导解吸(快原子轰击)等。

①电喷雾接口。带有样品的色谱流动相通过一个带有数千伏高压的针尖喷口喷出,生成带电液滴,经干燥气除去溶剂后,带电离子通过毛细管或者小孔直接进入质量分析器。电喷雾

接口主要适用于微柱液相色谱。

②热喷雾接口。存在于挥发性缓冲液流动相中的待测物,由细径管导入离子源,同时加热,溶剂在细径管中除去,待测物进入气相。中性分子可以通过与气相中的缓冲液离子反应,以化学电离的方式离子化,再被导入质量分析器。热喷雾接口适用的液体流量可达 2mL/min,并适合于含有大量水的流动相,可用于测定各种极性化合物。

③离子喷雾接口。在电喷雾接口基础上,利用气体辅助进行喷雾,可提高流动相流速达到 1mL/min。电喷雾和离子喷雾技术中使用的流动相体系含有的缓冲液必须是挥发性的。

④粒子束接口。色谱流出物转化为气溶胶,于脱溶剂室脱去溶剂,得到的中性待测物分子导入离子源,使用电子轰击或者化学电离的方式将其离子化,获得的质谱为经典的电子轰击电离或者化学电离质谱图,其中前者含有丰富的样品分子结构信息。但粒子束接口对样品的极性、热稳定性和分子质量有一定限制,适用于相对分子质量在 1000 以下的有机小分子测定。

⑤解吸附技术。将微柱液相色谱与粒子诱导解吸技术(快原子轰击,液相二次粒子质谱)结合,一般使用的流速在 $1 \sim 10 \mu L/min$,流动相须加入微量难挥发液体(如甘油)。混合液体通过一根毛细管流到置于离子源中的金属靶上,经溶剂挥发后形成的液膜被高能原子或者离子轰击而离子化。得到的质谱图与快原子轰击或者液相二次离子质谱的质谱图类似,但是本底却大大降低。

2. 离子源

离子源(ion source)的作用是将欲分析样品电离,得到带有样品信息的离子。质谱仪的离子源种类很多,常用的离子源有电子电离源、化学电离源、电喷雾源、大气压电离源、快原子轰击源、激光解吸源等。

(1)电子电离源

图 11-6 所示为电子电离源的原理,由气相色谱或直接进样杆进入的样品,以气体形式进入离子源,由灯丝发出的电子与样品分子发生碰撞使样品分子电离。一般情况下,灯丝与接收极之间的电压为 70eV,在 70eV 电子碰撞作用下,有机物分子可能被打掉一个电子形成分子离子,也可能发生化学键的断裂形成碎片离子,或者分子离子发生结构重排,形成重排离子,或通过分子离子反应,生成加合离子。此外,还有同位素离子等。总之,一个样品分子可以产生很多带有结构信息的离子,根据分子离子可以确定化合物分子质量,根据碎片离子可以得到化合物的结构。

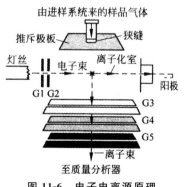

图 11-6　电子电离源原理

电子电离源是应用最为广泛的离子源,主要用于易挥发性有机样品的电离。GC—MS 联用仪中都用这种离子源。其优点是工作稳定可靠,结构信息丰富,有标准质谱图可以检索。缺点是只适用于易气化的有机物样品分析,对有些化合物得不到分子离子。

(2)化学电离源

化学电离源和电子电离源的主体部件基本相同,区别在于化学电离源工作过程中要引进一种反应气体。将反应气和样品按照一定比例混合进入反应室,在反应室内,反应气首先被电离成离子,然后反应气离子与样品分子进行离子—分子反应,产生出样品离子,由于反应气的量比样品气要大得多,电子束几乎只和反应气分子发生作用。

化学电离源主要应用于气相色谱—质谱联用仪中,适用于易汽化的有机物样品分析。化学电离源是一种软电离方式,有些用 EI 方式得不到分子离子的样品,改用 CI 后可以得到准分子离子,因而可以求得分子质量。由于 CI 得到的质谱不是标准质谱,所以不能进行库检索。

(3)电喷雾源

电喷雾源是近年来出现的一种新的电离方式,主要应用于液相色谱—质谱联用仪。它既作为液相色谱和质谱仪之间的接口装置,同时又是电离装置。它的主要部件是一个多层套管组成的电喷雾喷嘴。最内层是液相色谱流出物,外层是喷射气,喷射气常采用大流量的氮气,其作用是使喷出的液体容易分散成微滴。另外,在喷嘴的斜前方还有一个补助气喷嘴,补助气的作用是使微滴的溶剂快速蒸发。在微滴蒸发过程中表面电荷密度逐渐增大,当增大到某个临界值时,离子就可以从表面蒸发出来。离子产生后,借助于喷嘴与锥孔之间的电压,穿过取样孔进入分析器。

电喷雾电离源是一种软电离方式,即便是分子质量大、稳定性差的化合物也不会在电离过程中发生分解,它适合于分析极性强的大分子有机化合物,如蛋白质、肽、糖等。电喷雾电离源的最大特点是容易形成多电荷离子。这样,一个相对分子质量为 10000 的分子若带有 10 个电荷,则其质荷比只有 1000,进入了一般质谱仪可以分析的范围之内。根据这一特点,目前采用电喷雾电离,可以测量相对分子质量在 30 万以上的蛋白质。

(4)大气压电离源

大气压电离源是液相色谱—质谱联用仪常用的离子源。常见的大气压电离源有三种:大气压电喷雾源、大气压化学电离和大气压光电离源。大气压电喷雾电离源是将除去溶剂后的带电液滴电离成离子的一种技术,适用于容易在溶液中形成离子的样品或极性化合物。因具有多电荷能力,所以其分析的相对分子质量范围很大,既可用于极性小分子分析,又可用于多肽、蛋白质和寡聚核苷酸分析。大气压化学电离是在大气压下利用电晕放电来使气相样品和流动相电离的一种离子化技术,要求样品有一定的挥发性,适用于非极性或低、中等极性的化合物。由于极少形成多电荷离子,分析的相对分子质量范围受到质量分析器质量范围的限制。大气压光电离源是用紫外灯取代大气压化学电离的电晕放电,利用光化学作用将气相中的样品电离的离子化技术,适用于非极性化合物。由于大气压电离源是独立于高真空状态的质量分析器之外的,故不同大气压电离源之间的切换非常方便。

(5)快原子轰击源

将样品分散于基质(常用高沸点溶剂)制成溶液,涂布于金属靶上送入快原子轰击源中。将经强电场加速后的惰性气体中性原子束对准靶上样品轰击。基质中存在的缔合离子及经快原子轰击产生的样品离子一起被溅射进入气相,并在电场作用下进入质量分析器。

快原子轰击源主要用于强极性、挥发性低、热稳定性差和相对分子质量大的样品,如肽类、低聚糖、天然抗生素、有机金属络合物等。在 FAB 离子化过程中,可同时生成正负离子,这两种离子都可以用于质谱分析。若样品分子中带有卤素原子,则可产生大量的负离子,目前负离子质谱已成功用于农药残留物的分析。

快原子轰击源所得质谱有较多的碎片离子峰信息,有助于结构解析。缺点是对非极性样品灵敏度下降,而且基质在低质量数区(400 以下)产生较多干扰峰。快原子轰击是一种表面分析技术,需注意优化表面状况的样品处理过程。

(6)激光解吸源

激光解吸源是利用一定波长的脉冲式激光照射样品使样品电离的一种电离方式。被分析的样品置于涂有基质的样品靶上,激光照射到样品靶上,基质分子吸收激光能量,与样品分子一起蒸发到气相并使样品分子电离。激光电离源需要有合适的基质才能得到较好的离子产率。因此,这种电离通常称为基质辅助激光解吸电离(Matrix Assisted Laser Description Ionization,MALDI)。MALDI 特别适合于飞行时间质谱仪(TOF),组成 MALDI－TOF。MALDI 属于软电离技术,它比较适合于分析生物大分子,如肽、蛋白质、核酸等。得到的质谱主要是分子离子、准分子离子,碎片离子和多电荷离子较少。MALDI 常用的基质有 2,5-二羟基苯甲酸、芥子酸、烟酸、α-氰基-4-羟基肉桂酸等。

以上简要对几个离子源的结构、工作原理及应用作了简要介绍,其中几个主要离子源特点的对比见表 11-1。

表 11-1　主要离子源特点

基本类型	离子源	离子化能量	特点及主要应用
气相	电子轰击(EI)	高能电子	适合挥发性样品,灵敏度高,重现性好,特征碎片离子,标准谱库,适用于分子结构判定
	化学电离(CI)	反应气离子	适合挥发性样品、准分子离子、分子量确定
解吸	快原子轰击(FAB)	高能原子束	适合难挥发、极性大的样品,生成准分子离子和少量碎片离子
	电喷雾(ESI)	高电场	生成多电荷离子,碎片少,适合极性大分子分析,也用作 LC—MS 接口
	基质辅助激光解吸	激光束	高分子及生物大分子分析,主要生成准分子离子

3. 质量分析器

质量分析器(Mass Analyzer)是质谱仪的核心部件。其作用是将离子源产生的离子按质荷比顺序分开并排列成谱,用于记录各种离子的质量数和丰度。质量分析器的两个主要技术参数是所能测定的质荷比的范围(质量范围)和分辨率。常用的质量分析器有四极杆分析器、磁式双聚焦分析器、飞行时间质量分析器、离子阱分析器、回旋共振分析器等。

4. 检测器

质谱仪的检测器(Detector)主要使用电子倍增器,也有的使用光电倍增管。

由四极杆出来的离子打到高能极产生电子,电子经电子倍增器产生电信号,记录不同离子的信号即得到质谱。信号增益与倍增器电压有关,提高倍增器电压可以提高灵敏度,但同时会降低倍增器的寿命,因此,应该在保证仪器灵敏度的情况下采用尽量低的倍增器电压。由倍增器出来的电信号被送入计算机储存,这些信号经计算机处理后可以得到色谱图、质谱图及其他各种信息。

5. 真空系统

为了保证离子源中灯丝的正常工作,保证离子在离子源和分析器中的正常运行,消减不必要的离子碰撞、散射效应、复合反应和离子—分子反应,减小本底与记忆效应,质谱仪中的离子源和分析器一般都需要在高真空中运行。当前,除了某些台式 GC—MS 系统以外,质谱仪的真空系统(Vacuum System)均由两个不同的部分组成,即离子源和质量分析器。一般而言,离子源的操作压力介于 $10^{-4} \sim 10^{-2}$ Pa,而质量分析区的压力要求更低,介于 $10^{-6} \sim 10^{-3}$ Pa。四极杆质谱仪与飞行时间质谱仪和磁扇形质谱仪相比,在质量分析器区内能够承受相对较高的压力,而离子阱质谱仪则要在约为 0.1Pa 的氦气气浴内运行。

质谱仪的真空系统一般由机械真空泵和扩散泵或涡轮分子泵组成。机械真空泵能达到的极限真空度一般为 1Pa,不能满足要求,还需要高真空泵。扩散泵是常用的高真空泵之一,其性能稳定可靠,但是启动慢,从停机状态到仪器正常工作状态所需的时间长。涡轮分子泵则相反,启动速度快,但是使用寿命不如扩散泵长。当前,由于涡轮分子泵使用方便,没有油的扩散污染问题,所以涡轮分子泵有取代扩散泵的趋势。一般而言,涡轮分子泵直接和离子源或质量分析器相连,抽出的气体再由机械真空泵排到系统之外。

11.1.3 质谱分析法

1. 离子的主要类型

(1)分子离子

分子离子常用 M$^+$ 表示 M$^+$。分子中最易失去电子的是杂原子上 n 电子,依次为 7c 电子和 σ 电子,同是 σ 电子,C—C 上的又较 C—H 上的容易失去。

$$M + e \longrightarrow M^+ + 2e$$

大多数分子易失去一个电子。因此分子离子的质荷比(m/z)值等于分子量,这就是利用质谱仪来确定有机化合物分子量的依据。分子离子一般出现在质谱的最右侧。其相对丰度取决于其稳定性。在有机化合物中,分子离子峰的稳定性(峰强度)有如下顺序:芳香族化合物>共轭链烯>脂环化合物>烯烃>直链烷烃>硫醇>酮>胺>酯>醚>酸>分支烷烃>醇。

(2)同位素离子

有机化合物一般由 C、H、O、N、S、Cl 及 Br 等元素组成,这些元素均有同位素,因此在质谱图上会出现含有这些同位素的离子峰,含有同位素的离子称为同位素离子,由此产生不同质量的离子峰群称为同位素峰簇,利用同位素峰簇可预测分子或离子中的元素种类和数目,尤其用于推测分子式。

(3)亚稳离子

离子在到达检测器时,没有碎裂的离子是稳定离子。如果某个离子(m_1^+)在离子源形成,在脱离离子源后并在磁场分离前,在飞行中发生开裂($m_1^+ \rightarrow m_2^+$ ＋中性碎片)而形成低质量的离子(m_2^+),这种离子的能量要比在离子源中产生的 m_2^+ 离子的小,所以这种离子在磁场中的偏转要比普通的 m_2^+ 离子大,在 MS 图上将不出现在 m_2^+ 处,而是出现在比 m_2^+ 低的地方,这种飞行过程中发生裂解的离子称为亚稳离子,常用表示。由亚稳离子产生的峰称为亚稳离子峰或亚稳峰。亚稳离子峰的峰较钝而小,一般要跨到 2～5 个质量单位;质荷比通常不是整数,与 m_1^+、m_2^+ 离子的关系为:$m^* = \dfrac{(m_2)^2}{m_1}$。因此亚稳离子有助于寻找和判断离子在裂解过程中的相互关系,而用于结构解析。

(4)碎片离子

当分子在离子源中获得的能量超过分子离子化所需的能量时,又会进一步使某些化学键断裂产生质量数较小的碎片,其中带正电荷的就是碎片离子。由此产生的质谱峰称为碎片离子峰。由于键断裂的位置不同,同一分子离子可产生不同质量大小的碎片离子,而其相对丰度与键断裂的难易(化合物的结构)有关,因此,碎片离子峰的 m/z 及相对丰度可提供被分析化合物的结构信息。

(5)多电荷离子

某些分子非常稳定,能失去两个或更多的电子,在质量数为 m/nz(n 为失去的电子数)的位置出现多电荷离子峰。例如,具有 π 电子的芳烃、杂环或高度共轭不饱和化合物就能产生稳定性较好的双电荷离子。质谱正是利用多电荷离子来测定大分子的分子量。

(6)重排离子 $m^* = \dfrac{(m_2)^2}{m_1}$

在两个或两个以上键的断裂过程中,某些原子或基团从一个位置转移到另一个位置所生成的离子,称为重排离子,其结构并非原来的结构单元。重排离子的类型很多,其中最常见的是麦氏重排。

2. 有机化合物的质谱分析

在结构解析中,质谱主要用于测定分子量、分子式和作为光谱解析的佐证。对一些较简单的化合物,单靠质谱也可确定分子结构。因此,掌握质谱解析的方法是必要的。

(1)分子离子峰的确定

在 MS 解析中,分子离子峰是测定分子量与确定分子式的主要依据。分子离子应该是 MS 图中最高质量的离子,但须说明两点:一是不考虑同位素离子和可能发生离子－分子反应所产生的离子;二是它可能不是分子离子。因此在判断分子离子峰时,应考虑以下几点:

①分子离子峰(M^+)的质量数应符合"氮律":分子不含氮或含偶数个氮,其分子离子峰的质量数是偶数;含奇数个氮,其分子离子峰的质量数是奇数。这个规律叫做氮律(N 律)。

②分子离子的稳定性规律:分子离子的稳定性与分子结构密协相关,

③最高 m/z 离子与邻近离子之间的质量数差合理:如果最高 m/z 离子与邻近离子相差 4～14 个质量单位,则该峰不是 M^+。因为分子离子一般不可能直接失去一个亚甲基和失去 3 个以上的氢原子,这需要很高的能量。

④与 M±1 峰相区别:某些化合物的质谱上分子离子峰很小或根本找不到,而 M＋1 峰却较强,M＋1 峰是由于分子离子在电离碰撞过程 $m^* = \dfrac{(m_2)^2}{m_1}$ 中捕获一个 H 而形成的。同样有

些化合物如醛、醇或含氮的化合物易失去一个氢出现 M−1 峰。

（2）分子式的确定

质谱的一个很大用途是用来确定化合物的分子量，并由此得到分子式。通常利用质谱数据确定分子式有两种方法，即同位素丰度法和高分辨质谱法（精密质量法）。同位素丰度法分为计算法和查表法。高分辨质谱法是借助高分辨质谱仪可测得小数后四位甚至更小的数字的离子 m/z，可对有机化合物的分子量进行精密测定。若配合其他信息，立即可以从可能的分子式中判断最合理的分子式。

（3）质谱解析一般步骤

①确认分子离子峰，确定相对分子质量。

②用同位素丰度法或高分辨质谱法确定分子式。

③计算不饱和度（Ω）。

④注意分子离子峰相对于其他峰的强度，以此为化合物类型提供线索。

⑤根据分子离子峰与同位素峰的丰度比，确定是否含有高丰度的同位素元素。

⑥若有亚稳峰存在，要利用 $m^* = \dfrac{(m_2)^2}{m_1}$ 的关系式，找到 m_1 和 m_2，并推断出 $m_1 \rightarrow m_2$。

⑦解析质谱中主要峰的归属，按各种可能方式，连接已知的结构碎片及剩余的结构碎片，提出可能的结构式，并进行确认。

⑧验证。

3. 色谱—质谱联用技术

色谱—质谱联用技术是将色谱仪器与定性、定结构的质谱仪通过适当的接口相结合，借助计算机进行联用分析的技术。1957 年首先实现了气相色谱—单聚焦质谱仪的联用（GC—MS）。以后随着分析仪器和计算机技术的迅速发展，气相色谱—质谱联用和液相色谱—质谱联用（HPLC—MS）技术已得到较广泛的应用。

色谱方法是一种效率极高的分离技术，可将复杂混合物中的组分分离开来，但对于组分的定性鉴别、结构确定却能力有限。而质谱法却是一种强有力的定性鉴别和结构分析方法。将两谱结合而实现在线联用，互相取长补短，获得了两种仪器单独使用时所不具备的更快、更有效的功能，使分离混合物、探索未知物及鉴定新化合物的在线联用成为现实。

色谱—质谱联用是最成熟的一类联用技术，主要有 GC—MS 和 HPLC—MS。色谱—质谱联用仪器的方框图如图 11-7 所示。由该仪器提供的信息主要有总离子流色谱图、质量色谱图、全扫描色谱—质谱三维图和质谱图，现简介如下：

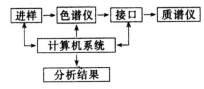

图 11-7　色谱—质谱联用仪方框图

色谱—质谱联用技术的主要特点有：①适应范围广；②分离效能和定性鉴别能力同时增加，这是其他任何一种方法所不及的；③MS 仪是一种通用的灵敏度较高的检测器，可同时检测多种化合物,选择性离子检测手段可大大提高灵敏度和选择性,也使其定量分析的准确度较高;④定性指标多而全。除保留时间外,还有分子离子、官能团离子、离子丰度比、同位素离子峰、总离子流色谱峰、选择离子色谱峰及其所对应的保留时间和质谱图等。除分子离子和官能团离子外,还有各种准分子离子、多电荷离子,都是定性鉴别的重要参数。使得其定性方法比 GC 和 HPLC 法更可靠。

11.1.4 质谱分析法在环境分析中的应用

1. 在大气中痕量污染物测定中的应用

大气中的痕量物种如 H_2SO_4、HNO_3 和酸性气体 SO_2,自由基 OH·、OH_2·、RO_2·,可挥发性有机物 VOC(volatile organ compounds)以及气溶胶等是大气污染形成中重要中间体。实时测量这些物种的时空分布对于了解污染的机理和现状有重要意义。大气中痕量物种浓度低、活性大、寿命短,因此实时测量这些物种就显得特别困难。近年来出现了一些测量大气中痕量物种的方法,如傅里叶变换光谱(FTIR)等,这些方法只能测量比较简单的自由基和化合物。质谱分析方法响应快,灵敏度高,能够实现实时监测。近年来,许多研究小组开展了用化学电离质谱(CIMS)原位测量大气中痕量物质的研究。

但是由于其谱图仅给出有机物的分子离子,结果分析就会出现几种分子量相同的化合物对应同一个谱峰的可能性,从而混淆分析结果。近年来,已经有科学家针对这个问题开展了许多研究,其中将 CIMS 和 GC 联用以及将有机膜用于 CIMS 的进口实现预分离是人们比较看好的方向。

2. 在环境突发性事故中的应用

近年来环境突发性事故发生频次较高,例如,川东油气田硫化氢泄漏、松花江水环境污染、非典疫情、苏丹红添加剂等重大环境污染事件、食品污染事件和急性传染病事件接连发生,其影响范围较广,具有很大的危害性。如何在短时间内尽快取得第一手资料,得到定性定量数据,是广大环境工作者和环境决策者最关心的问题。质谱技术因其非常强大的定性定量功能,而在环境突发性事故中发挥着越来越大的作用,成为应急监测强有力的手段和工具。

环境空气监测方面以挥发性有机物分析为主。空气中挥发性有机物的分析步骤为:①清洗采样罐;②采样罐抽真空;③现场负压采样;④气相色谱—质谱分析,其质量控制措施包括 BFB 仪器性能检查、内标、五点校正曲线等。

水样监测以挥发性有机物分析为主。分析步骤为:①将 25mL 水样放入吹扫捕集仪的吹扫瓶;②以氮气为吹扫气,以 40mL/min 的流量吹扫 11～12min,挥发性组分被吸附管捕集;③在解吸过程中,吸附管于 180℃ 热解吸 4min,吹扫气以 15mL/min 的流量将其吹入气相色谱—质谱仪中;④气相色谱—质谱分析。气相色谱—质谱分析的质量控制措施包括 BFB 仪器性能检查、内标、五点校正曲线等。

实践证明,质谱技术能对环境空气、地表水、地下水、饮用水、生物、食品、土壤等的污染情况提供准确的定性定量结果,在环境突发性事故的监测分析中具有特别重要的作用。

11.2 核磁共振波谱法

1945 年 F. Bloch 和 E. M. Purcell 为首的两个小组同时独立地观察到核磁共振（Nuclear Magnetic Resonance，NMR）现象，他们二人因此荣获 1952 年诺贝尔物理奖。自 1953 年出现第一台核磁共振商品仪器以来，核磁共振在仪器、实验方法、理论和应用等方面有着飞跃的进步。1991 年 R. R. Ernst 教授提出二维核磁共振理论及傅里叶变换核磁共振，而他也因此被授予诺贝尔化学奖。

核磁共振谱仪频率已从 30MHz 发展到 900MHz，仪器工作方式从连续波谱仪发展到脉冲—傅里叶变换谱仪。随着多种脉冲序列的采用，所得谱图已从一维谱到二维谱、三维谱甚至更高维谱。今天核磁共振已成为鉴定有机化合物结构及研究化学动力学等的极为重要的方法，在有机化学、生物化学、药物化学、物理化学、无机化学、环境化学及多种工业部门中得到广泛的应用，总而言之，核磁共振已成为最重要的仪器分析手段之一。本章主要介绍质子核磁共振波普法。

11.2.1 核磁共振基本原理

从本质上来讲，核磁共振波谱法属于吸收光谱法，只不过研究的对象比较特殊：处于强磁场中的具有磁性的原子核对能量极小的电磁辐射进行的吸收。

1. 原子核的自旋与磁性

核磁共振主要是由原子核的自旋运动引起的。原子核是带正电荷的粒子，某些原子核具有自旋现象。不同的原子核，自旋运动的情况不同，它们可以用核的自旋量子数 I 来表示（$I = \frac{1}{2}n$，$n = 0$、1、2、3、$\cdots$）。按自旋量子数 I 的不同，可以将核分为三类：

①核电荷数和核质量数均为偶数的原子核，如 ^{12}C、^{16}O、^{28}S 等，自旋量子数 $I = 0$，这类原子核没有自旋现象，也没有磁性，这类核不能用核磁共振波谱法检测。

②核电荷数为奇数或偶数，核质量数为奇数，自旋量子数 I 为半整数，如 ^{1}H、^{13}C、^{15}N、^{19}F、^{31}P 的 $I = \frac{1}{2}$，^{11}B、^{33}S、^{35}Cl、^{37}Cl、^{79}Br、^{81}Br、^{39}K、^{63}Cu、^{65}Cu 的 $I = \frac{3}{2}$，^{17}O、^{25}Mg、^{55}Mn、^{27}Al、^{67}Zn 的 $I = \frac{5}{2}$，这类原子核有自旋现象，可以看做是电荷均匀分布的旋转球体。这类核具有自旋现象。

③核电荷数为奇数，核质量数为偶数，自旋量子数 I 为整数，如 ^{2}H、^{6}Li、^{14}N 等的 $I = 1$，^{10}B 等的 $I = 3$，这类原子核也有自旋现象。

由此可见，自旋量子数 $I \neq 0$ 的原子核都具有自旋现象，其自旋角动量（P）与自旋量子数（I）的关系如下：

$$P = \sqrt{I(I+1)} \frac{h}{2\pi}$$

式中，h 是普朗克常数，$6.626 \times 10^{-34} J \cdot s$。

这些具有自旋角动量的原子核的磁矩 μ 为

$$\mu = rP$$

式中,r 磁旋比(magnetogyric ratio),为原子核的特征常数。

自旋量子数 $I = \frac{1}{2}$ 的原子核在自旋过程中核外电子云呈均匀的球形分布,核磁共振谱线较窄,适宜于核磁共振检测,是核磁共振的主要研究对象。$I > \frac{1}{2}$ 的原子核,自旋过程中电荷和核表面非均匀分布,核磁共振的信号复杂。

构成有机化合物的基本元素 ^{1}H、^{13}C、^{15}N、^{19}F、^{31}P 等都有核磁共振现象,且自旋量子数均为去,核磁共振信号相对简单,因此可用于有机化合物的结构测定。

2. 核磁共振现象

原子核是带正电荷的粒子,不能自旋的核没有磁矩,能自旋的核有循环的电流,会产生磁场,形成磁矩。磁矩 μ 在数值上等于磁旋比 r 与自旋角动量 P 的乘积($\mu = rP$)。

微观磁矩在外磁场中的取向是量子化的(方向量子化),自旋量子数为,的原子核在外磁场作用下只可能有 2I+1 个取向,每一个取向都可以用一个磁量子数 m 来表示,m 与 I 之间的关系是:

$$m = I、I-1、I-2、\cdots、-I$$

原子核的每一种取向都代表了核在该磁场中的一种能量状态,m 值为 1/2 的核在外磁场作用下只有两种取向,各相当于 $m = +\frac{1}{2}$ 告和 $m = -\frac{1}{2}$。$m = +\frac{1}{2}$ 时,自旋取向与外加磁场一致,能量较低;$m = -\frac{1}{2}$ 时,自旋取向与外加磁场方向相反,能量较高。这两种状态之间的能量差△E 值为

$$\Delta E = E_{\frac{-1}{2}} + E_{\frac{+1}{2}} = hr \frac{B_0}{2\pi}$$

当自旋核处于磁感应强度为   的外磁场中时,除自旋外,还会绕 B_0 运动,这种运动情况与陀螺的运动情况十分相像,称为拉莫尔进动(Larmor process)。回旋频率 v_1 与外加磁场呈正比:

$$v_1 = \frac{r}{2\pi} B_0$$

式中,r 是磁旋比;B_0 是外加磁场。

若在的垂直方向用电磁波照射,核可以吸收能量从低能级跃迁到高能级,吸收的电磁波的能量为 ΔE,即

$$\Delta E = h v_2 = hr \frac{B_0}{2\pi}$$

其中吸收的电磁波的频率为

$$v_2 = \frac{r}{2\pi} B_0$$

当核的回旋频率与吸收的电磁波频率相等,即 $v_1 = v_2$ 时,核会吸收射频能量,由低能级跃迁到高能级。这种现象叫做核磁共振。

一个核要从低能态跃迁到高能态,必须吸收 ΔE 的能量。让处于外磁场中的自旋核接受

一定频率的电磁波辐射,当辐射的能量恰好等于自旋核两种不同取向的能量差时,处于低能态的自旋核吸收电磁辐射能跃迁到高能态,即发生核磁共振。核磁共振的基本关系式为

$$v = \frac{r}{2\pi} B_0$$

同一种核,r 为常数,磁场 B_0 强度越大,共振频率越大。在进行核磁共振实验时,所用的磁场强度越高,发生核磁共振所需的射频频率也越高。

目前研究得最多的是 ^1H 的核磁共振和 ^{13}C 的核磁共振。^1H 的核磁共振称为质子磁共振(proton magnetic resonance),简称 PMR,也表示为 ^1H-NMR。^{13}C 核磁共振(carbon－13 nuclear magnetic resonance)简称 CMR,也表示为 ^{13}C-NMR。

通过上述可知,使 ^1H 发生核磁共振的条件是必须使电磁波的辐射频率等于 ^1H 的回旋频率。可以采用两种方法达到这个要求:一种方法是扫频,逐渐改变电磁波的辐射频率 v_2 当辐射频率与外磁场感应强度 B_0 匹配时,即可发生核磁共振;另一种方法是固定辐射波的辐射频率,然后从低场到高场,逐渐改变外磁场感应强度,当 B_0 与电磁波的辐射频率 v_2 匹配时,也会发生核磁共振,这种方法称为扫场。一般仪器都采用扫场的方法。

3. 饱和与弛豫

^1H 的自旋量子数是 $I = \frac{1}{2}$,所以自旋磁量子数 $m = \pm \frac{1}{2}$,即氢原子核在外磁场中有两种取向。^1H 的两种取向代表了两种不同的能级,在磁场中,$m = +\frac{1}{2}$ 时,$E = -\mu B_0$,能量较低,而 $m = -\frac{1}{2}$ 时,$E = +\mu B_0$,能量较高,两者的能量差为 $\Delta E = 2\mu B_0$。

由于两种能级状态之间的能量差很小,故低能级核的总数仅占很少的多数(每 100 万个核中,低能级的氢核比高能级核多 10 个)。对每个核来说,从低能级向高能级或由高能级向低能级跃迁的概率是一样的。但低能级核的数目较多,因此总体上会产生净吸收现象,即产生 NMR 信号。NMR 的信号正是依靠这些微弱过剩的低能态核吸收射频电磁波的辐射能

跃迁到高级而产生的。如高能态核无法返回到低能态,那么随着跃迁的不断进行,这种微弱的优势将进一步减弱直到消失,此时处于低能态的 ^1H 核数目与处于高能态核数目逐渐趋于相等,与此同步,NMR 的信号也会逐渐减弱直到最后消失。这种现象称为饱和。

在正常情况下,在测试过程中,高能级的核可以通过非辐射的方式从高能级回到低能级,这种现象叫做弛豫(relaxation)。因为各种机制的弛豫,使得在正常测试情况下不会出现饱和现象。弛豫的方式有两种:$E = +\mu B_0$

①自旋晶格弛豫,又叫纵向弛豫,是指处于高能态的核把能量以热运动的形式传递出去,由高能级返回低能级,即体系向环境释放能量,本身返回低能态,这个过程称为自旋晶格弛豫。自旋晶格弛豫降低了磁性核的总体能量,又称为纵向弛豫。自旋晶格弛豫的半衰期用 T_1 表示,越小表示弛豫过程的效率越高。

②自旋—自旋弛豫,又叫横向弛豫,是指两个处在一定距离内,进动频率相同、进动取向不同的核互相作用,交换能量,改变进动方向的过程。自旋—自旋弛豫中,高能级核把能量传递给邻近一个低能级核,在此弛豫过程前后,各种能级核的总数不变,其半衰期用 T_2 表示。

对每一种核来说,它在某一较高能级平均的停留时间只取决于 T_1 和 T_2 中较小者。谱线

的宽度与弛豫时间较小者成反比。固体样品的自旋-自旋弛豫的半衰期 T_2 很小,所以谱线很宽。所以,在用 NMR 分析化合物的结构时,一般将固态样品配成溶液。此外,溶液中的顺磁性物质,如铁、氧气等物质也会使 T_1 缩短而谱线加宽。所以测定时样品中不能含铁磁性和其他顺磁性物质。

11.2.2　核磁共振仪

根据扫描方式的不同,核磁共振仪可分为两大类,连续波核共振仪和脉冲傅里叶变换核磁共振仪。

1. 连续波核磁共振仪

连续波 CW(Continuous Wave)是指射频的频率或外磁场的强度是连续变化的,即进行连续扫描,一直到被观测的核依次被激发发生核磁共振。CW-NMR 仪的基本结构如图 11-8 所示,它是由磁铁、探头、射频发生器、射频接收器、扫描发生器、信号放大及记录仪组成。

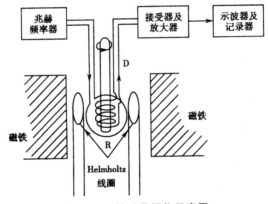

图 11-8　核磁共振仪示意图

R 为照射线圈,D 为接收线圈,Helmholtz 线圈是扫场线圈,通直流电用来调节磁铁的磁场强度。R、D 与磁场方向三者互相垂直,互不干扰。

射频是由照射频率发生器产生,通过照射线圈 R 作用于试样上。试样溶液装在样品管中插入磁场,样品管匀速旋转以保障所受磁场的均匀性。用扫场线圈调节外加磁场强度,若满足某种化学环境的原子核的共振条件时,则该核发生能级跃迁,核磁矩方向改变,在接收线圈 D 中产生感应电流(不共振时无电流)。感应电流被放大、记录,即得 NMR 信号。若依次改变磁场强度,满足不同化学环境核的共振条件,则获得核磁共振谱。这种固定照射频率,改变磁场强度获得核磁共振谱的方法称为扫场(Swept Field)法。若固定磁场强度,改变照射频率而获得核磁共振的方法称为扫频(Swept Frequency)法。这两种方法都在高磁场中,用高频率对样品进行连续照射,因此,称为连续波核磁共振 NMR,简称 CW-NMR。

2. 脉冲傅里叶变换核磁共振仪

连续波核磁共振谱仪采用的是单频发射和接收方式,在某一时刻内,只记录谱图中的很窄一部分信号,即单位时间内获得的信息很少。在这种情况下,对那些核磁共振信号很弱、化学位移范围宽的核,如 ^{13}C、^{15}N 等,一次扫描所需时间长,又需采用多次累加。为了提高单位时间的信息量,可采用多道发射机同时发射多种频率,使处于不同化学环境的核同时共振,再采用多道接收装置同时得到所有的共振信息。例如,在100MHz共振仪中,质子共振信号化学位移范围为10时,相当于1000Hz;若扫描速度为2Hz/s,则连续波核磁共振仪需500s才能扫完全谱。而在具有1000个频率间隔1Hz的发射机和接收机同时工作时,只要1s即可扫完全谱。显然,后者可大大提高分析速度和灵敏度。

脉冲傅里叶变换共振仪(PFT—NMR)是以适当变频的射频脉冲作为"多道发射机",使所有的核同时激发,得到全部共振信号。当脉冲发射时,试样中每种核都对脉冲中单个频率产生吸收。接受器得到自由感应衰减信号(FID),这种信号是复杂的干涉波,产生于核激发态的弛豫过程。FID信号经滤波、模/数(A/D)转换器数字化后被计算机采集。FID数据是时间(f)的函数,再由计算机进行傅里叶变换运算,使其转变成频率(v)的函数,最后经过数/模(D/A)转换器变换模拟量,显示到屏幕上或记录在记录纸上,就得到通常的NMR谱图。

傅里叶变换核磁共振仪测定速度快,除可进行核的动态过程、瞬变过程、反应动力学等方面的研究外,还易于实现累加技术。因此从共振信号强的^{1}H、^{19}F到共振信号弱的^{13}C、^{15}N核,都可测定。

11.2.3 核磁共振解析

1. 核磁共振氢谱谱图解析

核磁共振谱由化学位移、偶合常数及峰面积积分曲线分别提供了含氢官能团、核间关系及氢分布等三方面的信息。图谱解析就是利用这些信息进行定性分析及结构分析。

(1)核磁共振氢谱解析的一般程序

①首先检查内标物的峰位是否准确,底线是否平坦,溶剂中残存的^{1}H信号是否出现在预定的位置。

②根据已知分子式,可算出不饱和度Ω。

③根据谱图中的积分曲线求出各峰组所对应的氢数分布。

④可先解析$\delta < 4.5$的孤立甲基峰,例如CH_3-O-、CH_3-N-、CH_3-Ar、CH_3CO-等均为单峰(3H,s)。

⑤解析低场共振峰,醛基氢10,酚羟基氢$\delta 9.5 \sim 15$,羧基氢$\delta 11 \sim 12$,烯醇氢$\delta 14 \sim 16$。

⑥把滴加D_2O后测得的谱图与滴加D_2O前比较,解释消失的活泼氢信号(OH、NH、SH、COOH等)。

⑦计算$\frac{\Delta\delta}{J}$,确定图谱中的一级与二级偶合部分。先解析图谱中的一级偶合部分,由共振峰的化学位移值、小峰数目及偶合常数,解释一级偶合系统。

⑧解析图谱中二级偶合部分,先查看$\delta 7$左右是否有芳氢的共振峰,按分裂图形确定自旋系统及取代位置。难解析的二级偶合系统可先进行纵坐标扩展,若不能解决问题,可更换高场强仪器或运用双照射等技术测定;也可用位移试剂使不同基团谱线的化学位移拉开,从而使图谱简化。

⑨根据各组峰和偶合关系的分析,推出若干结构单元,最后组合为几种可能的结构式。

⑩结构初定后,查表或计算各基团的化学位移,核对偶合关系与偶合常数是否合理。已发表的化合物,可查标准光谱核对,或利用UV、IR、MS、^{13}C-NMR等信息加以确认。

2. 核磁共振氢谱的解析

^{1}H NMR 核磁共振图谱提供了积分曲线、化学位移、峰形及耦合常数等信息。^{1}H NMR 图谱的解析就是合理分析这些信息,正确地推导出与图谱相对应的化合物的结构。

^{1}H NMR 图谱解析的步骤为:

①检查谱图是否规则。四甲基硅烷的信号应在零点,基线平直,峰形尖锐对称,积分曲线在没有信号的地方应平直。有的基团,如—$CONH_2$ 峰形较宽。若有 Fe 等顺磁性杂质或氧气,会使谱线加宽,应先除去。

②识别"杂质"峰,在使用氘代溶剂时,由于有少量未氘代溶剂的质子存在,会在谱峰上出现一个 ^{1}H 的小峰。另外,溶剂中常有少量水,会出现另一个峰,在不同溶剂中水峰的位置不同。确认旋转边带,可用改变样品管旋转速度的方法,使旋转边带的位置也改变。

③已知分子式先算出不饱和度。

④根据积分曲线算出各组信号的相对面积,再参考分子式中氢原子数目,来决定各组峰代表的质子数目。也可用可靠的甲基信号或孤立的次甲基信号为标准计算各组峰代表的质子数。

⑤先解析 CH_3O—、CH_3N—、CH_3Ph—、CH_3—C≡C、CH_3—C=O 等孤立的甲基信号,这些甲基为单峰。

⑥识别低场的信号,醛基(—CHO)、羧基(—COOH)、烯醇(—C=C—OH)、磺酸基质子(—SO_3H)δ 均在 9～16。再考虑其他耦合峰,推导基团的相互关系。

⑦解释芳烃信号,一般在 6.5～8 附近,经常是一组耦合常数有大(邻位耦合)、有小(间位、对位耦合)的峰。

⑧若有活泼氢(—OH、—NH_2、—COOH 等),可以加入重水交换,由于这些氢能与 D_2O 发生交换而使活泼氢的信号消失,因此对比重水交换前后的图谱可以基本判别分子中是否含有活泼氢。

⑨识别图中的一级裂分谱,读出 J 值,验证 J 值是否合理。

⑩若谱图复杂,可以应用位移试剂、双共振技术等简化图谱。

⑪结合元素分析、红外光谱、紫外光谱、质谱、^{13}C-NMR 和化学分析的数据推导化合物的结构。

⑫核对各组信号的化学位移和耦合常数与推定的结构是否相符,已知物可再与标准谱图对照来确定。可用萨特勒(Sadtler)图谱集手工查找,也可在一些网站上用计算机查找。

11.2.4　核磁共振波谱法在环境分析中的应用

自从 20 世纪 70 年代后期以来,核磁共振成为鉴定有机化合物结构的最重要工具。这是因为核磁共振可提供多种一维、二维谱,反映了大量的结构信息。再者,所有的核磁共振谱具有很强的规律性,可解析性最强。以上两点是任何其他谱图(质谱、红外、拉曼、紫外等)所无法相比的。核磁共振 NMR(Nuclear Magnetic Resonance)技术作为当前世界上的尖端技术,随着科学技术的发展,核磁共振技术广泛应用于物理学、化学、环境科学、生物学、医学和食品科学等领域。

1.在腐殖质研究中的应用

土壤有机质是土壤固相的组成部分,也是土壤形成的重要物质基础。土壤有机质来自自然回归到土壤中的各种动植物残体及人工施入的各种有机肥料。这些有机质在物理、化学、生物因素的共同作用下,绝大部分较快地分解为水和二氧化碳,只有一小部分转变为另一种形态的物质,就是土壤腐殖质。

^{13}C NMR 开始只能测定液体样品,灵敏度不高,由于腐殖质是部分可溶的,因此实验结果的可靠性存在很大的问题,这就限制了它的应用。采用固相核磁共振波谱(CPMASl^{13}C NMR)的分析手段之一。

2.^{27}Al 核磁共振波谱法测定环境生物样品中铝元素含量

近二十年来,高分辨率^{27}Al 核磁共振,广泛应用于研究 Al 能对不同的样品进行测定,提高了测定腐殖质的灵敏度,并且能直接测定土壤样品,这样可以真实地反映腐殖酸的结构特征,因此^{13}C NMR 核磁共振波谱已成为腐殖质研究中主要(Ⅲ)离子水解过程,Al(Ⅲ)与环境生物配体的配位化学,环境与生物样品中铝含量测定和形态分析,监测铝在植物、动物、酵母菌等微生物中的转运过程,具有快速、直接、非破坏性等优点。^{27}Al 核磁共振波谱不仅适用于高浓度的溶液,也可应用于低浓度(10^{-6}mol/L)的实际环境、生物样品。

3.在环境水质监测中的应用

SNMR(Surface Nuclear Magnetic Resonance)方法直接探查地下水是 NMR 技术应用的新领域,是最近出现的直接测定物质成分进行无损检测的地球物理新方法。该方法探查诸如烃类物质中含有质子的液体,国内外研究得甚少,俄罗斯科学院的专家们率先在这方面进行了试验研究,已经证实该方法试验结果是正确的。

现在从环境调查和治理的角度考虑,需要了解原有的固体废料处理场的确切范围和对环境污染状况,特别是评价地下水是否被污染和污染程度,SNMR 方法可以提供定量信息。

电阻率法、谱激电法对地下水污染反映很敏感,SNMR 方法能够区分电阻率法的异常性质,并能提供探测目标的新参数。这样,各方法的优势互补,用多参数来评价地下水的污染程度,为环境污染治理提供信息。

11.3　联用技术

11.3.1　联用技术概述

1.联用技术定义与原理

联用技术指两种或两种以上的分析技术结合起来,重新组合成一种以实现更快速、更有效地分离和分析的技术。

联用技术是指两种以上仪器和方法联合起来使用。这是一种复合的方法,至少使用两种分析技术:一种是分离物质,一种是检测定量。这两种技术由一个界面联用,因此检测系统一定兼容分离过程。目前常用的联用技术是将分离能力最强的色谱技术与质谱或其他光谱检测技术相结合。色谱法具有高分离能力、高灵敏度和高分析速度的优点;质谱法、红外光谱法和核磁共振波谱法等对未知化合物有很强的鉴别能力；色谱法和光谱法联用可综合色谱法分离技术和光谱法优异的鉴定能力，成为分析复杂混合物的有效方法。

2. 联用技术的分类及优点

既然常用的联用技术通常为将分离能力最强的色谱技术与质谱或其他光谱检测技术相结合，我们可以按照参与联用的起分离作用的色谱技术及具有鉴别能力的光谱检测技术的联用方式对联用技术进行分类，如非在线联用和在线联用；也可以根据参与联用的色谱技术及光谱检测技术的具体种类对联用技术进行分类，如气相色谱—质谱联用、液相色谱—质谱联用；当然也可以将单纯的分离技术联用或单纯的检测技术联用，如色谱—色谱联用、质谱-质谱联用。

（1）联用技术的分类

色谱是一种很好的分离手段，可以将复杂混合物中的各个组分分离开，但是它的定性和结构分析能力较差，通常只利用各组分的保留特性，通过与标准样品或者标准谱图对比来定性，这在欲定性的组分完全未知的情况下进行定性分析就更加困难了。而随着一些定性和结构分析的分析手段——质谱、红外光谱、原子光谱、等离子体发射光谱、核磁共振波谱等技术的完善和发展，确定一个纯组分是什么化合物，其结构如何已经是比较容易的事。在这些定性和结构分析仪器的发展初期，为了对色谱分离出的某一纯组分定性、定结构，人们往往是将色谱分离后的欲测组分收集起来，经过适当处理，将欲测组分浓缩和除去干扰物质后，再利用上述定性和结构分析技术进行分析。这种联用是脱机、非在线的联用。

根据起鉴别能力的光谱检测技术不同对联用技术进行分类。

① 色谱—质谱联用。在气相色谱—质谱联用仪器中，由于经气相色谱柱分离后的样品呈气态，流动相也是气体，与质谱的进样要求相匹配，这两种仪器最容易联用，因此，这种联用技术是开发最早，实现商品化最早的仪器，普遍适用于环境中挥发性有机物，包括金属有机物的分析。

② 色谱—原子光谱联用。原子光谱（原子吸收光谱和原子发射光谱）主要用于金属或非金属元素的定性、定量分析，而色谱主要用于有机化合物的分析、分离和纯化，因此这两种分析技术的联用在过去很少有人研究。但近年随着有机金属化合物研究的不断深入，特别是人们发现某些元素（如铅、砷、汞、铬等）的不同价态或不同形态不仅对人们健康的影响有很大差别，而且对环境危害的程度也有很大差别。要对这些元素的不同价态或不同形态进行测定和研究，就要对这些元素的不同价态或不同形态进行分离，这时色谱就成为最有力的分离方法，而分离后的定量分析又是原子光谱的特长。因此近年有关色谱—原子光谱联用技术的研究报道文献大量出现。其实带有火焰光度检测器（FPD）的气相色谱仪应是最早的气相色谱—原子光谱联用仪。

③ 色谱—红外光谱联用。红外光谱在有机化合物的结构分析中有着重要作用，而色谱又是有机化合物分离纯化的最好方法，因此，色谱与红外光谱的联用技术一直是有机分析化学家十分关注的问题。在傅里叶变换红外光谱仪出现以后，由于扫描速度和灵敏度都有很大提高，解决了色谱和红外光谱联用时扫描速度慢的最大障碍，使色谱仪和傅里叶变换红外光谱仪联用有了很大发展。

④ 色谱—电感耦合等离子体质谱联用。色谱—电感耦合等离子体质谱联用是近年来兴起的新技术，由于电感耦合等离子体质谱具有诸多的优点，发展十分迅速，尤其是在分析环境中

有害元素的形态时十分有用。

⑤色谱—色谱联用。色谱—色谱联用技术(多维色谱)是将不同分离模式的色谱通过接口联结起来能完全分离样品的分离和分析。用于单一分离模式不能完全分离的样品分离与分析。

3. 联用技术的优点

联用技术既可以发挥某种仪器(方法)的特长,又可相互补充相互促进,如色谱—质谱—计算机联用,这些方法的灵敏度达 pg、ng 级;同时,联用技术增加了获得数据的维数,数据的多维性提供了比单独一种分离技术或光谱技术更多的信息。

11.3.2 常用的联用技术

1. 色谱—质谱联用

(1)气相色谱—质谱联用

气相色谱质谱(GC—MS)联用仪是开发最早、实现商品化最早的色谱联用仪器。现在,小型台式 GC—MS 联用仪和各种专用型的 GC—MS 联用仪已成为许多实验室不可缺少的常规分析工具。GC—MS 普遍适用于环境中挥发性有机物,包括金属有机物的分析。

气相色谱法和质谱法的许多共同点是这两种分析技术联用的有利条件:

①气相色谱分离和质谱分析过程都是在气态下进行的。

②气相色谱分析的化合物沸点范围适于质谱分析。

③气相色谱法和质谱法的检测灵敏度相当,气相色谱分离的组分足够质谱检测。

④气相色谱法和质谱法对样品的制备和预处理要求有相同之处。

⑤气相色谱法和质谱法都是分析混合物的理想工具。

基于这些共同点,使得不同档次的气相色谱和质谱在联用时,几乎不用更改各自的结构。

(2)液相色谱—质谱联用

液相色谱—质谱(LC—MS)联用要比气相色谱—质谱联用困难得多,主要是因为液相色谱是液相分离技术,如果让液相色谱的流动相(液体)直接进入质谱,将严重破坏质谱系统的真空,也将干扰被测样品的质谱分析。因此液相色谱—质谱联用技术发展得较慢,曾经出现过各种类型的接口。经过了约 30 年的发展,直到电喷雾电离(ESI)接口和大气压电离(API)接口出现,才有了成熟的商品液相色谱-质谱联用仪。

2. 色谱-原子光谱联用

原子光谱(原子吸收光谱和原子发射光谱)主要用于金属或非金属元素的定性、定量分析,而色谱主要用于有机化合物的分析、分离和纯化,因此这两种分析技术的联用在过去很少有人研究。但近年随着有机金属化合物研究的深入,特别是人们发现某些元素(如铅、砷、汞、铬等)的不同价态或不同形态不仅对人们健康的影响有很大的差别,而且对环境危害的程度也有很大差别。要对这些元素的不同价态或不同形态进行测定和研究,就要对这些元素的不同价态或不同形态进行分离,这时色谱就成为最有力的分离方法,而分离后的定量分析又是原子光谱的特长。因此近年来在文献中大量出现了色谱原子光谱联用技术的研究报道。其实带有火焰光度检测器(FPD)的气相色谱仪应是最早的气相色谱—原子光谱联用仪。

3. 色谱—核磁共振波谱联用

核磁共振波谱(NMR)是分析有机化合物结构的强有力工具,但是要实现色谱和核磁共振波谱的在线联用是目前色谱联用技术中最困难的,主要是因为:

①核磁共振波谱的灵敏度低,需要延长采集信号的时间,这与色谱峰的出峰时间很短矛盾。

②核磁共振波谱一般采用将样品管在磁场中以较高速度旋转来使通过样品的磁场均匀,这也造成了它与色谱的在线联用比较困难。

③核磁共振波谱在测质子谱时为避免溶剂中的质子干扰,必须使用氘代溶剂或非含氢溶剂(如四氯化碳等),但是若氘代溶剂作为色谱流动相,将使分析成本大大提高,而四氯化碳又很难使用于色谱上。测定核磁共振碳谱时,如果存在于色谱流动相中也将干扰其测定。

综上这些原因使得色谱与核磁共振波谱联用技术的进展缓慢,是目前使用最少的色谱联用技术。但是目前也有少量色谱与核磁共振联用的商品仪器出现。

4. 色谱—傅里叶变换红外光谱联用

红外光谱在有机化合物的结构分析中有着很重要的作用,而色谱又是有机化合物分离纯化的最好方法。在傅里叶变换红外光谱出现以前,由于棱镜或光栅型红外光谱的扫描速度很慢,灵敏度也低,色谱与红外光谱在线联用时,往往只能采用停流的方法,即在需要检测的组分流动到检测池时使流动相停止流动,然后再进行红外扫描,以获取该组分的红外光谱图。这种方法仅对气相色谱和某些正相液相色谱可行。不适用于反相液相色谱。在傅里叶变换红外光谱出现后,扫描速度和灵敏度都有很大提高,解决了色谱和红外光谱联用时扫描速度慢的最大障碍,使得色谱—傅里叶变换红外光谱联用有了很大进展。

5. 色谱—色谱联用

对于某些复杂样品,用一根色谱柱,用一种色谱分离模式,无论怎么优化色谱参数也无法使其中某些组分得到很好的分离。有人提出用多根色谱柱的组合来实现完全分离。例如:有时由于主成分含量很高出现主峰拖尾,主峰尾部有一个得不到满意分离的痕量组分。可将带有少量主峰组分的痕量组分切割出来,再进行一次色谱分离,就可以将其与主组分很好地分开,以便对痕量组分进行定性定量分析。对于样品中某些损害色谱柱的组分,可以在样品进入色谱柱之前就采用某种适当的色谱分离方法将有害组分与欲测组分分离开,使得仅仅是欲测组分进入色谱分离柱。这些问题的解决都需要将不同类型的色谱,或同一类型不同分离模式的色谱连接在一起,这就是色谱—色谱联用技术(多维色谱)。

国外色谱联用技术已经较普遍地应用到环境科学研究和检测领域,其中有很多方法被指定为国家或者行业标准方法。但是在我国,色谱联用技术的应用尚未普及。为了解决环境监测中复杂困难的分析技术问题(比如污染物的来源复杂、含量低、要求快速分析等),采用色谱联用技术检测环境污染物是必然趋势。

11.3.3 联用技术在环境分析中的应用

1. 色谱—质谱联用技术在环境分析中的应用

色谱质谱联用技术在环境分析中用于测定大气、降水、土壤、水体及其沉淀物或污泥、工业废水及废气中的农药残留物、多环芳烃、卤代烷、硝基多环芳烃、多氯二苯并二噁英、多氯二苯并呋喃、酚类、多氯联苯、恶臭、有机酸、有机硫化合物和苯系物、氯苯类等挥发性化合物，以及多组分有机污染物和致癌物。此外，还用于光化学烟雾和有机污染物的迁移转化研究。

色谱—质谱联用技术在环境有机污染物分析中占有极为重要的地位，这是因为环境污染物试样具有以下特点。

①样品体系非常复杂，普通色谱保留数据定性方法已不够可靠，需有专门的定性工具，才能提供可靠的定性结果。

②环境污染物在样品中的含量极微，一般为 $10 \sim 10^9$ 数量级，分析工具必须具有极高灵敏度。

③环境样品中的污染物组分不稳定，常受样品的采集、储存转移、分离以及分析方法等因素的影响。

2. 色谱—原子光谱联用技术在环境分析中的应用

色谱—原子光谱联用技术在环境分析中主要用来对环境中金属及非金属污染物的化学形态进行分析。

目前，HPLC—ICP—AES 已成功应用于海洋生物中 As 的化学形态分析。Rubio 等利用 Hamilton PRPX—100 分离含 As(Ⅲ)、As(V)、二甲基次胂酸钠及甲基胂酸二钠的水样，洗脱物用低压汞灯辐照，$K_2S_2O_8$ 氧化，经 $NaBH_4$ 还原成 AsHa 测定。Emteborg 开发了微孔柱离子色谱与塞曼效应石墨炉原子吸收（ETAAS）联用技术，将以 $80\mu L/min$ 低流速的色谱流出物用小体积液体定量收集杯收集存留，定时将定量杯中试样注入 ETAAS 检测，很好地解决了连续过程和间歇过程，使用该装置测定生物样和水样中的硒化合物绝对检出限低于 0.1ng，与 HPLC—ICP—MS 检出限相当。

3. HPLC—^{1}H NMR 在环境分析中的应用

在环境要素大气、水土壤中存在着大量由工农业生产产生的有机污染物，影响着我们的生活。对于可挥发性和半挥发性有机污染物一般采用 GC—MS 分析，对于不挥发性有机污染物，就只能用 HPLC MS 分析了。但是不论 GC—MS 还是 HPLC—MS，对于一些同分异构体的确认存在着很大的困难，而有些有机污染物的分子结构会对它的毒性、在环境中的迁移转化产生巨大影响，因此这时就需要 NMR 分析，HPLC—^{1}H NMR 联用技术将会起到很大作用。

在环境分析中，一般可分为已知污染物的分析（target analysis）和未知污染物的分析（non-target analysis），前者是要分析已知污染物的含量，通常使用 GC—MS 或 HPL.C—MS 就可以了；而后者是要分析这些未知污染物的结构，需要知道这些未知污染物是什么，以便了解这些未知污染物的来源、对生物体的毒性及对环境危害的大小，当这些未知污染物存在同分异构体时，往往要使用 HPLC—^{1}H NMR 联用技术进行分析。

使用 HPLC—NMR 仪器对样品进行分析，可以迅速准确地确定样品中的各种微量物质的种类数量,并且随着硬件技术的改进和使用富集预处理,已经能从样品中检测到超痕量级的物质。HPLC—NMR 在环境分析中的第一次应用是在 Godejonann 在 1997 年报道的用 HPLC—^{1}H NMR 方法对二战期间德国军火仓库周边地区的地下水和土壤被军火污染的情况进行分析。所用设备为短的 C_{18} 柱 HPLC 和 ^{1}H NMR,采用连续流操作方式对富集处理后的水样中的爆炸物及其衍生物作了分析,共确定了 3 份不同地层深度水样的 23 种污染物。分析结果表明使用这种方法检测水样中爆炸物信噪比好,检测限低(小于 $1\mu g$)。后来 Godejonann 用 HPLC—NMR 作了环境样品中爆炸产物的定量分析。目前 HPLC—NMR 在环境分析中应用的研究正逐渐深入。

在土壤中乙酰苯胺类除草剂甲草胺会转变成甲草胺—乙磺酸(甲草胺—ESA),甲草胺及其代谢物的特殊结构使它们能够形成对应异构体,由于 O=C—N 键并不能任意旋转以及刚性芳香环作用时的两种构型不能快速地相互转变,因此可以用色谱将两种构型分离。Cardoza 等将两种异构体使用 HPLC 分离,然后使用 NMR 对各自的构型转化速率进行测定。

HPLC—NMR 在环境样品的分析检测中将会得到很好的应用,高效的分离、准确的结构测定是进行复杂样品分析的有力工具。随着 NMR 技术的不断发展以及高灵敏度 NMR 的运用,HPLC—NMR 检测技术必将有着广阔的前景。

4. 色谱—电感耦合等离子体—质谱联用在环境分析中的应用

GC—ICP—MS 法是测定有机锡的最新方法。在环境中,三丁基锡可以分解为二丁基锡、一丁基锡和无机锡,且在一定环境条件下还可以生成甲基锡化合物。即使 1ng/L 的三丁基锡也对水生生物有毒害作用,因此研究开发高灵敏度的监测方法是环境科学工作者的重要研究领域。在 GC—ICP—MS 法中,用长毛细管 GC 柱达到良好的分离效果,用 ICP—MS 进行高灵敏度测量,若是用 PTV(Programmed Temoerature Vaporization)进样系统可将大体积试样一次性导入 GC,可以显著提高检测能力,将 1L 海水中的有机锡衍生化后浓缩为 1mL,将 $25\mu L$ 注入 GC,可检测出 1pg/L 的有机锡,以三丙基锡(0.5ng/L)为内标,达到了良好的分析效果。在其他种类的有机金属化合物测定中,GC—ICP—MS 法也能发挥重要作用,当水样为 0.5～1L 时,检出限的绝对量约为 5fg 级,可以测量 1pg/L 的极低浓度的有机金属化合物,如有机汞、有机镍、有机铅等。

第12章　环境样品有机污染物分析的预处理新技术

12.1　固相萃取

12.1.1　固相萃取的基本原理和特点

1. 固相萃取的基本原理

固相萃取(Solid Phase Extraction,SPE)是由液－固萃取和柱液相色谱技术相结合发展起来的一种新萃取技术。它是一种填充固定相的短色谱柱,用以浓缩被测组分或除去干扰物质。

SPE是一个柱色谱分离过程,分离机理、固定相和溶剂的选择与HPLC有许多相似之处。SPE柱的填料粒径($>40\mu m$)要比HPLC填料($3\sim10\mu m$)大,柱效很低,一般只能获得$10\sim50$塔板。固相萃取过程可分为吸附和洗脱两个部分。在吸附过程中,当溶液通过吸附剂时,被测组分由于与固定相作用力较强被吸附留在吸附剂上,并因吸附作用力的不同而彼此分离,样品基质及其他成分与固定相作用力较弱而随水流出萃取柱(盘)。在此过程中,由于共吸附作用、吸附剂选择性等因素的存在,部分干扰物也会在吸附剂上吸附。然后用一种或几种混合溶剂进行清洗,使杂质脱离萃取柱,最后再用少量的溶液洗脱分析物。

借助SPE所要达到的目的是:①从样品中除去对后续分析有干扰的物质;②富集痕量组分;③变换样品溶剂,使之与分析方法相匹配;④原位衍生;⑤样品脱盐;⑥便于样品的储存和运送。其主要的作用是富集和净化。

2. 固相萃取的特点

SPE同传统的液－液萃取法相比,主要有以下几个特点:

①萃取过程简单快速,所需时间是液－液萃取法的1/10,简化了样品预处理操作步骤,缩短了预处理时间。

②所需有机溶剂也只有液－液萃取法的10%,减少杂质的引入,降低了成本,并减轻了有机溶剂对环境和人体的影响。

③克服了乳化现象的发生,保证了样品中痕量目标物质的回收。

④萃取精度高、范围广,可应用于环境样品中多种痕量物质的检测。

⑤操作条件温和,适应的pH范围广。

⑥效率高,固相萃取与TLC、GC－MS、HPLC－MS、CE等技术联用,实现了在线操作,自动化程度大大提高,可以进行大批量的物质测定。

⑦处理过的样品易于贮藏、运输,便于实验室间进行质控。

12.1.2　固相萃取装置

固相萃取的装置可分为柱形和盘形两种。

1. 固相萃取柱

图 12-1 是柱形萃取管示意图。萃取管柱体为容积 1～6mL 的聚丙烯管,在两片聚乙烯筛板之间填装 0.1～2g 吸附剂,使用最多的是 C_{18} 相,也可选用玻璃、纯 PTFE 作为柱体材料。图 12-2 为固相萃取装置。为了加速样品溶液流过,可接真空系统。将多个同样或不同样品的固相萃取柱置于一架子上,下接好相应的容器,再一并装入箱中,箱子再与真空系统连接。这样就可以同时进行多个固相萃取柱处理。

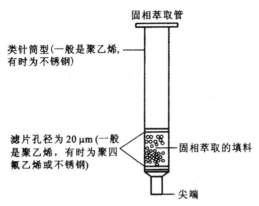

图 12-1　柱形萃取管示意图

图 12-2　固相萃取装置

SPE 操作简便,应用范围广,但在实际应用中仍存在一些问题:由于柱径较小,使流速受到限制,通常在 1～10mL/min 范围内使用;采用 40μm 左右的固定相填料,若采用较大的流速会产生动力效应,妨碍某些组分有效地收集;对于相对较脏的样品,容易将柱堵塞;40μm 颗粒的填充柱,易造成填充不均匀,出现缝隙,降低柱效。为克服这些缺点,可采用 SPE 盘。

2. 固相萃取盘

SPE 盘是含有填料的 PTFE 圆片或载有填料的玻璃纤维片,填料约占 SPE 盘总量的 60%～90%,盘厚度约 1mm。填料颗粒紧密地嵌在盘片内,萃取时无沟流形成(图 12-3)。盘式萃取的截面积比柱约大 10 倍,因而允许液体样品以较高的流量通过,适合从水中富集痕量的污染物。1L 干净的地表水通过直径 50mm 的 SPE 盘仅需 15～20min。图 12-4 所示为与 SPE 圆盘配套使用的固定器。

图 12-3　固相萃取盘

图 12-4　固相萃取盘固定器

盘状固相萃取剂可分为三大类:①由聚四氟乙烯网络包含了化学键合的硅胶或高聚物颗粒填料;②由聚氯乙烯网络包含了带离子交换基团或其他亲和基团的硅胶;③衍生化膜。上述三类膜中只有聚四氟乙烯网络状介质与普通固相短柱相仿,用于萃取金属离子及各种有机物,后两类主要用于富集生物大分子。

12.1.3　固相萃取分类、选择及方法

1. 固相萃取的分类

按照操作的不同,固相萃取可分为离线萃取和在线萃取。离线萃取是指萃取过程完成后再使用分析仪器进行测定。在线萃取指萃取和分析同步完成,可靠性、重现性、操作性能和工作效率都得到很大程度的提高。由于 GC—MS、HPLC—MS 等技术的广泛应用,在线萃取已经成为固相萃取技术的发展方向。

目前,市场上主要有法国吉尔森公司生产的全自动四通道固相萃取仪(图 12-5)。

图 12-5　全自动四通道固相萃取

仪器由主机、注射泵、控制部分、样品架管、溶剂管架、固相萃取管架等部分构成。它采用一个三维立体运动机械臂,可以自动在线进行样品的固相萃取,自动完成 SPE 的全部操作,包括固相萃取柱的预处理,样品的添加,固相萃取剂柱的洗涤、干燥,样品的洗脱和在线浓缩等步骤,并且可以进行多步洗脱。

全自动固相萃取仪除了能完成固相萃取工作外,还可以作为一台自动液体样品处理仪使用,可以自动进行样品的分配与稀释、标准样品的添加、样品的混合、样品的衍生化、调节 pH。由于仪器自动设定在每次更改样品或溶剂前都会对系统进行清洗,所以能有效避免交叉污染。该仪器标配中有一个进样阀,可以与 HPLC 连接组成在线样品纯化分析系统,还可以选择增加第二个阀进行双 HPLC 进样或者进行柱切换等。仪器连接大体积进样器后,可与 GC 联用进行在线样品纯化及分析。如果 gC 已配备大体积进样器,则可方便地用一根毛细管将其与GC 的大体积进样器连接,实现样品的自动固相萃取及自动 GC 进样。

按照选用吸附剂的不同,固相萃取可分为正相、反相和离子交换固相萃取。

RP－SPE 所用的吸附剂和目标化合物通常是非极性或极性较弱的,吸附剂极性小于洗脱液的极性,反相萃取过程中,目标成分的碳氢键与吸附表面官能团产生非极性作用(包括范德华力或色散力),使得极性溶剂中的非极性以及中等极性的物质在吸附剂表面吸附、富集。

NP－SPE 所用的吸附剂都是极性的,并且吸附剂极性往往大于洗脱液的极性,正相萃取过程中,目标成分的极性官能团与吸附表面的极性官能团发生极性作用(氢键、$\pi-\pi$ 键相互作用、偶极—偶极相互作用和偶极—诱导偶极相互作用以及其他的极性—极性作用),从而使溶解于非极性溶剂中的极性物质在吸附剂表面吸附、富集。

离子交换固相萃取又分为强阳离子固相萃取和强阴离子固相萃取两种,所用的吸附剂是带电荷的离子交换树脂,作用机理都是目标成分的带电基团与键合硅胶上的带电基团产生离子静电吸引,从而实现吸附分离。目前许多新型的固相吸附剂常常综合应用多种作用机制,从而扩展了各种固相萃取方法的范围。

2. 固相萃取模式的选择

选择固相萃取分离模式和吸附剂时,应考虑以下几点。

①凡是极性基体中含有待分析脂溶性化合物的都可以用反相柱处理。

②对于含有极性基团的脂溶性化合物,可用极性的键合固定相处理。

③对于含有可电离的离子基团的有机物,如果碳键很长或碳数很多,可直接用反相固定相处理;如果在反相柱中保留很小,则可采用反相离子对萃取;对于含有多种离子基团的有机物,则用离子交换固定相。

④如果样品组分中同时含有离子型化合物和中性分子,可采用离子对 SPE 萃取,当然也可以分别处理。

⑤非极性基体中的极性化合物,要用正相固定相萃取,其中基体也可以是弱于所萃取物的弱极性溶液。

⑥对于离子型的化合物,如无机离子等,包括反相离子对 SPE 不能解决的,就要采用离子交换 SPE 固定相。对于阴离子要选择适当的阴离子交换 SPE 固定相;对于阳离子要选择相应的阳离子交换固定相。

⑦固定相选择还受样品洗脱液的制约。样品洗脱液强度相对该固定相应该较弱,弱极性洗脱液会增加分析物在固定相上的吸附,如果洗脱液极性太强,分析物在固定相中没有吸附将直接洗脱下来。

3. 固相萃取方法

固相萃取操作包括柱预处理、加样、除去干扰杂质以及分析物的洗脱和收集 4 个步骤。

(1)柱预处理

以反相 C$_{18}$固相萃取柱为例,先使数毫升甲醇通过萃取柱,再用水或缓冲液顶替滞留在柱中的甲醇,以消除填料中可能存在的杂质。另一个目的是使填料溶剂化,提高固相萃取的重现性。填料未经预处理,能引起溶质过早穿透,影响回收率。

(2)加样

为了防止分析物的流失,要选择强度较弱的溶剂溶解样品。固相萃取柱选定后,应进行穿透试验,穿透最后选定的样品体积要小于上述测定值,以防止在清洗杂质时分析物受损失。

(3)除去干扰杂质

用不会把待测组分洗脱出来的溶剂(中等强度的溶剂)淋洗萃取柱,将干扰组分洗脱下来,对反相萃取柱,清洗溶剂是含适当浓度有机溶剂的水或缓冲溶液。用抽真空或高速离心来排除残余溶剂。

(4)分析物的洗脱和收集

用尽量少的较强溶剂将分析物完全洗脱、收集,同时使比分析物有更强保留的杂质尽可能多地仍留在固相萃取柱上。洗脱溶剂的强度是至关重要的。

固相萃取操作过程的每一步,都可能影响到分析结果的重现性。提高重现性的方法有:①使用内标法,加入适当的内标物质作参比;②加入样品的量适当,不超出穿透量;③选择合适的洗脱液,避免待测组分流失。了解样品基质和待测组分的性质,如结构、极性、酸碱性、溶解度、大致的浓度范围等,对选择和确定预处理方法和条件都是有帮助的。表 12-1 列出常用的洗脱溶剂。

表 12-1　SPE 常用的洗脱溶剂

名称	洗脱强度[①]	极性[②]	名称	洗脱强度	极性
乙酸	＞0.73	6.2	丙酮	0.43	5.40
水	＞0.73	10.2	四氢呋喃	0.35	4.20
甲醇	0.73	6.6	二氯甲烷	0.32	3.40
2—丙醇	0.63	4.3	氯仿	0.31	4.40
20％甲醇＋80％二氯甲烷	0.63		乙醚	0.29	2.90
20％甲醇＋80％乙醚	0.65		苯	0.27	3.00
40％甲醇＋60％乙腈	0.67		甲苯	0.22	2.40
吡啶	0.55	5.30	四氯化碳	0.14	1.60
异丁醇	0.54	3.00	环己烷	0.03	0
乙腈	0.50	6.20	戊烷	0	0
乙酸乙酯	0.45	4.30	正己烷	0	0.06

注：①指在硅胶柱上溶剂的洗脱强度。

②指溶剂与质子供体、质子受体或偶极子相互作用大小。

12.1.4　固相萃取吸附剂

目前常用的传统型固相吸附材料主要有正相、反相和离子交换吸附剂三种。正相吸附剂主要有硅酸镁、氨基、氰基、双醇基硅胶、氧化铝等,适用于极性化合物;反相吸附剂主要有键合硅胶 C_{18}、键合硅胶 C_8、芳环氰基等,适用于非极性至相当极性化合物;离子交换吸附剂包括强阳离子吸附剂(苯磺酸、丙磺酸、丁磺酸等)和强阴离子吸附剂(三甲基丙基胺、氨基、二乙基丙基胺等),适用于阴阳离子型有机物。

当前固相吸附剂的开发的一个主要方面是将极性、非极性以及离子交换基团或高分子树脂混合,研制复合型吸附剂。复合型吸附剂综合运用了氢键、极性、非极性以及离子间的相互作用,发挥了各种吸附剂自身的特点,使各种吸附剂在性能上互补,其适用范围和条件更宽。表 12-2 列出 SPE 使用的部分吸附剂及相关应用。

表 12-2　SPE 使用的不同吸附剂及相关应用

吸附剂	分离机理	洗脱溶剂	分析物的性质	环境分析中的应用
键合了硅胶的 C_{18} 和 C_8	反相	有机溶剂	非极性和弱极性	芳烃、多环芳烃、多氯联苯、有机磷和有机氯农药、烷基苯、多氯苯酚、邻苯二甲酸酯、多氯苯胺、非极性除草剂、脂肪酸、氨基偶氮、氨基蒽醌
多孔苯乙烯—二乙烯基苯共聚物	反相	有机溶剂	非极性到中等极性	苯酚、氯代苯酚、苯胺、氯代苯胺、中等极性的除草剂(三嗪类、苯磺酰脲类、苯氧酸类)

吸附剂	分离机理	洗脱溶剂	分析物的性质	环境分析中的应用
石墨碳	离子交换	有机溶剂	非极性到相当极性	醇、硝基苯酚、极性强的除草剂
离子交换树脂	配体交换	一定 pH 的水溶液	阴阳离子型有机物	苯酚、次氨基三乙酸、苯胺和极性衍生物、邻苯二甲酸类
金属络合物吸附剂	反相	络合的水溶液	金属络合物特性	苯胺衍生物、氨基酸、2-巯基苯并咪唑、羧酸

下面介绍几种主要的固相萃取吸附剂。

1. 键合硅胶－SPE

键合硅胶－SPE 最常用的吸附剂是表面键合 C_{18} 的多孔硅胶颗粒或其他亲水烷基。键合硅胶吸附剂产品在 pH 在 2～7.5 是稳定的；在 pH 在 7.5 以上，硅基体在水溶液中易于溶解；在 pH 2.0 以下，硅醚链不稳定，并且表面上的官能团开始裂开，吸附性能发生改变。实际上，键合硅胶能在 pH 在 1～14 范围内应用，因为吸附剂暴露于溶剂时间很短，所以键合硅胶对所有有机溶剂是化学稳定的。键合硅胶吸附剂是坚硬的物质，不像许多聚苯乙烯树脂，它在不同溶剂中不会缩小或膨胀。通常用于制造键合硅胶吸附剂的硅的颗粒大小分布为 $15～100\mu m$，且颗粒不规则，此特性允许溶剂在低真空和压力下快速流过吸附剂床。

使用前，吸附剂必须进行预处理。像 C_{18} 一样的大多数非极性吸附剂，预处理后才能有效地保留分离物。预处理是吸附剂创造适合分离物保留环境的湿化过程。许多溶剂可用于预处理：甲醇、乙腈、异丙醇、四氢呋喃等。预处理溶剂应该和准备接收样品的吸附剂的溶剂易混合。例如，如果样品是正己烷提取并且在样品之前用正己烷淋洗，预处理溶剂应该和正己烷易混合。因为一些条件化溶剂保留在吸附剂中，所以导致使用不同的条件化溶剂在性能上的细微差异。

键合硅胶－SPE 吸附剂和分离物间的相互作用有非极性相互作用、极性相互作用和离子相互作用。非极性相互作用是指那些吸附剂官能团上的碳氢键和分离物上的碳氢键的相互作用，这些力通常指范德华力或色散力。通常使用的非极性吸附剂是表面键合 C_{18} 的多孔硅胶颗粒，因为许多分离物分子可以通过它保留，所以 C_{18} 是非选择性吸附剂。极性相互作用包括氢键、偶极/偶极和导致电子偏移的其他作用。表现出极性相互作用性质的基团主要包括羟基、胺、羰基、芳香环、巯基、双键和包含像氧、氮、硫和磷杂原子的基团。

2. 聚合物吸附剂－SPE

聚合物吸附剂－SPE 在某些方面弥补了键合硅胶－SPE 的不足。因为硅胶吸附剂在使用前必须先用易溶于水的有机溶剂条件化烷基链，在加入样品前必须保证吸附剂是湿润的。否则将导致样品吸附剂不能很好接触，造成回收率偏低和重现性较差。一种新型反相吸附剂聚合二乙烯苯-N-乙烯吡咯烷[poly(divinylbenzene-co-N-vinylpyrrolidone)]及其盐，性能超过了键合硅胶－SPE，表现出亲水和亲脂特性。亲水和亲脂的平衡使它表现出两个独特性质：在水中保持湿润；对极性和非极性化合物有很宽的适用范围。C_{18} 的回收率随干燥时间的延长迅速降低,而此聚合物吸附剂回收率保持不变。洗脱剂都是常用的溶剂:甲醇、二氯甲烷、水及常用的酸、碱、盐。此外,聚合物吸附剂还有多孔苯乙烯－二乙烯基苯共聚物等。

3. 免疫亲和吸附剂－SPE

上述烷基硅胶或高度交联的高聚物类 SPE 吸附剂保留是根据亲水性的相互作用,这意味着当干扰物浓度较高,特别是在复杂基质中进行痕量分析,灵敏度将非常低。基于抗原－抗体相互作用(分子识别)的材料可以用作选择性萃取。例如,抗体可以连接到合适的固体支撑架上形成免疫吸附剂,它们通过共价键、吸附作用或被胶囊化封装。由于抗原－抗体相互作用的特异性,免疫亲和吸附剂－SPE 的选择性非常好。

免疫亲和吸附剂作为样品预处理在医学和生物学领域应用较早,但应用于环境分析还是近年来的事。因为对小分子合成选择性的抗体较困难。现在已开发出用于小分子的抗体。抗体对抗原的键合是空间互补性的结果,是分子间加和的一个功能,这意味着抗体也能键合到结构和抗原相似的其他分析物上,称为交叉反应性。交叉反应被认为是免疫排列的一个副作用,但也可以用作开发对一类化合物有选择性的吸附剂。制备免疫吸附剂的第一步是开发能识别某分析组分的抗体。免疫吸附剂可将抗体固定到固体支撑物上获得,吸附剂应该具化学和生物惰性、易活化和有亲水性。最常用的方法是抗体通过共价键键合到活性硅胶或一种琼脂糖凝胶上。

4. 分子印迹聚合物－SPE

免疫亲和吸附剂虽然选择性极高,但是每种分析物必须要有一种选择性抗体,所以免疫亲和固相萃取的应用范围很窄,而且抗体研制需要的时间很长。

分子印迹聚合物固相萃取(Molecularly Imprinted Polymer－SPE,MIP－SPE)是在解决免疫亲和吸附剂存在问题的基础上研制的一种新方法。20 世纪 80 年代,分子印迹技术(molecularly imprinted technology,MIT)有了突破,特别是 Wulff 等在该领域做了开创性工作以后,MIT 得到了蓬勃的发展。

(1)分子印迹的原理

MIP 是通过共价键或非共价键的方式制备出来的一种高稳定的聚合物,耐高温、耐酸碱、开发周期较短,能从复杂的基质中选择性地提取出痕量分析物。

MIP 在合成时,印迹分子和功能单体可采用共价键或非共价键两种结合方式。由于采用共价键结合时,印迹分子和功能单体需要经过共价结合-聚合-再除去印迹分子这一过程,合成一种化合物比较繁琐,所以绝大多数 MIP 合成时利用的是印迹分子与功能单体的非共价键结合。

分子印迹制备过程可分为三步:

第一步,使印迹分子与带有烯键的功能单体(monomer)在溶剂中通过各自的功能基团形成非共价键(noncovalent bond)结合并使其在空间结构上形成互补,即形成复合物。

第二步,在复合物的溶液中加入具有两个或两个以上烯键的交联剂(crosslinker)和引发剂(initiator),通过光或热引发聚合反应,使功能单体与交联剂在印迹分子周围形成高分子聚合物。

第三步,通过一定手段(如抽提、解离)使印迹分子与聚合物分离,聚合物上就留有与印迹分子在三维空间上匹配且具有特定识别位点的空穴,如图 12-6。

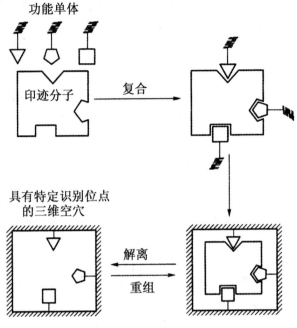

图 12-6　分子印迹制备过程图解

功能单体与印迹分子之间形成的非共价键作用主要有氢键、静电引力(离子交换)、金属螯合、电荷转移、疏水作用以及范德华力等。印迹分子与功能单体通过以上非共价键结合的过程即分子自组装过程,非共价键结合的强弱直接影响印迹聚合物的识别效果。影响非共价键强弱的因素主要是两个:非共价键的类型和溶剂的极性。强作用力的非共价键以及弱极性的溶剂可以使印迹分子与功能单体有效结合,使得聚合物对印迹分子产生好的识别效果。因此功能单体与溶剂的选择是很重要的,常用的功能单体有甲基丙烯酸(MAA)、丙烯酰胺(AA)、三氟甲基丙烯酸(TFMAA)、甲基丙烯酸酯(MAAM)、2-丙烯酰胺-2-甲基丙磺酸(AMPS)、2-乙烯基吡啶(2-VP)和 4-乙烯基吡啶(4-VP)、1-乙烯基咪唑(1-VDA)等;常用的溶剂有乙腈、四氯化碳、氯仿、二氯甲烷、甲苯、二甲亚砜、环己醇和甲醇等。交联剂与功能单体的比例对聚合物也有一定影响,交联剂比例太低时,聚合物的空穴容易变形导致识别能力下降,因此分子印迹聚合物都采用较高的交联度。最常用的交联剂是乙二醇二甲基丙烯酸酯(EGDMA),除此之外还有二乙烯基苯(DVP)、三甲氧基丙烷三甲基丙烯酸甲酯(TRIM)、季戊四醇三丙烯酸酯(PETRA)、N,N'-亚甲基双丙烯酰胺(MBAA)和 3,5-二丙烯酰胺基苯甲酸(BABA)等。色谱研究表明,选用 PETRA 和 TRIM 作交联剂制备的 MIP 对印迹分子氨基酸衍生物和肽的柱容量及选择性优于 EGDMA。若以 EGDMA 作交联剂时,聚合反应中模板分子与功能单体及交联剂的摩尔比为 1∶4∶20 时,可达到最佳分离效果;若以 TRIM 作交联剂,则 1∶4∶4 为最佳。

(2)SPE 中 MIP 的合成

MIP 作为 SPE 的吸附剂可以弥补普通吸附剂选择性差的不足,而且要比免疫吸附剂的稳定性好,还可重复使用,因此在对复杂环境、生物等体系中少量物质的富集分离以及药物的纯化方面都表现出很好的应用。图 12-7 是 MIP－SPE 富集、分离样品过程的图解。

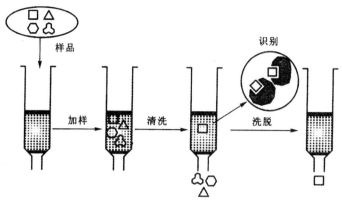

图 12-7　MIP－SPE 过程图解

作为 SPE 吸附剂,MIP 一般有下面几种合成方法:

(1)封管聚合:首先将要聚合的溶液装入安瓿瓶中,然后对安瓿瓶抽真空后封口进行聚合。此法是最常见和使用最多的,合成的块状聚合物需研磨和筛分成一定大小的颗粒,然后装于萃取柱中,此方法多用于 MIP－SPE 离线模式。

(2)原位聚合:在一根钢柱中合成聚合物,把钢柱直接与色谱柱相连或直接与检测器相连进行萃取检测,该方法用 MIP－SPE 在线模式。

(3)悬浮聚合:聚合溶液被分散在与之不互溶的且加入了分散剂的水溶液中,通过机械搅拌,使之分散为球状然后进行聚合。此方法合成的球状聚合物,大小在十几个微米到几十个微米之间,只需简单筛分,不必研磨,离线和在线模式都可以使用。此法有减少劳动量、较少聚合物损失和柱压低等优点。

(4)两步溶胀法:先合成聚苯乙烯的种球,然后在室温下低速搅拌进行第一步溶胀,溶胀后加入模板分子、功能单体、交联剂和引发剂,在室温下进行第二步溶胀,最后得到聚合物微球。

(5)聚合物膜:功能单体方面最常用的是 MAA,其他的有 4-VP、AA、TF-MAA、甲基丙烯酰胺、AMPS、2-VP 和 N,N-二甲基氨基乙基甲基丙烯酸酯(DMA)。此外可以使用混合单体,如使用缩水甘油基甲基丙烯酸(GMA)、MAA 和苯乙烯(ST)为功能单体。

MIP－SPE 与以 C_{18} 为吸附剂的萃取柱相比具有更高的选择性;与免疫分析法比,具有合成简单、稳定、可多次使用等优点,兼有两种方法的长处,而且可以与其他仪器联用进行在线检测,大大缩短了检测时间。此外,新功能单休和交联剂的合成和使用,以及采用计算机模拟计算等都提高了 MIP 对模板的选择性。MIP－SPE 存在的问题是:在合成方面,如何更好地优化单体、交联剂以提高选择性,减少非选择性吸附;在检测方面,由于 MIP 存在泄漏问题,测量低浓度样品时会有干扰;在模板方面,目前合成 MIP 几乎都在有机相中进行而无法对水溶性的生物大分子进行印迹。未来的 MIP－SPE 一方面会朝着水相中印迹生物大分子方向发展,另一方面将会与更多的仪器联用,发展成为一种更好的在线快速检测的方法。几种 SPE 性能比较见表 12-3。

表 12-3　几种 SPE 性能比较

项目	优点	缺点
传统改性硅胶和聚合物－SPE	1.各种吸附剂都易得到 2.费用低,允许单个使用 3.可萃取低水平的化合物 4.使用简单,技术公认 5.可以制造成多种使用方式	1.相同化学性质制造的吸附剂在分配物间有变化 2.改性硅胶对极大和极小 pH 不稳定 3.对不同极性母体药及代谢物的共同萃取较困难 4.比 MIP 和免疫亲和－SPE 选择性差 5.当改变包含相同分析物的基质时,需重新开发分析方法
免疫亲和－SPE	1.有优异的选择性 2.在水环境中工作特别好 3.适合复杂基质的分析	1.必须为新分析物开发常用产品 2.分析应用要求开发预期选择性的抗体 3.在有机溶剂、较大或较小 pH、高温下不稳定 4.开发抗体可能长达 1 年 5.不同的免疫将产生不同的抗体
分子嵌入聚合物－SPE	1.对单个化合物和一类化合物选择性高 2.在有机溶剂中工作特别好 3.稳定方法的快速开发 4.适合较大和较小 pH、有机溶剂、可耐 120℃高温 5.相对免疫亲和－SPE 有较低的费用,允许单个使用 6.仅数周生产期(免疫亲和 1 年)	1.必须为新分析物开发常用产品 2.分析应用要求开发预期选择性的 MIP 吸附剂 3.如果聚合物膨胀和收缩,它可能破坏吸附剂床的完整性,阻止重复使用 4.从聚合物上去除模板比较困难

12.1.5　固相萃取的应用

SPE 为环境分析工作者提供了一种较为理想的预处理技术,20 世纪 80 年代,在我国的松花江、黄浦江、太湖等水质分析中已广泛采用 SPE 技术测定卤代烃、含氯农药、氯苯、氯酚、苯胺、硝基物、多氯联苯、多环芳烃和酞酸酯等。

SPE 在环境样品预处理的应用主要是对水样的处理,尤其是盘形固相萃取的使用。把 1 L 水的处理时间缩短到 10min。采样时现场萃取,极大地缩小了样品体积,方便运输,而且污染物吸附在固相介质上比存放在冰箱的水样中更为稳定。如烃类物质在固相介质上可保存 100 天,而在水样中只能稳定几天。SPE 也被用于大气样品的预处理。使用各种类型的吸附管,内装 Tenax－GC、活性炭、聚氨基甲酸酯泡沫塑料。Amberlite XAD、分子筛、氧化铝、硅胶等吸附剂,可以萃取大气中的污染物,而且可以捕集气溶胶和飘尘,吸附了被测物质的吸附剂可以用溶剂洗脱下来。C_{18} 薄膜介质对大气中痕量污染物的浓缩十分有效。表 12-4 列出了 PCBs 和大气中其他农药在 C_{18} 薄膜介质上的回收率。表 12-5 描述土壤、肌肉组织及玉米油三种样品中三嗪的 SPE 萃取方法。

表 12-4　大气中 PCBs 和其他农药在 C₁₈ 介质上的回收率[①]

被测物	Arochlor[②]1242	Arochlorl254	敌敌畏	二嗪农	对硫磷(1605)	毒死蝉
回收率/%	98.8	99.5	86.8	76.9	97.2	90.1
相对标准偏差(RSD)[③]/%	9.6	8.7	13.8	10.9	5.0	2.6

注:①萃取按 ASTM 的 D4861—1988 方法进行。用直径 25mm、厚 0.5mm 薄膜,取样 18h,从 1100dm³ 大气中回收 0.5μg 样品。

②多氯联苯的商品名。

③n＝3。

表 12-5　复杂基体中三嗪(triazines)的 SPE 萃取方法

步骤	土壤	肌肉组织	玉米油
SPE 小柱	SCX	ODS	二醇
初提预处理	加乙腈,振荡	加甲醇,匀浆	无
上样	乙酸	甲醇	甲醇、己烷
冲洗	用乙酸稀释	用水稀释	用己烷稀释
洗脱	乙酸、乙腈	水	己烷
SPE 小柱	乙腈/K₂HPO₄	甲醇	甲醇

12.2　固相微萃取

12.2.1　固相微萃取装置的构造

SPME 装置形如一微量进样器(图 12-8),由萃取头(fiber)和手柄(holder)两部分组成。萃取头由涂在 1cm 长的熔融石英细丝表面的聚合物(一般是 GC 的固定液)构成,固定在不锈钢的活塞上。平时萃取头收缩在手柄内。萃取时,压下活塞,露出萃取头,浸渍在样品中,或置于样品上空进行顶空萃取,有机物吸附在萃取头上,经过 2～30min 后吸附达到平衡,拉起活塞,萃取头收缩于鞘内,把萃取装置撤离样品。将萃取装置直接引入 GC 仪的进样口,推出萃取头,吸附在萃取头上的有机物就在进样口进行热解吸,而后被载气送入毛细管柱进行测定。这种装置要求取样后立即检测,适合于实验室使用。

为了解决异地取样问题,Supelco 公司推出了一种便携式 SPME 现场采样装置,其外形结构示意见图 12-9。这种装置具有快速、简便、携带方便等优点。

图 12-9 中除隔垫刺穿针、纤维固定针及外覆固相涂层的纤维外,其余部分通常统称为手柄。便携式 SPME 现场采样装置不仅可从液体或户外空气样品中萃取物质,而且可以密封贮存被分析物质。从现场萃取的物质被密封贮存在可替换的隔垫后面,然后带回分析实验室进行检测。

SPME 不需用溶剂洗脱,减少了很多中间步骤,被广泛地应用于有机污染物的分析中,包括卤代烃(卤代芳烃)、有机氯农药、多环芳烃、胺类化合物以及石油类等污染物的分析。

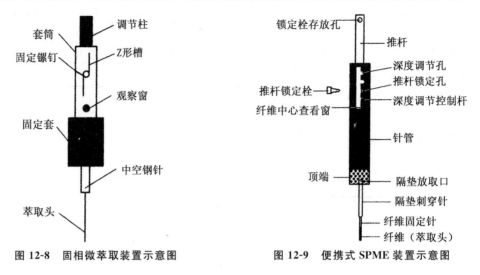

图 12-8　固相微萃取装置示意图　　　图 12-9　便携式 SPME 装置示意图

12.2.2　固相微萃取法的处理和方式

1.固相微萃取法的原理

SPME 的原理与 SPE 不同,它不是将待测物全部萃取出来,其原理是建立在待测物在固定相和水相之间达成平衡分配的基础上。

当分配平衡时,待测物在固定相与水样间具有不同的浓度,其关系可用分配系数表示:

$$K = \frac{\rho_1}{\rho_2} \tag{12-1}$$

平衡时,分配在固相中的待测物质的量 $m_s = \rho_1 V_1$,故 $\rho_1 = m_s/V_1$。将 ρ_1 及 ρ_2 代入上式整理后得:

$$K = \frac{m_s V_2}{V_1(\rho_0 V_2 - \rho_1 V_1)} = \frac{m_s V_2}{\rho_0 V_1 V_2 - \rho_1 V_1^2} \tag{12-2}$$

式中,m_s 为平衡时固相吸附待测物的量;ρ_0 待测物在水样中的原始浓度;ρ_1 为待测物达到吸附平衡后在固定相中的浓度;V_1、V_2 为固定相液膜的体积和水样的体积。

由于 $V_1 \leqslant V_2$,整理上式后得:

$$m_s = K\rho_0 V_1 \tag{12-3}$$

由式(12-3)可知,m_s 与 ρ_0 成线性关系,并与 K 和 V_1 成正比。决定 K 值的主要因素是萃取头固定相的类型,当萃取头固定相液膜越厚,m_s 越大。在固相微萃取系统中,萃取头富集的萃取物通过热解析全部进入色谱柱(不同于固相萃取的溶剂解析)。因此,微小的固定液体积即可满足色谱分析要求。

利用数学模型,对一定条件下萃取涂层中分析物的萃取量与其样品中初始浓度的关系进行处理,得:

(1)对极易挥发的分析物:

$$m_s = [1 - e^{(-at)}]\rho_0 \tag{12-4}$$

式中, t 为萃取时间; a 为与分析物在萃取涂层中扩散速率常数有关而与分析物从样品挥发至顶空的蒸发速率无关的常数。

（2）对挥发性较低的分析物：

$$m_s = bt\rho_0 \tag{12-5}$$

式中, b 与分析物蒸发速率常数及其在样品基底与顶空气相间分配系数都有关的一个常数。可见,在涂层类型、萃取时间、萃取温度等操作条件固定的前提下,无论是否达到萃取平衡,分析物在萃取涂层中的萃取量都与其初始浓度成正比,这是顶空固相微萃取法的定量基础。

2. 固相微萃取法的方式

SPME 的操作方式有两种:一种是将 SPME 萃取头直接插入较洁净的液体样品中,称为直接 SPME 法;另一种是将 SPME 萃取头置于液体或固体样品的顶空进行萃取,即顶空固相微萃取法（headspace SPME, HS－SPME）。

直接 SPME 的萃取速率由分析物从样品基底到萃取涂层的传质过程控制,涉及液体中的对流传质和分析物在萃取涂层中的扩散。实际应用中,由于萃取涂层非常薄,通常在 $5\sim 100\mu m$ 之间,大多数分析物在萃取涂层中不到 1min 即可达到扩散平衡。但是萃取涂层的表面常覆盖着一层静止水膜,分析物穿过水膜达到萃取涂层的扩散速率极其缓慢,因此这一过程成为影响直接 SPME 法平衡速率的关键步骤。搅拌或超声波振荡可促进样品均一化和加快物质的传质过程,有利于萃取平衡的建立。

HS－SPME 涉及分析物从样品挥发至顶空、再扩散至萃取涂层,以及在萃取涂层中的扩散三个过程。分析物本身的性质、其与基体间的作用力以及萃取涂层对分析物的萃取能力都是影响 HS－SPME 平衡速率的因素。由于分析物在气相和萃取涂层中的扩散速率非常快,因此从样品基底扩散至顶空的传质速率成为影响 HS－SPME 快速平衡的关键步骤。实际应用中,可以搅拌样品,通过不断产生新鲜微表面来加快分析物从基体到顶空的传质速率;或者在液体样品中加入强电解质,如 $NaCl$、Na_2SO_4 等,利用"盐效应"降低有机物在溶液中的溶解度;或者加热样品,提供分析物从基体解离所必需的能量,以增加分析物的顶空蒸气压,同时加速传质过程。

SPME 的萃取选择性则是根据"相似相溶"原理,结合分析物的极性、沸点和分配系数,通过选用不同涂层材料的萃取头实现。

12.2.3　固相微萃取法萃取条件的选择

1. 萃取头

萃取头应由萃取组分的分配系数、极性、沸点等参数来确定。在同一个样品中,因萃取头的不同可使其中某一个组分得到最佳萃取,而其他组分则可能受到抑制。常用的萃取头有以下几种:①聚二甲基硅氧烷类:厚膜（$100\mu m$）适于分析水溶液中低沸点、低极性的物质,如苯类、有机合成农药等;薄膜（$7\mu m$）适于分析中等沸点和高沸点的物质,如苯甲酸酯、多环芳烃等。②聚丙烯酸酯类:适于分离酚等强极性化合物。此外,还有活性炭萃取头,适于分析极低沸点的强亲脂性物质。典型的固相涂层及其应用见表 12-6。

表 12-6　固相涂层及被萃取物质

固相涂层	被萃取物质	固相涂层	被萃取物质
$100\mu m$ PDMS	挥发性物质	$65\mu m$ PDMS—DVB	极性挥发性物质
$7\mu m$ PDMS	中极性和非极性	$50\mu m$ DVB Carboxen	香料、气味
$65\mu m$ PEG—DVB	半挥发物质	$65\mu m$ Carbowax DVB	醇类及极性物质
$85\mu m$ PA	极性物质	$75\mu m$ Carboxen PDMS	气体硫化物和挥发性物质
$30\mu m$ PDMS	极性半挥发物质		

注:PDMS:聚二甲基硅氧烷;DVB:二乙烯基苯;PEG:聚乙二醇;Carboxen:碳分子筛;PA:聚丙烯酸酯;Carbo-wax:碳蜡。

2. 萃取时间

萃取时间主要指达平衡所需的时间。平衡时间往往取决于多种因素,如分配系数、物质的扩散速率、样品基体、样品体积、萃取膜厚、样品的温度等。实际上,为缩短萃取时间没有必要等到完全平衡。通常萃取时间为 $5\sim 20min$ 即可。但萃取时间要保持一定,以提高分析的重现性。

3. 改善萃取效果的方法

除搅拌和超声波振荡、加无机盐、加温等方法外,还可通过调节 pH 改善萃取效果,如萃取酸性或碱性化合物时,通过调节样品的 pH,可改善组分的亲脂性,从而大大提高萃取效率。

12.2.4　固相微萃取的类型

1. 管外固相微萃取和管内固相微萃取(in—tube SPME)

SPME—HPLC 联用目前主要有两种设计,一种采用传统的外表有涂层的萃取纤维头,其 SPME—HPLC 联用接口包括 1 个六通进样阀和 1 个解吸池,样品萃取后,萃取头浸入解吸池中用适当溶剂解吸后将阀切换至进样位置用 HPLC 检测。

SPME—HPLC 联用的另一种设计是将涂层涂在石英管的内表面,称为 in—tube SPME,亦称为毛细管固相微萃取。将气体或液体样品通过内壁键合了萃取剂的石英毛细管,使欲分析组分被萃取剂萃取,然后用加热或洗脱液洗脱的方法将欲分析组分从萃取剂中解吸下来进行分析。可采用 GC 开管毛细管柱作为萃取柱。用注射器吸入样品,当样品待测组分分配到毛细管内壁固定相上时,将阀切换至取样位置,以适当溶剂解吸,将解吸溶液转移到样品管中,再切至进样位置,样品管内溶液随流动相进入 HPLC 柱。其优点是涂层方便易得,种类多样,易实现自动化,并且比手动分析有更好的精密度。

毛细管固相微萃取可以通过增加键合在石英毛细管内壁的萃取剂的厚度,增加石英毛细管的长度和内径,获得比使用 SPME 时萃取剂体积($1\mu L$)大 10 倍以上的萃取剂体积($>10\mu L$),使萃取的富集倍数大大提高。另外,毛细管内的萃取剂有更大的比表面积,可以加快萃取平衡。萃取剂键合在毛细管内壁,也使得毛细管固相微萃取的使用寿命更长,更耐溶剂的浸泡,更耐高温的处理,比 SPME 萃取头的使用寿命长 10 倍以上。毛细管固相微萃取可采用现有的商品毛细管柱,由于现有毛细管柱内键合的固定相(即萃取剂)种类很多,非极性的、弱极性的、中等极性的和强极性的都有,可从欲分析组分的性质来选择毛细管柱,这就大大提高了毛细管固相微萃取的选择性。从毛细管固相微萃取的技术特点来看,毛细管固相微萃取与各种分析仪器联用更能显示其优点。1997 年,Pawliszyn 等推出毛细管固相微萃取与 HPLC 仪联用,现已有商品化产品。

2. 金属丝管内固相微萃取(wire－in－tube SPME)

在管内固相微萃取的萃取毛细管中插入一根不锈钢丝,毛细管的内体积显著减少。插入 0.20 mm OD 的金属丝后,萃取毛细管(40cm×0.25mm ID)的内体积从 19.6 μL 降到 7.1 μL,导致 0.25 μm 厚度的聚合物涂层的相比从 500 变为 180,用这种结构可以获得更有效的萃取。

3. 纤维管内固相微萃取(fiber－in－tube SPME)

纤维管内固相微萃取是采用聚合物细丝作为萃取介质,几百个聚合物细丝纵向填充进 1 个短的聚醚醚酮(PEEK)或聚四氟乙烯(PTFE)毛细管中。如采用约 280 根直径为 11.5 μm 的聚对-苯撑-2,6-苯并双噁唑细丝纤维插入内径 0.25mm 的 PEEK 细管中,与微 HPLC 联用富集分离污水中的邻苯二甲酸二丁酯和邻苯二甲酸二乙酯,相对于开管式 in－tube SPME 技术,由于增大了萃取接触面而具有很强的富集能力,萃取率可达 50%。

12.2.5　固相微萃取的应用

SPME 可用于液态样品的预处理(浸渍萃取或顶空萃取),也可用于固态样品的预处理(顶空萃取)和气体样品预处理。解吸时没有溶剂的注入,分析速度快。特别适合野外现场取样后带回实验室分析,避免了样品在运输及保存中的变质与干扰。表 12-7 为液－液萃取、固相萃取和固相微萃取法的比较。

表 12-7　液－液萃取、同相萃取和固相微萃取法的比较

项目	液－液萃取	固相萃取	固相微萃取
萃取时间/min	60～180	10～60	5～20
样品体积/mL	50～100	10～50	1～10
所用溶剂体积/mL	50～100	3～10	0
应用范围	难挥发性	难挥发性	挥发性与难挥发性
相对标准偏差/%	5～50	7—15	<1～12
费用	高	高	低
操作	繁琐	简便	

SPME 在环境样品预处理中的主要对象为样品中的各种有机污染物。苯及取代苯是 SPME 方法应用最早的典型非极性挥发有机物,经常被用于研究 SPME 的萃取理论和过程动力学。此外,包括固态(如沉积物、土壤等),液态(地下水、地表水、饮用水、污水)及气态(空气及废气)样品中的有机磷农药、有机氯农药、除草剂、多环芳烃、多氯联苯、酚类化合物、四乙基铅、各种丁基锡、有机汞、二甲基次砷酸和甲基砷酸、芳香酸和芳香碱、脂肪酸、邻苯二甲酸酯、

异环芳香化合物、氯乙醚、硫化物、沥青和杂酚油、甲醛、挥发性氯代烃、苯、甲苯、乙苯和二甲苯等。

12.3 液相微萃取

12.3.1 概述

1996 年,Jeannot 和 Cantwell 首次提出液相微萃取(liquid phase microextraction,LPME)的方法,用顶端中空的 Teflon 探头或微量进样器针头悬挂 $1\sim2\mu L$ 有机溶剂液滴,萃取搅拌样品中的被分析物。He 和 Lee 进一步发展了此技术,并提出了静态液相微萃取和动态液相微萃取的概念。

LPME 与 SPME 的模式类似,经常采用顶空方式采集和萃取液体样品或固体样品中的有机物,故也称为顶空液相微萃取(Headspace Liquid Microextraction),也有称 LPME 为液−液微萃取(Liquid−Liquid Microextraction)、单滴微萃取(Single−Drop Microextraction)、溶剂微萃取(Solvent Microextraction)等。

LPME 实际上就是液相萃取,只是使用的液相溶剂的体积很小,被萃取的样品体积也较小。较早的 LPME 采用 $8\mu L$ 溶剂萃取样品中的有机物,然后将萃取后溶剂的一部分注入色谱仪中进行测定。现在的 LPME 多采用 $1\mu L$ 溶剂萃取样品中的有机物,然后将萃取液全部注入色谱仪中进行测定。与液相萃取技术相比,LPME 减少了有机溶剂的使用量,简化了溶剂萃取过程,缩短了样品的萃取时间,提高了萃取样品后的利用率。如果应用顶空方式采样,那么,LPME 还可以消除样品基体的干扰,应用于许多杂质较多的样品中有机物的分离浓缩。因此,HS−LPME 改进了溶剂萃取技术中的许多缺点,减少了过多的溶剂用量对环境和操作人员的危害,降低了废有机溶剂的处理费用,改善了冗长的手工操作过程等。

12.3.2 液相微萃取的模式

1.静态液相微萃取

(1)直接液相微萃取

图 12-10 是应用 LPME 技术处理样品的整体过程示意图。首先,用 $10\mu L$ 的微量注射器抽取 $1\mu L$ 有机溶剂,直接将微量注射器针头插入密封的装有样品的玻璃瓶中;然后,将微量注射器活塞推至底部,使注射器内的有机溶剂形成一个液滴悬浮在针头的顶部,悬浮的有机溶剂液滴在样品顶空中进行萃取;经一段时间的顶空萃取之后,将针头的液滴抽回到微量注射器内,再拔除微量注射器并直接进行 GC 测定。

可见,LPME 与 SPME 的样品处理方式基本一样,只是将 SPME 中的纤维薄膜改成了有机溶剂液滴。LPME 也是集采样、萃取、浓缩和进样于一体的技术,处理样品的装置结构简单,操作程序方便。

由于悬在微量进样器针头上的有机液滴在搅拌时易脱落,1999 年 Bjergaard 提出一种中空的液相微萃取(Hollow Fiber−Based Liquid−Phase Microextraction,HF−LPME),即以多孔的中空纤维为微萃取剂(受体溶液)的载体(图 12-11)。HF−LPME 技术有如下优点:纤

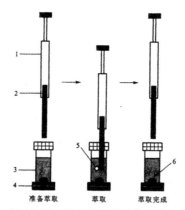

图 12-10　液相微萃取过程示意图

1—微量注射器;2—1μL 有机溶剂;3—环境水样;

4—磁搅拌器;5—溶剂液滴;6—电磁搅拌子

维的多孔性增加了溶剂与料液的接触面积,提高了萃取效率;由于萃取在中空纤维腔中进行,不与溶液直接接触,避免了液滴易脱落的缺点;而且由于大分子、杂质等不能进入纤维孔,因此还具有固相微萃取、液滴萃取不具备的样品净化功能;纤维是一次性使用的,避免了固相微萃取中可能存在的交叉污染。

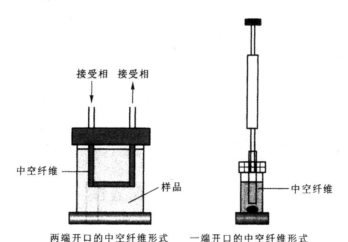

图 12-11　基于中空纤维的液相微萃取

(2)液-液-液微萃取

液-液-液微萃取(Liquid-Liquid-Liquid Microextraction,LLLME)为三相微萃取技术,其萃取过程为料液中的待分析物首先被萃取到有机溶剂中,然后再萃取进入受体中。

LLLME 技术一般适合萃取在水样中溶解度小、含有酸性或碱性官能团的痕量分析物,这类分析物在有机溶剂中的富集倍数不高,需通过反萃取来进一步提高富集倍数。以中空纤维为载体的液相微萃取技术,当纤维腔中的接受相与纤维孔中的有机溶剂不同时,就形成了 HF-LLLME 体系。分析物从料液中萃取出来,经过纤维孔中的有机溶剂薄膜进入水溶性接受相,这种模式仅限于能离子化的酸性、碱性分析物。萃取后的接受相可直接用于反相 HPLC 或 CE 分析。HF-LLLME 三相萃取原理如图 12-12 所示。

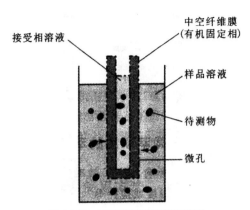

图 12-12　中空纤维膜萃取原理

（3）顶空液相微萃取

顶空液相微萃取（HeadSpaceliquid Phase Microextraction，HS－LPME）是将有机液滴悬挂于微量进样针头或置于一小段中空纤维内部，并置于待测溶液上方，分离富集分析物。其适用于分析容易进入样品上方空间的挥发性或半挥发性有机化合物。

2. 动态液相微萃取

LPME 可在动态模式下进行。将多孔中空纤维浸入有机溶剂中，使纤维孔饱和，微量进样器中吸入 $5\mu L$ 接受相、$2\mu L$ 有机溶剂与一定体积的水。将水打出清洗中空纤维，以去掉剩余的有机溶剂。利用程序控制的往复泵操纵微量进样器推杆来回运动。与静态 LPME 相比，有机相的可更替性使萃取效率与重现性大大提高。

12.3.3　液相微萃取法的原理

在直接液相微萃取法中，分析物被萃取到作为接受相的有机溶剂中。分析物在接受相和料液中存在分配平衡：分配系数 K 被定义为分析物在接受相和料液中平衡时的浓度比，见式（12-6）。K 越大，理论富集倍数越高，萃取效果越好。通常调节水样的 pH，使分析物以分子状态存在，易进入接受相，提高萃取效率。对两相液相微萃取，分配系数 $K_{a/d}$ 的大小是决定回收率高低的决定因素。研究表明，两相液相微萃取只适用于亲脂性高或中等的分析物（$K_{a/d} > 500$），对高度亲水的中性分析物是不适用的。而对有酸、碱性的分析物，可通过控制样品溶液的 pH 使分析物以非离子化状态存在来提高分配系数。

$$K_{a/d} = \rho_a / \rho_d \tag{12-6}$$

式中，ρ_a 为平衡时分析物在接受相中的浓度；ρ_d 为平衡时分析物在料液中的浓度。

萃取的回收率 R 和富集倍数 EF 分别为：

$$R = \frac{100K_{a/d}V_a}{K_{a/d}V_a + V_d} \tag{12-7}$$

$$EF = \frac{\rho_e}{\rho_i} = \frac{V_d R}{100V_a} \tag{12-8}$$

式中，V_a 为接受相的体积；V_d 为料液的体积；ρ_e 为分析物在接受相中的最终浓度；ρ_i 为分析物在料液中的最初浓度。

当体系平衡时,接受相中分析物的萃取量 n 由下式计算:

$$n = \frac{K_{a/d} V_a \rho_i V_d}{K_{a/d} V_a + V_d} \tag{12-9}$$

12.3.4　液相微萃取法的萃取条件选择

研究表明,影响 LPME 效率的主要参数有溶剂特性、溶剂体积、萃取时间、萃取条件(升高温度或搅拌等)、样品体积和顶空体积等。

溶剂选择应考虑其沸点、蒸气压、纯度和毒性等物理性质。除了应选择沸点较高、不易挥发和毒性较小的纯溶剂外,还应考虑溶剂萃取样品中目标物质的选择性。为了最大限度地利用有机溶剂,减少溶剂的消耗,目前大多使用 $1 \sim 2\mu L$ 溶剂,这样就可以将萃取后的溶剂全部引进到色谱仪或质谱仪中进行测定。

最佳的萃取时间可通过不同时间间隔萃取目标物质的峰面积大小比较而获得。LPME 是平衡萃取,在固定的条件下萃取目标物质的量有一个最大值,该值只能通过比较试验结果才能获得。

在利用 LPME 技术处理样品时,改变样品的萃取温度或搅动液体样品可能会增加样品中目标物质的萃取效率。这是因为升高样品温度或搅动样品的结果是液体样品中目标物质在气、液两相中的浓度分布发生了改变,更多的目标物质分子从液相中逸出并进入气相,使气相中目标物质的浓度增加,萃取的效率增加。

此外,在 LPME 体系中,样品体积和样品上方顶空部分的体积也会对目标物质的萃取效率产生影响。例如,采用 2mL、15mL 或 25mL 顶空样品瓶,在相同条件下萃取丁香气味物质,测定结果表明 2mL 样品瓶具有较大的萃取效率。

迄今为止,LPME 涉及了各类液体和固体样品中挥发性、半挥发性和不挥发性有机物的分离浓缩,可用于环境分析、材料测定、药物分析、法庭分析、化学武器防治学测定等许多领域。

12.4　超临界流体萃取

12.4.1　基本原理

超临界流体萃取是利用超临界流体作为萃取剂,从各种组分复杂的样品中,萃取出所需组分的一种分离技术。图 12-13 是产生超临界流体的相平衡示意图,T_c 和 p_c 分别代表临界温度和临界压力。图中超临界流体区的温度和压力均高于临界点时所处的温度和压力,这种高于临界温度和临界压力而接近临界点的状态称为超临界状态。处在超临界状态的物质称为超临界流体。它不是气体,也不是液体,而是兼有气体和液体性质的流体。超临界流体的密度为 $0.2 \sim 0.9 g/mL$,与液体相仿。它的黏度较小,接近于气体,因此,传质速率很高;加之表面张力小,很容易渗透到样品中去,并保持较大的流速,可以使萃取过程高效、快速完成。

改变超临界流体的温度、压力或在超临界流体中加入某些极性有机溶剂,可以改变萃取的选择性和萃取效率。

压力的改变可引起超临界流体对物质溶解能力的很大变化。因此,只要改变萃取剂的压

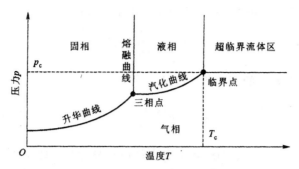

图 12-13　超临界流体的相平衡示意图

力,就可以将样品中的不同组分按它们在超临界流体中溶解度的大小,先后萃取分离出来。在低压下,溶解度大的物质先被萃取,随着压力的增加,难溶物质也逐渐从基体中萃取出来。因此,在程序升压下进行超临界萃取,不但可以萃取不同的组分,而且还可以将不同的组分分离。一般,提高压力可以提高萃取效率。例如,对 PAHs 化合物,在 7.5MPa 时不能萃取;在 10MPa 时,可萃取 2～3 环的 PAHs;压力提高到 20MPa,则可以萃取 5～6 环的 PAHs。

温度的变化同样会改变超临界流体萃取的能力。它主要影响萃取剂的密度与溶质的蒸气压。在低温区(仍在临界温度以上),温度升高,流体密度降低,而溶质蒸气压增加不多,因此,萃取剂的溶解能力降低,溶质从流体萃取剂中析出;温度进一步升高到高温区时,虽然萃取剂密度进一步降低,但溶质蒸气压迅速增加起了主要作用。因而挥发度提高,萃取率不但不减少反而有增大的趋势。

在超临界流体中加入少量的极性有机溶剂,可以改变它对溶质的溶解能力。通常加入量不超过 10%,极性溶剂甲醇、异丙醇等居多。少量极性有机溶剂的加入,还可使萃取范围扩大到极性较大的化合物。但有机溶剂的使用,可能导致以下几个问题:①可能削弱萃取系统的捕获能力;②可能导致共萃取物的增加;③可能干扰检测,如氯代溶剂会影响 ECD 检测;④会增加萃取毒性。因此,极性有机溶剂是否加入,要全面分析考虑。

超临界流体萃取剂的选择性随萃取对象的不同而不同。通常临界条件较低的物质优先考虑。表 12-8 列出了超临界流体萃取中常用的萃取剂及其临界值。其中水的临界值最高,实际使用最少。用得最多的是 CO_2,它不但临界值相对较低,而且具有一系列优点:化学性质不活泼,不易与溶质反应,无毒、无臭、无味,不会造成二次污染;纯度高、价格适中,便于推广应用;沸点低,容易从萃取后的馏分中除去,后处理比较简单;特别是不需加热,极适合萃取热不稳定的化合物。但是,由于 CO_2 的极性极低,只能用于萃取低极性和非极性的化合物。

表 12-8　常用超临界萃取剂及其临界值

萃取剂	乙烯	二氧化碳	乙烷	氧化亚氮	丙烯	丙烷	氨	己烷	水
临界温度/℃	9.3	31.1	32.3	36.5	91.9	96.7	132.5	234.2	374.2
临界压力/(10^5 Pa)	50.4	73.8	48.8	72.7	46.2	42.5	112.8	30.3	220.5

12.4.2　超临界流体萃取操作

超临界流体萃取装置一般包括:①超临界流体发生源,由萃取剂贮槽、高压泵及其他附属装置组成。其功能是将萃取剂由常温、常压态转变为超临界流体。高压泵通常采用注射束,其最高压力为十至几十兆帕,具有恒压线性升压和非线性升压的功能。②超临界流体萃取部分,包括样品萃取管及附属装置。③溶质减压吸附分离部分。由喷口及吸收管组成。SFE 仪器的基本组成见图 12-14。图 12-15 为实验室用超临界流体萃取仪的结构及影响因素示意图。

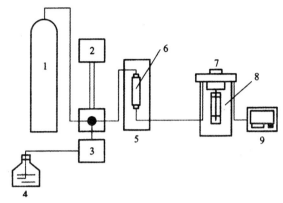

图 12-14　SFE 仪器的基本组成示意图

1—超纯 CO_2;2—冷却剂;3—泵;4—有机改性剂;5—控温箱;
6—萃取池;7—限制器;8—收集器;9—控制器

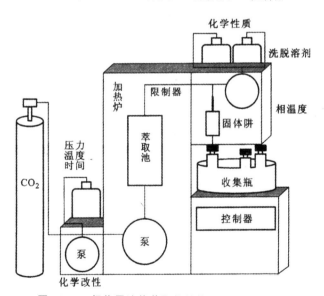

图 12-15　超临界流体萃取仪结构及影响因素示意图

在萃取过程中,处于超临界态的萃取剂进入样品管,待测物从样品的基体中被萃取至超临界流体。然后,通过流量限制出口器进入收集器中,萃取出来的溶质及流体,由超临界态喷口减压降温转化为常温常压,此时流体挥发逸出而溶质吸附在吸收管内多孔填料表面。用适合的溶剂淋洗吸收管就可把溶质洗脱收集备用。

超临界流体萃取的操作方式可分为动态、静态及循环萃取三种:①动态法是萃取剂一次直接通过样品管,被萃取的组分直接从样品中分离出来进入吸收管的方法,操作简便、快速,适合萃取那些在超临界流体萃取剂中溶解度很大的物质,且样品基质很容易被超临界流体渗透的被测样品。②静态法是将待萃取的样品"浸泡"在超临界流体内,经过一定时间后,再把含有被萃取溶质的超临界流体送至吸收管,适合萃取那些与样品基体较难分离或在超临界流体内溶解度不大的物质,也适合样品基体较致密、超临界流体不易渗透的样品。③循环法是动态法和静态法的结合。它首先将超临界流体充满样品萃取管,然后用循环泵使样品萃取管内的超临界流体反复、多次经过管内的样品进行萃取,最后进入吸收管,因此,它比静态法萃取效率高,又能萃取动态法不适用的样品,适用范围广。

影响萃取效率的因素除了前述超临界流体的压力、温度和添加有机溶剂外,萃取过程的时间及吸收管的温度也会影响萃取的效率及吸收效率。萃取时间取决于两个因素:①被萃取组分在超临界流体中的溶解度。溶解度越大,萃取效率越高,萃取速率也越快,所需萃取时间就越短。②被萃取组分在基质中的传质速率。速率越大,萃取效率就越高,萃取速率就越快,萃取所需时间就越短。收集器或吸收管的温度将影响回收率。因为萃取出的溶质溶解或吸附在吸收管内,会放出吸附热或溶解热,因此,降低温度有利于提高收集率。

12.4.3 超临界流体萃取的应用

超临界流体特别适合于萃取烃类及非极性脂溶化合物,如醚、酯、酮及其他相对分子质量达 300～400 的化合物。超临界流体能进行族选择性萃取是它的一大优点。例如农药萃取,常见农药分为有机氯(OCRs)、有机磷(OPPs)、三嗪(triazine)和糖醛(urons)等。利用不同含量的有机溶剂添加剂或通过调节萃取压力和温度可将它们分离。

超临界萃取技术在食品工业中的应用发展迅速,现在国内外市场上已出现了由该技术制取具有高附加值的天然香料、色素和风味物质等高质量的食品添加剂。如应用超临界萃取技术提取动植物油脂、色素、香料及食品脱臭方面,还可提取其他风味物质,如大蒜中的大蒜素、大蒜辣素;生姜中的姜辣素;胡椒中的胡椒碱及辣椒中的辣椒素等。

但是,从环境基体中萃取分析物,需要了解溶剂的溶解力,分析物从基体进入溶剂的速率,分析物、溶剂和基体之间的相互作用,这些过程可用萃取三角形关系图展示(图 12-16)。

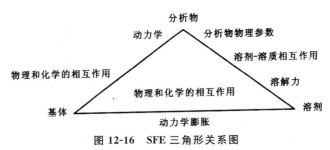

图 12-16 SFE 三角形关系图

就样品形态而言,超临界流体萃取最适于固体和半固体样品的萃取,也可用于其他类型样品的萃取。由于水在超临界 CO_2 中有较高的溶解度(约 0.3%)。因此,除少量液态样品可直接萃取外,大多数液体及气体应首先进行固相吸附或用膜预处理,然后再按固态样品方式进行萃取。

CO_2 是非极性物质,不能用于金属离子的直接萃取,但可将金属离子衍生为金属螯合物后再行萃取,这就要求衍生后得到的金属螯合物在超临界流体中有较大的溶解度和稳定性。因此,选择合适的螯合剂是关键。此外,螯合剂在 $SC-CO_2$ 中的稳定性和溶解性,水、pH、压

力、温度及金属离子的化学形式和基质的性质等都影响超临界流体萃取金属离子的效率。表
12-9 列出了一些环境有机污染物的超临界流体的工作条件。表 12-10 列出了超临界流体萃取
在环境样品预处理中的典型应用。

表 12-9　某些环境有机污染物的 SFE 工作条件

待测物	超临界流体	温度/℃	压力/Pa	萃取率/%
含氯农药	$2\%CH_3OH-CO_2$	60	25	90
三嗪除草剂	$2\%CH_3OH-CO_2$	48	23	>90
PCBs	$2\%CH_3OH-CO_2$		20	>90
	N_2O	45	30	100
	$F_{22}(CHClF_2)$	100	40	>90
PAHs	CO_2		30	>90
	$5\%CH_3OH-CO_2$			100
PCDD	CO_2	40	31	50
	$2\%CH_3OH-CO_2$	40	31	100
	$2\%CH_3OH-N_2O$	40	31	100
氯酚	$2\%CH_3OH-CO_2$	80	40	>90
十二烷基苯磺酸	$2\%CH_3OH-CO_2$	125	38	>90

表 12-10　超临界流体萃取在处理环境样品中的典型应用

被萃取组分	样品基体	超临界流体	萃取时间/min
多环芳烃、多氯联苯	土壤、飞尘、沉积物、大气颗粒物、飘尘	CO_2、N_2O、$CO_2/MeOH$、$N_2O/MeOH$、C_6H_6	1～60
农药	土壤、沉积物、生物组织	CO_2、$CO_2/MeOH$、$MeOH$	30～120
二噁英	沉积物、飞灰	CO_2、$CO_2/MeOH$、N_2O	30～120
蒽醌	纸、胶合板屑	CO_2	20
石油烃类	沉积岩、土壤	CO_2	15～30
有机胺	土壤	CO_2、N_2O	20～120
酚类	土壤、水	CO_2、$CO_2/MeOH$、CO_2/C_6H_6	

参考文献

[1]吴蔓莉等.环境分析化学.北京:清华大学出版社,2013.

[2]杨立军.分析化学.北京:北京理工大学出版社,2011.

[3]王春丽.环境仪器分析.北京:中国铁道出版社,2014.

[4]孙福生.环境分析化学.北京:化学工业出版社,2011.

[5]吴晓芙.环境分析与实验方法化学.北京:中国林业出版社,2012.

[6]张宝贵,韩长秀,毕成良.环境仪器分析.北京:化学工业出版社,2008.

[7]但德忠.环境分析化学.北京:高等教育出版社,2009.

[8]蔡明招.分析化学.北京:化学工业出版社,2009.

[9]赵美萍,邵敏.环境化学.北京:北京大学出版社,2005.

[10]司学芝,刘婕.分析化学.北京:化学工业出版社,2010.

[11]陈久标,邓基芹.分析化学.上海:华东理工大学出版社,2010.

[12]席先蓉.分析化学.北京:中国中医药出版社,2006.

[13]陈媛梅.分析化学.北京:科学出版社,2012.

[14]张跃春.分析化学.北京:冶金工业出版社,2011.

[15]张宝贵.环境化学.武汉:华中科技大学出版社,2009.

[16]潘祖亭,黄朝表.分析化学.武汉:华中科技大学出版社,2011.

[17]李发美.分析化学(第6版).北京:人民卫生出版社,2007.

[18]陈玲,郜洪文.环境化学.北京:科学出版社,2008.

[19]钱沙华,韦进宝.环境仪器分析(第2版).北京:中国环境科学出版社,2011.

[20]刘燕娥.分析化学.西安:第四军医大学出版社,2011.

[21]刘金龙.分析化学.北京:化学工业出版社,2012.

[22]国家自然科学基金委员会化学科学部组编;庄乾坤,刘虎威,陈洪渊.分析化学学科前沿与展望.北京:科学出版社,2012.